Welpen liebevoll erziehen

DIE MÖNCHE VON NEW SKETE

WELPEN LIEBEVOLL ERZIEHEN

DIE SANFTE METHODE DES HUNDETRAININGS VON ANFANG AN

DEUTSCH VON KERSTIN WINTER

edition tieger

Die Deutsche Nationalbibliothek verzeichnet diese Publikation in
der Deutschen Nationalbibliografie; detaillierte bibliografische Daten
sind im Internet unter http://dnb.d-nb.de abrufbar.

Umschlagbild: John Sann, Istock.com
Fotografien: The Monks of New Skete, Istock.com

Deutsche Erstausgabe
© 2010 edition tieger
Imprint der Autorenhaus Verlag GmbH, Berlin
ISBN 978-3-86671-059-7

FSC
Mix
Produktgruppe aus vorbildlich
bewirtschafteten Wäldern,
kontrollierten Herkünften und
Recyclingholz oder -fasern

Zert.-Nr. SGS-COC-003210
www.fsc.org
© 1996 Forest Stewardship Council

Der Mensch kann Einsamkeit durch spirituellen Austausch zerstreuen, doch er ist auch irdisch, und die Natur lebt in ihm und hält ihn fest. Sie ist seine Mutter, und wie es bei allen jungen Wesen, die von Zuhause fortgehen, die große Sehnsucht nach Gemeinschaften gibt, die die Farbe und die Atmosphäre des nun verlorenen alten Heims heraufbeschwören, so sucht der einsame Mensch die Natur, ein Leben in der Natur, die Antwort der Natur, das Tier, das seine Stimme versteht und darauf reagiert.

F.J.J. Buytendijk (The Mind of the Dog)

Da gibt es ein Wort aus der Zeit der Kathedralen: *Agape*, Ausdruck starker geistiger Affinität zu dem Mysterium, das da bedeutet, »das Leben mit anderem Leben teilen«. Agape ist Liebe und kann bedeuten »die Liebe eines anderen um Gottes willen«. Allgemeiner und wesentlich ist es eine demütige und leidenschaftliche Umarmung von etwas außerhalb des Selbst im Namen dessen, auf den wir uns als auf *Gott* beziehen, das aber auch das Selbst einschließt und Gott *ist*. Wir sind als Spezies eindeutig dem Spiel unserer Intelligenz zu Dank verpflichtet; wir vertrauen ihr unsere Zukunft an, aber wir wissen nicht, ob Intelligenz Vernunft ist oder ob Intelligenz etwa dieser Wunsch ist, zu umarmen und umarmt zu werden im Sinn dessen, was sowohl Theologen wie Naturwissenschaftler Gott nennen. Ob nicht, mit anderen Worten, Intelligenz Liebe ist.

Barry Lopez, Arktische Träume

Abba Xanthias sagte: »Ein Hund ist besser als ich es bin, denn er hat Liebe zu geben und urteilt nicht.«

INHALT

Einleitung

Klöster sind nicht so weltfremd, wie man sich vielleicht vorstellt. Falls sie abgeschieden und alltagsfern erscheinen, dann deswegen, weil man dort versucht, ein Klima zu erschaffen, das einen authentischen Dialog mit dem Leben und unserem Dasein als Mensch fördert, etwas, was im Lärm und in der Geschäftigkeit der heutigen Welt häufig untergeht. Wenn wir nur still genug sind und das Geplapper in unserem Inneren zum Verstummen bringen, können wir die natürliche Schönheit und die Weisheit unserer Welt mit neuem Respekt betrachten und unsere Verbindung dazu wieder spüren. In dieser Stille entsteht eine gesunde Ehrfurcht vor allem Leben und die Fähigkeit, sich zu öffnen und ganz Mensch zu sein.

Und was hat das alles mit der Aufzucht von Welpen zu tun? Sehr viel, wie wir meinen. Unser Kloster befindet sich in einer ländlichen Gegend im Norden des Staates New York. Unter anderem um uns selbst finanziell besser tragen zu können, züchten wir dort seit über zwanzig Jahren Deutsche Schäferhunde. Außerdem haben wir ein Trainings- und Schulungsprogramm entwickelt, zu dem Hunde aller Rassen angemeldet werden können. Im Laufe der vielen Jahre haben wir mit zahlreichen Professionellen – Züchtern, Tierärzten, Hundetrainern – zusammengearbeitet, um uns ein möglichst umfassendes Wissen im Umgang mit Hunden anzueignen.

Wir haben die Erfahrung gemacht, dass uns die klösterliche Umgebung eine einzigartige Perspektive ermöglicht. Hier sind wir gezwungen, unsere Haltung nahezu allem gegenüber immer wieder neu zu überdenken – und das schließt die Hunde ein. Wir müssen offen bleiben, wenn wir mit ihnen kommunizieren wollen, und diese Erkenntnis bestätigt unsere Erfahrungen mit der Beziehung des Menschen

11

nicht nur zu seinem Hund, sondern zu jedem Aspekt seines Daseins.

In unserem Buch *Wie Sie der beste Freund Ihres Hundes werden* haben wir zusammengefasst, was wir über hündisches Verhalten und Hundeerziehung gelernt haben. Wir hoffen, unseren Lesern ein realistischeres Verständnis für ihre Tiere vermitteln zu können und das Bewusstsein für die vielen positiven Auswirkungen einer gesunden Mensch-Hund-Partnerschaft zu wecken. Basierend auf unseren eigenen Erfahrungen hier in New Skete erklären wir in diesem Buch, wie die Hunderziehung weit über den elementaren »Gehorsam« mit den klassischen Befehlen hinausgeht: Die Partnerschaft mit einem Hund erfordert eine komplett neue Lebenseinstellung, die sich nicht ausschließlich auf die praktischen Dinge bezieht. Sie berührt verschiedene Ebenen des Hundedaseins, die bisher oft außen vor gelassen wurden. Daher haben wir uns intensiv mit dem Thema Gemeinschaft im weiteren Sinn auseinandergesetzt.

In den Jahren, die seit der ersten Veröffentlichung unseres Buchs vergangen sind, hat sich unser Verständnis der darin beschriebenen Prinzipien vertieft. Sowohl die Zucht gesunder Schäferhunde als auch unsere Ausbildungs- oder Beratungsarbeit mit Hundebesitzern sind anspruchsvolle Aufgaben, aber die Tatsache, dass wir eine kleine, eng zusammenarbeitende Gemeinschaft sind, erlaubt es uns, von den Erkenntnissen und Erfahrungen beider Bereiche zu profitieren und diese in den jeweils anderen einfließen zu lassen.

Leider herrscht im Umgang mit unseren »besten Freunden« noch immer enorm viel Unwissenheit, und überall begegnet man Hunden, die unter Gedankenlosigkeit oder Missbrauch zu leiden haben. Wie jeder nur allzu gut weiß, der in diesem Bereich professionell zu tun hat, ist die Arbeit mit Hunden und ihren Besitzern eine bittersüße Erfahrung. Auch unsere Philosophie kollidiert regelmäßig mit der Realität. Der energiegeladene, aufgeschlossene kleine Welpe mit großartigem Potenzial zu echter Kameradschaft kann sich innerhalb weniger Wochen zu einem destruktiven, hyperaktiven, inkontinenten Tier entwickeln; wir haben es mehrmals erlebt. Falsche Erziehung führt oft zu traurigen oder ärgerlichen und manchmal sogar gefährlichen Verhaltensstörungen, die das Band zwischen Mensch und Hund zerstören, noch bevor es sich wirklich festigen kann. Natürlich sind viele der Hunde, denen wir begegnen, fröhlich, freundlich und in den Alltag des Besitzers integriert. Doch jeden Tag lernen wir Tiere mit ernsthaften Verhaltensstörungen kennen, für die ein sogenanntes Gehorsamstraining laut Besitzer die »letzte Chance« ist. Gewöhnlich weisen diese Hunde deutliche Anzeichen für einen schlechten Start ins Leben und eine falsche Behandlung in der Welpenzeit auf: Mangelhafte Zucht, wenig Zuwendung, fehlende Sozialisation, falsche Ernährung und mangelndes Wissen des Besitzers über artgerechte Haltung machen aus jedem noch so unkomplizierten Welpen einen Problemhund. Unsere Erfahrung hat gezeigt, dass viele Probleme, die Mensch und Hund später miteinander haben, gar nicht erst entstanden wären, wenn man die Hunde als Welpen sorgsamer und ihrem Wesen entsprechend behandelt hätte.

Wenn man sich ansieht, wie die Menschen heutzutage mit ihren Hunden umgehen, stößt man noch immer häufig auf erschreckende Verantwortungslosigkeit und einen eklatanten Mangel an Einfühlungsvermögen. Es ist schwer, noch vom Hund als »des Menschen besten Freund« zu sprechen, wenn mehr als fünf Millionen erwachsene und junge Hunde jedes Jahr nur deshalb eingeschläfert werden, weil niemand sie will.

Wer an dem Ernst der Lage zweifelt, sollte einfach das nächstgelegene Tierheim besuchen. Eine Kundin von uns schlug unseren Rat, ihre Hündin zu kastrieren, in den Wind, weil sie meinte, ihre Kinder sollten das Wunder einer Welpengeburt erleben dürfen. Als wir sie fragten, wie sie beabsichtigte, für die hilflosen Tiere zu sorgen und ihnen ein Zuhause zu verschaffen, antwortete sie, darüber habe sie sich noch keine Gedanken gemacht. Sie würde sie eben im Tierheim abgeben, wenn sie entwöhnt worden seien. Daraufhin fragten wir, welch einen Wert eine solche Erfahrung wohl hätte; lernten ihre Kinder nicht dadurch vor allem, dass Welpen niedliche Spieltierchen seien, denen man sich entledigt, wenn sie ihre Nützlichkeit verloren hätten? Zum Glück reichten unsere Fragen aus, um ihr ihren »Denkfehler« zu verdeutlichen. Im nachfolgenden Gespräch gelang es uns, in ihr ein neues Bewusstsein für die Verantwortung zu wecken, die mit der Aufzucht von Welpen einhergeht.

In unserer Augen ist ein Hund kein Besitz, der zum eigenen Vergnügen oder zur Selbstbestätigung dient. Der Hund ist ein lebendiges, autonomes und doch höchst soziales, rudelorientiertes Wesen mit einer erstaunlichen Fähigkeit zu Kameradschaft und Liebe. Und ob Ihr Hund sich zu einem solchen Wesen entwickelt, hängt vor allem von Ihnen ab. Die oben erwähnte Fähigkeit ist nämlich nur ein natürliches Potenzial. Zwischen Ihnen und Ihrem Hund kann sich nur dann eine gute Beziehung entwickeln, wenn die unbedingte Bereitschaft besteht, die Bedürfnisse, Instinkte, Verhaltensmuster und, ja, Fähigkeiten, zu berücksichtigen.

Wir kennen zahlreiche Hundetrainer und Verhaltensforscher, die mit Talent und Engagement vielen Problemhunden und deren Besitzern geholfen haben, wieder zueinander zu finden. Oft ändert sich dabei nicht nur der Hund, sondern auch der Mensch. Klüger ist es selbstverständlich, es gar nicht erst zu Problemverhalten kommen zu lassen. Wir haben die Erfahrung gemacht, dass es ausgesprochen mühsam ist, den Ursachen solcher Schwierigkeiten nachzuspüren; es kostet Zeit, Energie und nicht selten auch eine ganze Menge Geld. Bei dieser Aussicht beschließen viele Hundehalter, den Hund entweder abzugeben oder das Problem allein unter Kontrolle zu zwingen. Tatsächlich kann sich der Problemhund glücklich schätzen, dessen Halter keinen Umweg scheut, um die besondere Verhaltensstörung zu bereinigen.

Unerlässlich zur Entwicklung einer gesunden, befriedigenden Beziehung mit Ihrem Hund ist der richtige Lebensbeginn des Welpen. Die Welpenaufzucht ist eine Kunst, für die man keine natürliche Begabung braucht. Jeder verantwortungsvolle Halter kann sie sich aneignen, wenn er nur bereit ist, Zeit und Energie in die Pflege und Ausbildung des Hundes zu investieren. Und je mehr Sie über das Wesen, die körperliche und geistige Entwicklung und die Fähigkeiten des Welpen wissen, umso geduldiger und aufgeschlossener werden Sie mit ihm umgehen.

Aus diesem Grund haben wir dieses Buch geschrieben. Unsere Erfahrung hat gezeigt, dass frischgebackenen Hundehalter, die ihren neuen Welpen abholen, nur selten wissen, auf welchem Entwicklungsstand er ist. Sie haben nur eine vage Vorstellung, woher ihr Hund stammt und was er bisher erlebt hat, und wissen daher die Einzigartigkeit des Tieres kaum zu schätzen. Wird diese Wissenslücke geschlossen, entsteht ein verändertes Verantwortungsgefühl, das deutlicher bemüht ist, die Mensch-Hund-Beziehung auf die Natur des Welpen abzustimmen. Halter, die für die Bedürfnisse und das Wesen ihres Hundes sensibilisiert sind, wachsen und entwickeln sich mit ihrem Welpen.

Unser Buch gibt Ihnen einen Einblick in unsere Welt hier in New Skete. Nutzen Sie unsere Erfahrung als Objektiv, durch das Sie Ihr Verständnis für Ihren Welpen erweitern und vertiefen können. Wir zeigen Ihnen biologische Prozesse wie Geburt und Entwöhnung und erklären Ihnen, wie wir diese Kenntnisse in der Praxis der Welpenaufzucht und –pflege nutzen. Sie erfahren, welche Entwicklungsstadien Ihr Welpe durchlebt hat, wenn er zu Ihnen nach Hause kommt, und wie Sie den kommenden begegnen können. In späteren Kapiteln geben wir Ihnen außerdem Entscheidungshilfen zur Wahl einer Rasse, kümmern uns um grundlegende Fragen zur »Adoption« (Kauf, Auswahl, Eingewöhnung etc.) eines Welpen und erklären Ihnen, wie man den Welpen mit ersten Übungen auf die spätere Ausbildung vorbereiten kann – und sollte. Damit schaffen Sie die Voraussetzungen für eine ausgeglichene, dauerhafte Beziehung zwischen Ihnen und Ihrem besten Freund.

1. KAPITEL

Der Mönch als Hebamme

Begeben wir uns auf einen Spaziergang mit einem der Brüder und seinem Schäferhund. Das, was normalerweise Alltagsroutine ist, hat heute eine besondere Bedeutung. Es ist der neunundfünfzigste Tag von Ankas Trächtigkeit. An diesem kristallklaren Märznachmittag erhellt die Sonne die dunklen Wälder, die das Kloster umgeben. Anka ist den ganzen Tag schon ruhelos gewesen. Der Waldspaziergang gibt uns schon bald einen Vorgeschmack auf die Wunder, die noch kommen werden; die Natur zeigt uns nun, noch still, aber doch sehr bestimmt, die ersten Anzeichen dafür, dass die Tragzeit sich dem Ende nähert und die Geburt bevorsteht. Natürlich ist der Bruder für diese Anzeichen sensibilisiert, denn obwohl die durchschnittliche Tragzeit dreiundsechzig Tage dauert, ist es bei Schäferhündinnen nicht ungewöhnlich, dass die Wehen schon um den achtundfünfzigsten Tag nach der Befruchtung einsetzen. Seit fast zwei Monaten wird Ankas Verhalten durch die veränderten körperlichen Anforderungen diktiert, und nun werden wir Zeugen, wie sich das neue Leben ankündigt.

Während sie den schmalen Pfad entlang trabt, schwingt der massige Bauch sanft hin und her, und der wedelnde Schwanz erlaubt uns dann und wann Blicke auf die vergrößerte Vulva. Sie läuft ein paar Meter voraus, umgeht sorgsam die letzten Schneereste und dreht sich immer wieder wie zur Bestätigung zu uns um. Auch der Wald ist ruhelos. Der Wind streicht durch die Äste und begleitet Anka, die vorausläuft, zurückkehrt, wieder voranläuft. Ihr rasches Hecheln wird vom Rauschen des Waldes geschluckt. Selbst die Bäume scheinen zu spüren, dass etwas passieren wird.

Immer wieder bleibt Anka stehen.

Normalerweise ist Anka von einer unstillbaren Neugier getrieben. Sobald sie mit ihrem Mönch ins Freie geht, taucht sie hinein in ein Meer der Gerüche. Sie rennt vom moosbedeckten Baumstumpf zum Wacholdergestrüpp, von dort aus zu der alten Hecke, die weiß Gott wie viele Waldtiere durchquert haben, und bleibt immer wieder stehen, um zu lauschen. Hin und wieder scheucht sie ein paar Fasanen oder wilde Truthähne auf, die sich lärmend und mit hektischem Flügelschlag in den Himmel heben. Voller Freude verfolgt sie sie und setzt ihnen mit kurzen, kraftvollen Sprüngen nach, lässt auf ein Wort des Mönches jedoch sofort von der Hatz ab und kehrt zurück. Konsequentes Training und die Verbindung zu ihrem Menschen sind stärker als der Jagdtrieb. Ihr Name reicht aus, um sie auf den Pfad zurückzuholen, und bald schon ist sie damit beschäftigt, einen Ast von einem abgestorbenen Baum abzuzerren, damit sie für den restlichen Spaziergang etwas zu spielen hat.

Anka führt uns am neunundfünfzigsten Tag ihrer Tragzeit in den Wald.

So ist es normalerweise. Heute nicht.

Anka scheint in sich selbst zurückgezogen. Heute ist nichts von ihrer üblichen Munterkeit zu spüren. Sie wirkt ungeduldig, läuft im Kreis, hechelt nervös. Wenn sie anhält, dann nur, um zu markieren, und das tut sie oft, nun, da der vergrößerte Uterus auf die Blase drückt. An einem kleinen Teich bleibt sie stehen, um zu trinken, aber schon ist sie mit einem raschen Blick zu den Büschen, die den Weg säumen, wieder in Bewegung.

Und dann rennt sie plötzlich voran und verschwindet um eine Ansammlung von Pinien. Als wir uns den Bäumen nähern, hören wir unter den tief herabhängenden Zweigen wildes Scharren. Die Äste bewegen sich leicht, und Laub, Erde und Nadeln fliegen uns entgegen. Ankas Mutterinstinkt hat übernommen und bringt sie dazu, sich ein Nest zu bauen, eine Mulde, in der sie Schutz suchen kann. Bemerkenswert daran ist, dass niemand es ihr beigebracht hat. Anka hat noch nie

19

Unter einer Pinie hat Anka sich eine Kuhle gescharrt.

geworfen; sie ist erst vergangene Woche zwei Jahre alt geworden. Aber sie reagiert auf einen uralten, mächtigen Trieb, der ihr sagt, was sie zu tun hat.

Würde Anka in der Wildnis leben, hätte sie ihr Nest, ihren Bau sorgfältiger geplant. Wolfsforscher finden solche Plätze oft in erhöhten Bereichen, in leeren Höhlen oder auf Wällen oder Böschungen, von wo aus der Wolf eine gute und freie Sicht auf die Umgebung hat. Wölfe nutzen nicht selten leerstehende Fuchsbauten oder sogar verlassene Biberburgen. Am liebsten suchen sie sich Stellen in der Nähe von Flüssen, Seen, Bächen oder anderen Wasserquellen, da die Mutter einen hohen Flüssigkeitsbedarf hat. Der Zugang zum Bau hat üblicherweise ungefähr einen halben Meter Durchmesser und führt durch einen ansteigenden Gang in eine Kammer. Ein tragendes Weibchen hält sich die letzten drei Wochen vor der Niederkunft praktisch nur noch in der Nähe ihres Baus auf.

All das ist der Hintergrund für Ankas Scharren und Graben.

Wir bleiben stehen, um ihr eine Weile zuzusehen. Schließlich lässt sie sich in der von ihr geschaffenen Kuhle nieder. Sie ist kaum noch zu sehen; nur ihr Kopf ist durch die herabhängenden Zweige zu erkennen, und ihr wachsamer und erwartungsvoller Blick verrät uns, dass sie mit ihrer Arbeit zufrieden ist. Uns ist klar, dass all das nur erste Vorbereitungen sind, denn von den sicheren Anzeichen einer unmittelbar bevorstehenden Geburt – Kontraktionen der Gebärmutter, intensives Lecken der Vaginalfalten, rasches Absinken der Körpertemperatur – ist noch nichts zu spüren. Aber es ist ebenso eindeutig, dass der Prozess jetzt unumstößlich auf die letzte Phase zusteuert. Kurz bevor wir losgegangen sind, war ihre Temperatur erst auf 38°C gesunken, was uns verrät, dass die Wehen noch ein wenig auf sich warten lassen werden. Wenn sie einsetzen, wird die Temperatur noch einmal ungefähr um ein Grad fallen, auf einen Wert zwischen 36,5 und 37,5. Anka ist sich offensichtlich bewusst, dass mit ihr etwas Bedeutendes geschieht. Sie reagiert auf die biologischen Stichworte und lässt die Natur in ihrem eigenen Tempo ihren Lauf nehmen.

Und jetzt ist sie bereit, in den Zwinger zurückzukehren.

In New Skete haben wir ein Extragebäude für gebärende Hündinnen und ihre Würfe reserviert. Sechs verschiedene Räume bieten den Tieren eine saubere, trockene und geschützte Umgebung. In der vergangenen Woche ist Anka jeden Tag für eine gewisse Weile in dem ungefähr drei Quadratmeter großen Wurfgehege gewesen, um sich daran zu gewöhnen. Sie soll sich dort entspannt und sicher fühlen, damit sie sich ganz auf die Geburt konzentrieren kann. Als Nest benutzen wir ein Kinderplanschbecken, da es haltbar und leicht zu reinigen ist und die Neugeborenen nicht herausfallen können.

Bei unserer Rückkehr vom Spaziergang trinkt Anka erneut. Dann klettert sie auf das Lager und macht es sich auf mehreren Schichten Zeitungspapier bequem. Hechelnd streckt sie sich schließlich aus. Nachdem sie sich eine Weile ausgeruht hat, bieten wir ihr etwas zu fressen an.

Normalerweise haben Hunde zwischen zwölf und vierundzwanzig Stunden vor der Niederkunft keinen Appetit. Anka hat jedoch noch niemals Futter verschmäht, nicht einmal im Frühstadium der Trächtigkeit, wo es zu erwarten war. Auch jetzt hat sie noch immer einen gesunden Hunger und frisst ihr Futter ohne zu zögern.

Es ist spät am Abend. Wie üblich hier bei uns im Kloster verbringt Anka die Zeit im Zimmer »ihres« Mönchs. Bevor die Lichter ausgemacht worden sind, lag ihre Temperatur bei 37,4 °C, und ihr Hecheln wird immer angestrengter. Wir haben alte Bettlaken auf dem Schlafzimmerboden ausgebreitet, falls sie zu werfen beginnt, solange der Mönch noch schläft.

Wenn ein Bruder damit rechnet, dass eine Hündin mitten in der Nacht wirft, lässt er sich vom Wecker in regelmäßigen Abständen wecken, um nach dem Tier zu sehen. Doch Anka macht es uns durch ihre wachsende Unruhe ohnehin schwer zu schlafen. Gegen halb zwei nachts kommt ihr Atem stoßweise, und in regelmäßigen Abständen erbebt ihr Körper, als sei ihr kalt. Nun leckt sie ihre Vulva, um den Geburtskanal zu reinigen. Sie erhebt sich, beginnt zu scharren, schiebt die Laken zu einem Lager zusammen. Plötzlich erstarrt sie, das Hundegesicht verzerrt sich leicht, und sie hält den Atem an. Die erste Wehe wird von einem leichten Stöhnen begleitet, die Rute krümmt sich. Sie beginnt wieder zu atmen, obwohl eine zweite Wehe einsetzt, dann eine dritte. Dann ist es erst einmal vorbei, und Anka ruht sich aus.

Dass die Geburt auf diese Weise und mitten in der Nacht einsetzt, ist in den vergangenen Jahren schon oft vorgekommen, daher trifft der Bruder die letzten Vorbereitungen nun ohne Aufregung. Anka wandert ruhelos im Zimmer umher, als müsse sie dringend hinaus. Auch das ist ein ganz normales Verhalten, denn wenn ein Welpe in den Geburtskanal drängt, ähnelt das Gefühl anfangs offenbar dem von bevorstehendem Stuhlgang. Doch sobald Anka hinausgelassen wird, zeigt sich, dass sie sich keinesfalls lösen muss. Sie will ihre Welpen auf die Welt bringen, und dass es mitten in der Nacht ist, kümmert sie herzlich wenig.

Der kurze Weg vom Kloster zum Welpenzwinger wird nur durch die Sterne erhellt, doch Anka läuft zielstrebig voraus. In ihrem Raum angekommen, begibt sie sich sofort auf das Lager und scharrt die Zeitungsblätter methodisch und rhythmisch zusammen, hält sie mit einer Pfote am Boden fest und beginnt sie zu zerfetzen. Immer wieder steht sie auf, läuft im Kreis, stöhnt. Endlich legt sie sich nieder, leckt sich die Vulva, als auch schon in rascher Folge vier heftige Wehen kommen. Sie presst und zieht dabei die Lefzen hoch; die Ohren sind leicht nach hinten gerichtet, als höre sie auf ihren Körper. Sie wendet den Kopf zu ihrem Schwanz und leckt das Papier unter sich, und dort, endlich, ist eine kleine Pfütze zu sehen. Die Fruchtblase ist geplatzt, und nun geht es wirklich los: In der nächsten Stunde können wir mit dem ersten Welpen rechnen. Anka liegt noch immer an die Planschbecken-Seitenwand geschmiegt, aber nun atmet sie ruhiger, und die Augen sind fast ganz geschlossen, als wolle sie Kraft zu einem letzten Einsatz sammeln.

Bei uns im Kloster ist es üblich, dass der Mönch, der sich um Erziehung und Ausbildung der Hündin gekümmert hat, auch bei der Geburt der Welpen dabei ist. Seine Gegenwart beruhigt das Tier, und er kann eingreifen, falls Hilfe nötig ist. Sollten sich Komplikationen ergeben, entscheidet oft rasches Handeln, ob ein Welpe überlebt.

Erst nach einer halben Stunde Ruhezeit regt sich Anka wieder. Sie beginnt erneut, auf dem Zeitungspapier zu scharren. Ihr Rücken krümmt sich, die Rute ebenfalls, sie hockt sich hin, und es ist, als wolle sie sich zusammenfalten. Die Wehe dauert an, und plötzlich schiebt sich das Amnion, die Eihaut, durch die Vulva nach draußen. Während der Hautsack millimeterweise herausgedrückt wird, zeigt das Licht der Wärmelampe über der Wurfkiste die Umrisse zweier winziger Pfoten, die von innen gegen die Haut drücken. Mit weit aufgerissenen Augen presst Anka weiter, bis sie mit einem urtümlichen Schrei das winzige Wesen auf die Welt bringt.

Sofort leckt sie ihre Vulva, als wolle sie dem Rest des Eihautsacks heraushelfen. Die Haut um den Welpen reißt, und Blut und wässrige Flüssigkeit quillt heraus. Anka verzehrt die Plazenta und beginnt, das dunkle, sich windenden Wesen abzulecken, zunächst nur zögernd, doch dann immer kräftiger und schneller. Währenddessen durchtrennt der Bruder die Nabelschnur und saugt mit einer Spritze, an der ein Ballon sitzt, Flüssigkeit aus der Kehle des Welpen. Ein paar Mal pumpen, und der Atemweg ist frei. Der Welpe schnappt nach Luft, quiekt und wehrt sich gegen das Handtuch, das ihm die warme Flüssigkeit aus dem Fell rubbelt. Die Szene spricht von Harmonie und perfekter Koordination: Anka vertraut ihrem Helfer rückhaltlos, während er sich niemals einmischt, sie niemals stört, sondern ihre Aufgabe respektiert und ihr nur »zuarbeitet«.

Wenn der Welpe abgetrocknet ist, wird er gewogen; er zappelt auf der glatten Oberfläche der Schale. Ankas erster Welpe ist ein nach unserem Standard großes Männchen, und als wir ihn in die Wurfkiste zurücksetzen, schwankt er von Seite zu Seite und beginnt dann sofort, auf die Mutter zuzukriechen. Anka ermutigt ihn, indem sie ihn leckt und anstupst. Das winzige Tier steuert ohne zu zögern auf ihre Körpermitte zu; irgendwie weiß es, dass es dort saugen kann. Welpen werden blind und taub geboren, und die Tatsache, dass nur Geruchs- und Tastsinn funktionieren, macht die Zielstrebigkeit des Erstgeborenen umso erstaunlicher.

Unaufhörlich bewegt sich der Welpe auf die hinteren Zitzen zu, denn dort gibt es die beste Milchversorgung, und dann beginnt er

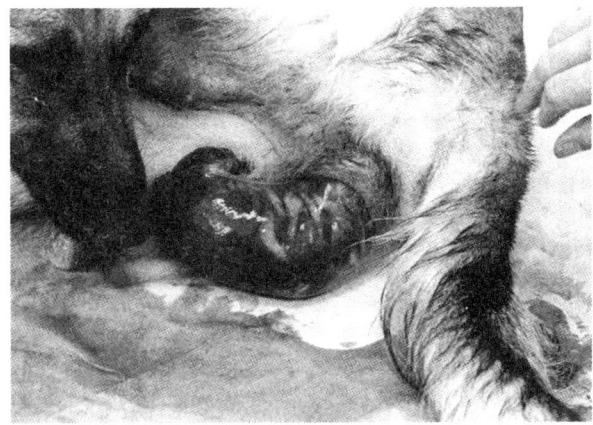

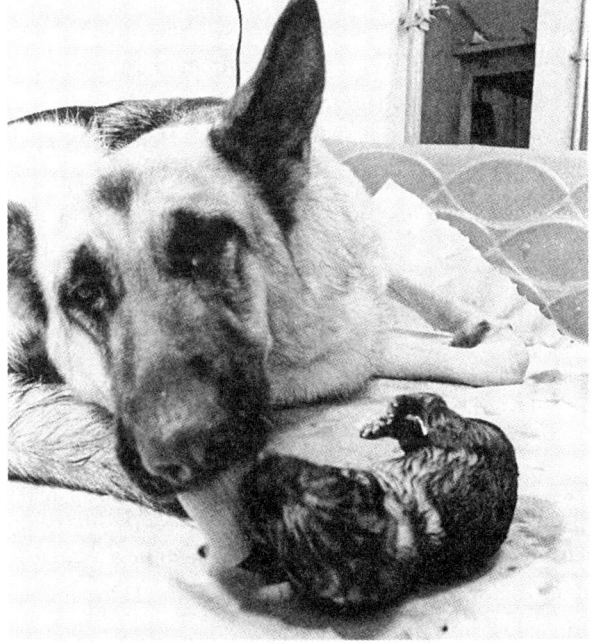

oben: Der erste Welpe kommt.
unten: Die Mutter leckt das Neugeborene ab.

auch schon zu saugen. Der Kopf ruckt rhythmisch vor und zurück, während die Pfoten kneten und drücken, wodurch der Milchfluss stimuliert wird. Gleichzeitig stemmt das kleine Tier die Hinterpfoten in den Boden, als wolle es sich in Mutters Bauch bohren. Anka leckt das Kleine immer wieder, dann entspannt sie sich mit einem tiefen Seufzen, offenbar zufrieden, dass die Pein vorbei ist.

Nur allzu schnell stellt sie fest, dass es gerade erst angefangen hat.

Ungefähr vierzig Minuten nach der Geburt des ersten Welpen, erhebt sich Anka plötzlich, dreht sich wieder im Kreis und scharrt das Papier zusammen. Der Welpe, der inzwischen ein leuchtend orangefarbenes Halsband aus Zackenlitze trägt, schläft in einer Ecke. Um ihn vor möglichen Verletzungen zu schützen, legen wir ihn nun in einen mit einem Handtuch abgedeckten Schuhkarton, der auf ein Heizkissen gestellt wird. Der Welpe muss, wenn man ihn von der Mutter entfernt, unbedingt warmgehalten werden, denn er hat keine Möglichkeit, seine Körpertemperatur zu regulieren. Das Heizkissen ersetzt die Wärme der Mutter, während Anka den zweiten Welpen auf die Welt bringt.

Mit der Hündin ist inzwischen eine deutliche Veränderung vorgegangen: Sie scheint nun zu wissen, was vor sich geht. Sie stöhnt sehr viel weniger und nur im letzten Stadium der Geburt, und ihr Hundegesicht ist zwar angespannt, wirkt aber resolut und fast gelassen. Durch ausreichend Bewegung während der Trächtigkeit ist Anka fit und stark, sodass sie den Wehen, die nun in rascher Folge kommen, problemlos begegnen kann. Mit einem letzten Beben, das ihren ganzen Körper durchläuft, bringt sie im Liegen den zweiten Welpen zur Welt. Während der noch mit der Nabelschnur verbundene Hautsack einen Moment lang auf dem Boden liegt, sehen wir den Welpen darin heftig strampeln. Anka zerreißt die Hülle und säubert das winzige Ding, während es auf der Zeitung weiterzappelt. Nachdem sie die Nabelschnur so weit abgebissen hat, das sie nur noch vier oder fünf Zentimeter lang ist, nimmt Anka den Welpen ins Maul und beginnt, in der Wurfkiste im Kreis zu laufen. Das entlockt dem Tier ein hohes

Wimmern, auf das Anka anscheinend gewartet hat, denn sie setzt es behutsam auf den Boden und leckt es ab, während es sich windet und wendet. Auch dieses Junge, das ein wenig kleiner ist als das erste, weiß, wo es die Nahrung suchen muss. Da es sich jedoch etwas langsamer bewegt, stupst seine Mutter es öfter und drängender in die richtige Richtung. Wir haben den ersten Welpen zurück ins Planschbecken gesetzt, und beide saugen jetzt nebeneinander an den Zitzen einer erschöpften Mutter. Anka leckt sie noch eine Weile pflichtbewusst sauber, dann seufzt sie und bereitet sich auf die nächste Episode vor.

Die Nacht vergeht, die Dämmerung setzt ein. Die nächsten Welpen werden in einem ähnlichen Ereignismuster auf die Welt gebracht, bis auf eine Ausnahme, die dieser Nacht der Wunder eine bittere Note hinzufügt. Anka hat Mühe, den vierten Welpen auf die Welt zu bringen. Zahlreiche heftige Kontraktionen verstreichen ergebnislos. Als der Welpe dann doch endlich kommt, sind alle Versuche, ihn wiederzubeleben, erfolglos. Es ist ein gut entwickeltes Weibchen, doch ihre Lungen sind voll Wasser. Sekundenlang haben wir noch Hoffnung, denn manchmal beginnen Welpen tatsächlich erst nach einer Weile zu atmen. Wir saugen ihr immer wieder Flüssigkeit aus den Lungen und bewegen sie leicht in unseren Händen. Dann geben wir ihr Dopram, ein Mittel, das anregend wirkt, und blasen ihr schließlich Luft in die Lungen, aber nichts wirkt. Anka beobachtet unsere Versuche sorgenvoll; sie merkt, dass etwas nicht stimmt. Unruhig bewegt sie sich in ihrem Planschbecken und winselt nach dem Welpen, den wir ihr nicht geben können. Wir bringen das tote Tier schließlich hinaus, und Anka widmet sich frustriert den verbleibenden drei und tröstet sich damit, sie penibel zu säubern. Wir hoffen, dass sie über diese Beschäftigung schnell vergessen wird, dass sie einen weiteren Welpen hatte. Draußen vor dem Raum halten wir ein kaltes, lebloses Wesen in den Händen. Der kleine Körper ist schlaff, eine winzige weiße Zunge ragt seitlich aus der Schnauze. Hier ist keine Energie, keine Wärme, kein Pulsieren, gar nichts. Der Unterschied zwischen Leben und Tod ist radikal, und bei aller Freude über das neue, quirlige Leben nebenan bleibt der traurige Unterton.

Die Stunden vergehen langsam, während Anka die letzten Welpen gebiert. Es kommen noch zwei, und beide sind zum Glück lebendig und gesund. Die langen Pausen zwischen den einzelnen Geburten kommen uns sehr gelegen; wir brauchen sie als Zeit der Besinnung, in der wir die Schönheit dessen, was geschieht, würdigen können. Im Augenblick der tatsächlichen Geburt geht alles so schnell, dass keine Zeit dazu bleibt. Wir begreifen das Mysterium eher durch die Häufung der Ereignisse. Anders als bei der menschlichen Geburt, bei der gewöhnlich nur ein einziges kleines Wesen auf die Welt kommt, erleben wir die tatsächliche Niederkunft wieder und wieder. Gleichzeitig staunen wir über die drastische Veränderung, die in Anka vorgegangen ist, und diese ist so real, so echt wie die kleinen Welpen, die sie säugt. Auch Anka selbst hat eine Art Geburt durchlebt, eine Geburt in die Mutterschaft nämlich, und dass es so ist, sieht man ihr an. Anka scheint zu strahlen: Ihre Augen leuchten, und sie lächelt zufrieden. Mutter und Welpen bedeuten füreinander eine Erfüllung, die nichts mit schaler Sentimentalität zu tun hat.

Gegen halb elf vormittags liegt Anka mit fünf gesunden Welpen ruhig in der Wurfkiste. Jeder Welpe trägt um den Hals ein andersfarbiges Band, sodass wir sie unterscheiden können. Für Männchen nehmen wir breite Zackenlitze, für Weibchen schmale, sodass wir die Welpen auf einen Blick identifizieren können. Das wird später von großer Bedeutung sein, wenn wir beginnen, uns Notizen zu Verhalten und Entwicklung der Geschwister zu machen. Die drei Rüden und zwei Hündinnen schlafen unruhig. Sie haben sich aneinandergekuschelt und zucken und zappeln ständig. Das gänzlich normale Phänomen ist als aktivierter Schlaf bekannt und wird mit der Entwicklung des neuromuskulären Systems in Verbindung gebracht. Gesunde Welpen bewegen sich im Schlaf permanent.

Endlich sind alle da. Anka und ihr Wurf.

Nachdem um halb neun der sechste Welpe gekommen ist, konnte man eindeutig erkennen, dass Anka es geschafft hat. Ihr Bauch war in sich zusammengefallen, und durch Betasten des Uterus war zu spüren, dass keine weiteren Welpen kommen würden. Ihre Atmung hatte sich entspannt und sie streckte sich erschöpft auf der Seite aus, damit alle Welpen trinken konnten. Wenn wir sehen, dass es vorbei ist, geben wir der Hündin meistens eine Oxytocinspritze, ein Hormon, das die Abstoßung von Plazenta- oder Nachgeburtsresten anregt. Anschließend reinigen und desinfizieren wir die Wurfkiste und legen sie mit frischer Zeitung aus, dann baden wir die Mutter in einer Wanne und trocknen sie gründlich ab. Danach gibt es Futter, das Anka ausgehungert verschlingt.

Der Abschluss der Geburt ist ein ruhiger und friedlicher Prozess. Nun ist nur noch ein gelegentliches Japsen oder Quieken eines Welpen zu hören. Nachdem wir uns um alles Nötige gekümmert haben, lassen wir Anka mit ihrem Wurf allein, und der Mönch, die müde Hebamme, legt sich auch noch für ein paar Stündchen aufs Ohr. Andere Brüder werden in regelmäßigen Abständen nach Anka sehen und dafür sorgen, dass es ihr und den Welpen an nichts fehlt.

2. KAPITEL

Das Mysterium der Entwicklung

Ein Welpenleben zeichnet sich durch das aus, was alles Leben charakterisiert – durch das Mysterium der Entwicklung. Das gesamte Universum ist ein fortgesetzter Wachstumsprozess, der sich von den allerersten Momenten jeder individuellen Existenz bis hin zu ihrem Ende und darüber hinaus erstreckt. Nichts kann sich dieser Bewegung entziehen, auch wenn wir sie im chaotischen Tempo unseres modernen Lebens manchmal nur noch als technische Errungenschaften wahrnehmen, die uns selbstverständlich erscheinen. Unser vollgestopfter Terminkalender macht es uns leicht, den grundlegenden Wundern des Lebens gegenüber gefühllos zu werden, sodass wir spirituell verarmen. Vielleicht ist das ein Grund, warum uns Hunde so wichtig sind und wir so stark von ihrer Kameradschaft profitieren: Sie verwurzeln uns im wahren Leben.

Wenn wir einen Welpen aufziehen, treten wir auf sehr direkte Weise wieder mit der Natur und dem Kreislauf des Lebens in Kontakt. Ein kleines Tier aufwachsen zu sehen, löst uns von der Beschäftigung mit uns selbst und gibt uns die Fähigkeit zu staunen zurück. Doch ganz abgesehen von der Freude, die es uns bereitet, ist es unsere Pflicht, genau zu beobachten, wie der Welpe sich entwickelt. Wissenschaftliche Studien haben gezeigt, dass die ersten sechzehn Wochen im Leben eines Welpen von zentraler Bedeutung für sein Verhalten als erwachsener Hund sind. Wird er in dieser Zeit vom Züchter oder dem neuen Besitzer vernachlässigt oder falsch behandelt, kann ihm das schweren Schaden zufügen, der sein ganzes Leben beeinträchtigt. Wenn Sie also einen Welpen großziehen wollen, der Ihnen die nächsten zehn bis fünfzehn Jahre ein treuer Gefährte und Freund sein soll, dann können Sie unserer Meinung nach keinen besseren Grundstein dafür legen, als sich die Zeit zu nehmen, sich genau über die einzelnen Phasen dieser Frühentwicklung zu informieren. Wenn Sie verstehen, was geschieht, sind Sie in der Lage, dem Welpen Hilfestellung zu geben, damit er sein Potenzial voll ausschöpfen kann.

Erwachsene im Miniformat?

Neulich unterhielten wir uns mit einem Herrn, der mit seinem ungebärdigen, dreieinhalb Monate alten Golden Retriever zu uns kam. Während wir über die Schwierigkeiten sprachen, die ihm der Welpe machte, erzählte er uns immer wieder von seinem früheren Hund, der ein paar Wochen zuvor im Alter von zwölf Jahren gestorben war. Die Augen des Mannes füllten sich mit Tränen, als er uns beschrieb, wie der Hund mit sieben Monaten zu ihm kam, wie rasch er die grundlegenden Befehle erlernt und wie mühelos er sich an den Alltag seines Herrchens gewöhnt hatte. Dann deutete er auf seinen neuen Hund, Argus, der an seiner Seite auf und ab hopste, um Aufmerksamkeit bettelte und immer wieder nach der Hand des Mannes schnappte. Ohne sich die Mühe zu machen, seine Frustration zu verbergen, berichtete der Mann uns von seinen vergeblichen Versuchen, den Hund zu erziehen, und gestand uns, dass er langsam zu dem Schluss kam, Argus sei unbelehrbar. Er stand kurz vor der Kapitulation.

Der Fehler in der Denkweise des Mannes liegt natürlich auf der Hand: Er maß alle Probleme, die er mit dem Welpen Argus hatte, an der Ausgeglichenheit und der Reife seines ersten Hundes, den er erst bekommen hatte, als dieser bereits ein großes Stück auf dem Weg zur Reife hinter sich gebracht hatte. Eigentlich kam uns Argus wie ein ganz normaler, junger, energiegeladener Hund vor, der schlichtweg missverstanden und falsch behandelt wurde. Als wir nach den Umständen fragten, unter denen er seinen ersten Hund bekommen hatte, erklärte er uns, er habe ihn von einem Mann übernommen, der durch einen Arbeitsplatzwechsel mit seiner Familie nach Europa gehen musste und den Hund nicht mitnehmen konnte. Aus seiner Erzählung wurde deutlich, dass diese Familie sich gewissenhaft um den Hund gekümmert und den Grundstein für die gute, ausgeglichene Beziehung gelegt hatte, die er nachher mit dem Tier hatte aufbauen können. Er war überrascht, als wir ihn darauf hinwiesen. Er hatte angenommen, dass er einfach einen »guten Hund« gehabt hatte. Da er mit dem vorherigen Hund nicht die ersten Monate des Wachstums miterlebt hatte, die für Welpen so ungemein wichtig sind, konnte er auch nicht verstehen, dass ein Welpe ein dynamisches, neugieriges und lernwilliges Wesen ist, das die Welt und ihre Bewohner erst kennenlernen muss. Der Mann hatte Argus wie einen ausgewachsenen Hund behandelt, nicht wie ein vierzehn Wochen altes Hundekind.

Die Entwicklung der Individualität

Eine solche falsche Vorstellung von der Entwicklung des Welpen ist unter Hundebesitzern leider nicht selten. Da kaum einer die Erfahrung eines Züchters besitzt, haben die meisten Menschen nur eine vage Ahnung, was in den ersten Wochen mit dem Tier geschieht. Um den jungen Hund wirklich verstehen und ihn verantwortungsvoll erziehen zu können, müssen Sie sich Zeit nehmen und ein Grundlagenwissen aneignen.

Für uns ist die Geburt eines Wurfs immer wieder eine Gelegenheit, eine bemerkenswerte Folge von Ereignissen zu beobachten: Ein vollkommen hilfloses winziges Wesens entwickelt sich zu einem reifen, erwachsenen Hund mit der Fähigkeit zu echter Bindung und Kameradschaft. Falls Sie eine solche Kameradschaft bereits erlebt haben, wissen Sie, wie bereichernd sie ist. Was Sie aber vielleicht nicht wissen, ist, dass die Saat für diese Fähigkeit des Hundes bereits sehr früh gesetzt wird, lange bevor er zu Ihnen nach Hause kommt sogar. Die Entwicklung ist kein automatischer Prozess, der in jedem Hund genau gleich abläuft, sondern eine dynamische Entfaltung von Leben, die zwar gewissen Mustern folgt, aber vor allem die subtilen und letztlich geheimnisvollen Interaktionen dreier Faktoren spiegelt: Rassetypische Merkmale, genetische Veranlagung und Einfluss des Umfelds. Aus dieser Mischung entsteht die unglaubliche Vielfalt hündischer Persönlichkeiten. Und deswegen entzieht sich die Aufzucht von Welpen auch jeglicher Routine: Jeder Welpe ist einzigartig, jeder ist ein Individuum.

Diese Erkenntnis steht im Zentrum einer der umfassendsten und einflussreichsten Studien zu hündischem Verhalten, *Genetics and the Social Behavior of the Dog*, der Doktoren John L. Fuller und John Paul Scott. Als diese Männer vor vielen Jahren begannen, die Auswirkung von Vererbung auf menschliches Verhalten zu erforschen, suchten sie sich Hunde als Studienobjekte, weil diese ähnlich wie menschliche Wesen ein erkennbar hohes Maß an Individualität aufweisen. Die beiden Wissenschaftler glaubten, die Beobachtungen der ähnlich verlaufende Entwicklung bei Hunden könnten letztlich zu Erkenntnissen führen, die auch in der Kindererziehung hilfreich sein würden. Ihre Forschungen trugen dazu bei, die wichtige Verbindung zu erkennen, die zwischen erblicher Veranlagung, frühen Erfahrungen und erwachsenem Verhalten besteht. Darüber hinaus zeigten sie natürlich, wie ein Hund zu einem einzigartigen und sehr individuellen Wesen heranwächst; das Werk der beiden Wissenschaftler war ein Meilenstein in der Forschung zum Verhalten der Hunde.

Es würde zu weit gehen, die umfangreichen (und ziemlich trocken dargelegten) Ergebnisse dieses Buches hier aufzulisten. Eine Erkenntnis ist jedoch so wichtig, dass wir hier unbedingt näher darauf eingehen wollen, da sie unser Verständnis der hündischen Entwicklung und die Arbeit gewissenhafter Züchter stark beeinflusst hat. Im Verlauf ihrer siebzehnjährigen Studien beobachteten Scott und Fuller Wurf um Wurf und verfolgten die Entwicklung der Welpen von Geburt an. Aus den gesammelten Daten erkannten sie, dass Welpen auf dem Weg zum Erwachsenleben vier deutlich unterscheidbare Phasen durchlaufen. Jede der Phasen beginnt mit einer natürlichen Veränderung im Sozialverhalten des Hundes, die sich darin zeigt, wie das Tier auf seine Umgebung reagiert. Unter Berücksichtung leichter durch Persönlichkeit bedingter Abweichungen, lassen diese Phasen sich folgendermaßen festlegen: Die *neonatale Periode* dauert von der Geburt bis zum Öffnen der Augen am dreizehnten Tag, die *Übergangsphase* vom Öffnen der Augen bis zum Öffnen der Ohren am ungefähr zwanzigsten Tag, die *Sozialisationsphase* ungefähr von der dritten bis zur zwölften Woche und die anschließende *juvenile Phase* bis zur Geschlechtsreife zwischen dem sechsten Monat und einem Jahr.

Während Scott und Fuller untersuchten, warum manche Hunde zu glücklichen, gesellschaftlich verträglichen Exemplaren heranwachsen und andere nicht, fanden sie heraus, dass der Zeitpunkt erster Erfahrungen eine entscheidende Rolle im späteren Verhalten spielte. Ereignisse beeinflussten die Entwicklung in bestimmten Phasen stärker als in anderen. Daraus schlossen sie, dass es kritische Phasen gibt, in denen »ein geringer Umfang an Erfahrungen eine enorme Wirkung auf späteres Verhalten« hat. Obwohl sie sich nicht ganz eins waren, wie viele dieser Phasen es gab, legten sie die Zeitspanne zwischen der *dritten und zwölften Woche* als die wichtigste fest: Die Erfahrungen, so die Wissenschaftler, die der Welpe in dieser sogenannten Sozialisationsphase mache, habe einen maximalen Effekt auf die zukünftige Persönlichkeit. Anders ausgedrückt: Durch die richtige Sozialisation des Welpen in der kritischen Periode können die Tiere auf natürliche Weise zu freundlichen, auf Menschen ausgerichtete Haustiere konditioniert werden.

Während niemand die Bedeutung dieser Studie anzweifelt, ist nicht jeder einverstanden mit dem Begriff »kritische« oder »entscheidende Phase«. Manch einer argumentiert, diese Bezeichnung sei zu absolut und schließe die Möglichkeit einer späteren »Therapie« eines Tieres, das Opfer von falscher Behandlung oder Vernachlässigung gewesen ist, aus. Stattdessen bevorzugen Kritiker die Bezeichnung »sensible Phase«, da sie der Realität besser entspreche. Und hier möchten wir noch einmal explizit darauf hinweisen, dass der Zeitpunkt und die Qualität der Erfahrungen zwar unbestritten wichtige Faktoren sind, aber keine Zwangsjacken, die jeden zukünftigen Versuch, ein Verhalten zu ändern, im Keim ersticken. Entwicklung ist komplexer. Die einzelnen Phasen grenzen nur ungefähr den Zeitrahmen ein, in dem ein Welpe besonders empfänglich für soziale Reize und Einflüsse ist.

Das allerdings ändert nichts am Hauptargument: Frühe Erfahrungen spielen eine bedeutende Rolle in der Entwicklung der Persönlichkeit. Woraus folgt, dass man sich so erschöpfend wie möglich über den Hintergrund und die Vorgeschichte des Welpen informieren sollte. Je mehr Sie über seine Erfahrungen, sein Erbe und die rassetypischen Charakteristika in Erfahrung bringen können, umso leichter wird es Ihnen fallen, den Welpen zu verstehen und ihm zu helfen, seine Anlagen zu nutzen. Vergessen Sie jedoch nicht, dass das Wissen allein nicht ausreicht, um das Rätsel der Individualität Ihres Hundes zu lösen. Auch die Wissenschaft hat ihre Grenzen. Lassen Sie auch dem Mysterium ein wenig Raum.

Zu ergründen, wie ein Hund sich entwickelt, bedeutet anzuerkennen, dass unser Wissen auf allgemeinen Mustern beruht und nicht auf absoluten Regeln. Tatsächlich existiert »der Hund« nicht, sondern nur der individuelle Hund und die einzigartige Entwicklung eines jeden. Daher verläuft zwar der Wachstumsprozess bei jedem Hund in etwa gleich, die Art, wie dieser sich ausdrückt, ist jedoch von Welpe zu Welpe verschieden. Geschwister, die unter den gleichen Bedingungen heranwachsen, entwickeln sich ganz unterschiedlich.

Die Vielfalt besteht nicht ohne Grund. Der Hund ist wie sein Vorfahr, der Wolf, ein Rudeltier. Ein Hund hat nicht nur seine ganz eigene Persönlichkeit, sondern auch eine Rudelidentität, die sich bereits sehr früh, noch während das Tier sich im Wurf befindet, manifestiert. Die Persönlichkeitsunterschiede sind wichtig, denn das Überleben eines Rudels hängt von Zusammenarbeit ab. Jedes Mitglied hat seine eigene Rolle und Bedeutung, und jedem gebührt Respekt dafür.

In Wolfsrudeln tritt das sehr deutlich zutage. Würde ein Rudel nur aus Führungspersönlichkeiten bestehen, gäbe es keine Einigkeit: Ständige Rangkämpfe wären die Folge. Ein Rudel, das nur aus unterwürfigen Tieren bestünde, könnte dagegen nicht effektiv jagen, wodurch ein Überleben ebenso unmöglich wäre. Was ein Rudel zu einer funktionstüchtigen, starken Gemeinschaft werden lässt, ist die Vielfalt der Persönlichkeiten, denn die Fähigkeiten eines jeden werden zum Wohl der Gemeinschaft eingesetzt.

Diese Erkenntnis lässt sich auch auf unseren Haushund übertragen, ist sogar zum Verständnis seines Wesens unbedingt notwendig. Wir können das Wissen über wölfisches Rudelverhalten als Grundlage nehmen, wenn wir zu Anka und ihrem Wurf zurückkehren und über Welpenwachstum und Entwicklung sprechen. Die Rasse eines Hundes hat ebenfalls Einfluss auf das körperliche Wachstum und die Verhaltensentwicklung. Während sehr kleine Rassen wie Chihuahuas zum Beispiel in der Regel bereits mit sechs Monaten geschlechtsreif und mit einem Jahr ausgewachsen sind, brauchen große Rassen wie der Irische Wolfshund oder der Mastiff zwischen zwei und drei Jahre, bis sie erwachsen sind. Auch in dieser Hinsicht ist jede Rasse anders, und Sie sollten sich darüber informieren, bevor Sie einen Welpen auswählen. Wir begleiten Ankas Wurf in diesem Buch keinesfalls, um Regeln aufzustellen. Wir wollen damit nur die Theorie mit der Realität erklären und Ihnen dabei helfen, Ihren eigenen Welpen besser verstehen und seine Entwicklung einschätzen zu können.

Die ersten beiden Welpen haben wir Sunny und Kairos genannt, die nächsten beiden Weibchen Oka und Yola und den letzten Rüden, der bei der Geburt auch am kleinsten war, Kipper.

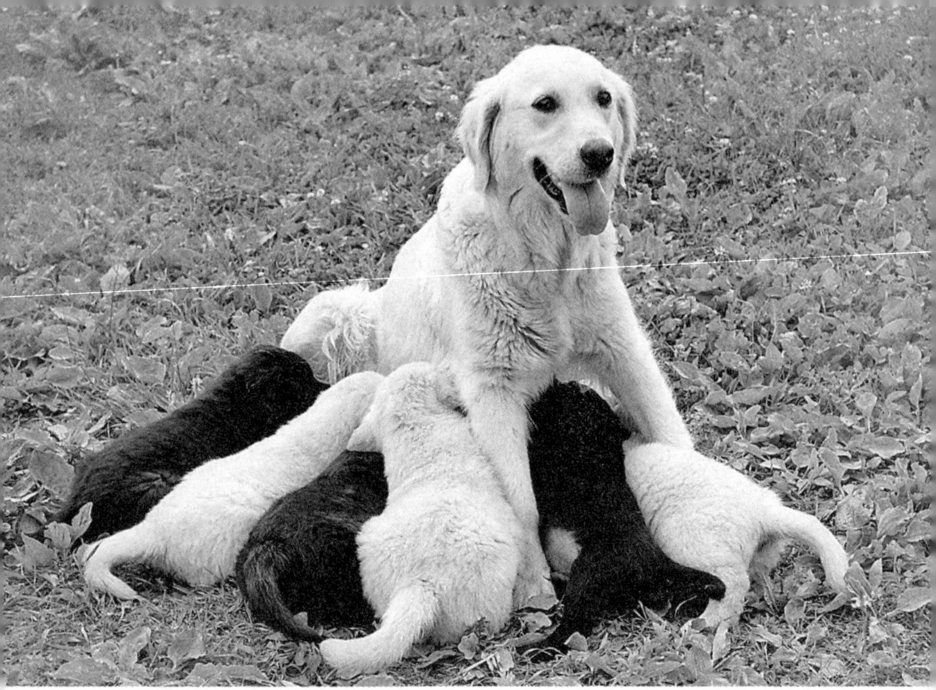

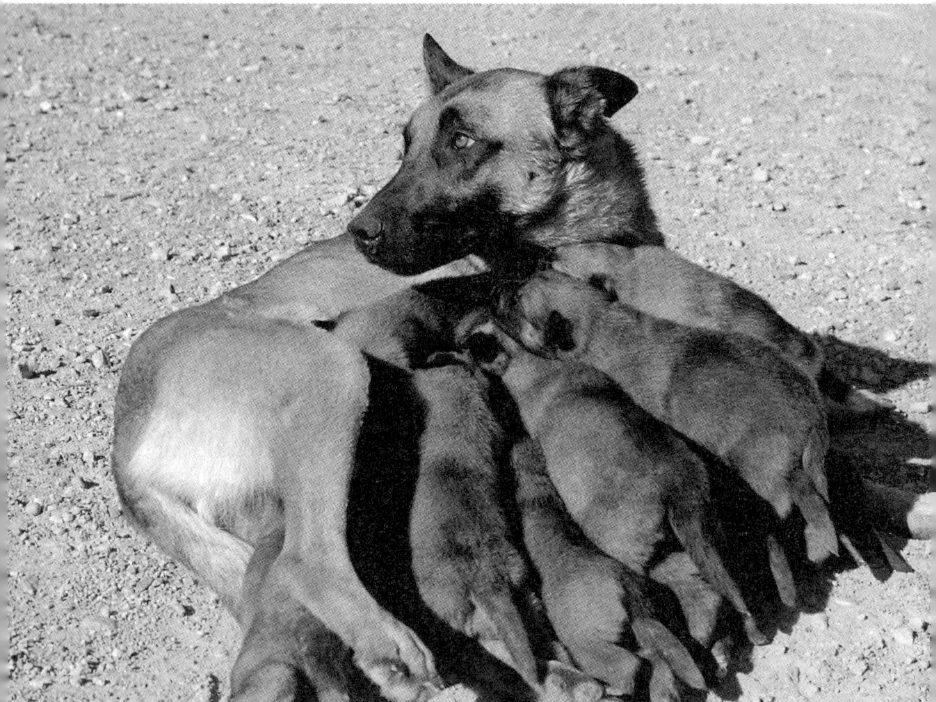

3. KAPITEL

Mehr als das Auge sieht

Die neonatale Periode: 1. bis 13. Tag

Wir stehen nun neben Ankas Wurfkiste und beobachten einen Moment lang, wie sie die Kleinen säugt. Sie sind inzwischen zwei Tage alt. Über Anka befindet sich eine Wärmelampe, die für eine konstante Temperatur sorgt. Anka liegt auf der Seite, und die Welpen trinken nebeneinander an den Zitzen, während sie den Bauch der Mutter mit den Pfoten massieren, um den Milchfluss zu stimulieren. Sie sehen aus wie kleine pralle Würste, wie sie so an ihrer Seite hängen, und ihr schwarzes Welpenfell glänzt seidig unter dem Licht der Lampe. Anka hechelt angestrengt, während die Welpen trinken. Sie kümmert sich nicht um uns, sondern starrt an die weiße Wand vor ihr.

Minuten vergehen.

Die Stille wird durchbrochen, als Anka sich behutsam erhebt. Die Welpen lösen sich von den Zitzen, rollen hilflos auf den Rücken und quieken empört über die plötzliche Unterbrechung. Aber es dauert nicht lange. Rasch landen sie wieder auf dem Bauch, robben voran und schlafen schließlich, dicht aneinandergekuschelt, ein. Anka hält Abstand und sieht zu uns auf.

Nach der Aufregung der Geburt vor zwei Tagen fällt es in der jetzigen Ruhe leicht zu vergessen, wie wichtig diese Zeit, dieser stete, fast monotone Wechsel zwischen Trinken und Schlafen für die Welpen ist. Obwohl scheinbar wenig passiert, wird nun der Grundstein für die zukünftige Entwicklung des Wurfs gelegt.

Hilflose Wesen?

Welpen werden in eine Welt hineingeboren, die sie weder sehen noch hören können. Sie existieren zunächst, isoliert von Störfaktoren, in einer sensorischen Wüste, in der sie vollkommen von ihrer Mutter (oder der Pflege eines menschlichen Pendants) abhängig sind. Ohne diese Mutter würde der Welpe sterben. Während des ersten Tages verlässt Anka ihr Lager nur, um sich zu entleeren. Ihr Verhalten, ihre absolute Fixierung auf den Wurf macht ihre genetische Programmierung deutlich: Anka weiß instinktiv, wie hilflos und abhängig ihre Welpen in dieser ersten Zeit auf der Welt sind. Anka würde ihre Welpen in dieser Phase mit dem eigenen Leben beschützen.

Ein Beispiel: Während die Welpen schlafen, bleibt Anka in ihrer Nähe und beschäftigt sich mit einem Büffelhautknochen. Plötzlich spitzt sie die Ohren und stößt ein tiefes, leises Knurren aus. Fremde Stimmen dringen von draußen in den Zwinger. Und dann ist sie auf den Füßen und stürzt durch die Klappe hinaus ins Außengehege und bellt wild und drohend. Aufgeregt und mit aufgestellten Nackenhaaren und steil aufgerichteter Rute läuft sie am Zaun entlang, und die Fremden – Touristen, die sich versehentlich zu nah an den Zwinger herangewagt haben – eilen erschrocken davon. Ankas Gebell hält noch ein paar Minuten an. Erst als sie überzeugt ist, dass die Gefahr wirklich vorbei ist, kehrt sie zu den Welpen zurück, die in einer Ecke aneinandergeschmiegt schlafen und nichts von all dem mitbekommen haben.

Die Tatsache, dass sich die Welpen stets aneinanderschmiegen, darf übrigens nicht als neonatale Geselligkeit missdeutet werden. Sie versuchen instinktiv, sich Wärme zu erhalten. Da sie nichts hören und sehen, reagieren sie auf die größte Wärmequelle in ihrer Nähe. Sobald der erste Welpe, Sunny, erwacht, beginnt er auf der Suche nach Nahrung über die anderen hinwegzusteigen, ohne sich um sie zu kümmern oder auch nur wahrzunehmen. Sein Erwachen löst eine Kettenreaktion von

Die drei Tage alte Oka trinkt.

Bewegungen aus, denn nun will jeder Welpe nichts anderes als eine Zitze, von der er trinken kann. Diese Szene belegt, dass die Welpen sich nicht bewusst wahrnehmen; noch wird ihr Verhalten hauptsächlich durch eine Reihe von Reflexen bestimmt, die ihnen bei der Geburt mitgegeben wurden – Saugen, Kriechen, die Suche nach einer Wärmequelle und Lautgeben bei Unbehagen zum Beispiel.

Entwicklung

Viele Wissenschaftler, ihnen voran Scott und Fuller, sehen das Neugeborene als nahezu rein taktiles Wesen, das sich gänzlich auf den Tastsinn verlässt, um an die Nahrung zu gelangen. Andere, nicht minder scharfe Beobachter, wie zum Beispiel Dr. Michael Fox haben belegen können, dass diese Annahme nicht in jeder Hinsicht stimmt. Zunächst hat sich gezeigt, dass der Geruchssinn des neugeborenen Welpen ebenfalls gut entwickelt ist. Fox bewies das mit einem Experiment: Er bestrich die Zitzen einer säugenden Mutter mit Anisöl, eine sehr

41

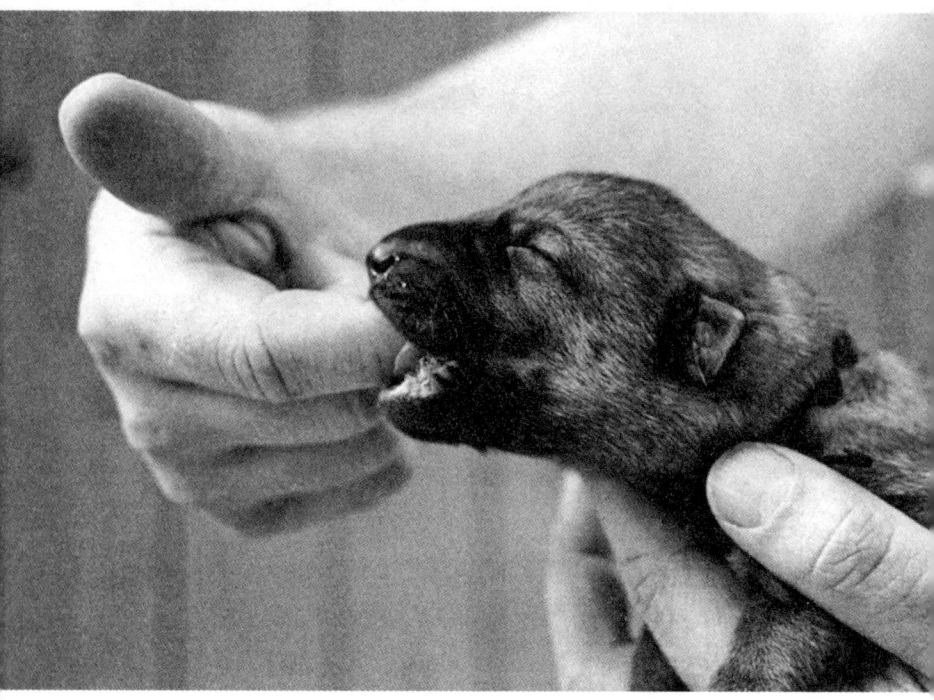

Schon ein vier Tage alter Welpe saugt mit überraschender Kraft.

unangenehm riechende Substanz, und ließ die Welpen anschließend trinken. Vierundzwanzig Stunden später krochen die Welpen auf ein in Anisöl getauchtes Wattestäbchen zu, das man ihnen vor die Nase hielt. Andere Welpen, die zuvor kein solches Dufterlebnis gemacht hatten, wichen vor dem starken Geruch sichtlich zurück.

Außerdem scheint der Welpe selbst in diesem frühen Stadium durchaus lernfähig zu sein, um sein Überleben zu sichern. Ein Neugeborenes macht mit der Schnauze instinktiv grabende beziehungsweise wühlende Bewegungen, wenn es auf etwas Warmes stößt. Das kann helfen, die Zitze zu finden, die oft im Fell verborgen ist. Yola hat direkt nach der Geburt dieses Verhalten an den Tag gelegt, und wenn wir sie jetzt, zwei Tage später, beobachten, ist ein deutlicher Unterschied zu sehen. Fort ist die Tapsigkeit, das ungeschickte Suchen. Inzwischen findet sie die Zitze schnell und mit Geschick.

Im Verlauf der ersten Tage entwickelt sie außerdem Zuversicht und Kraft beim Trinken. Wir haben Yola direkt nach der Geburt an unserem Finger saugen lassen, und der Druck war zunächst schwach und ein wenig unsicher. Einige Tage später dagegen saugt sie überraschend kraftvoll und rhythmisch. Also hat ein grundlegender Lernprozess stattgefunden, der die Basis für zukünftige, komplexere Lektionen bildet.

Unreife

Aber wie auch immer man das frühe Verhalten interpretiert, die Tatsache bleibt bestehen, dass das Gehirn und die motorischen und sensorischen Fähigkeiten des frisch geborenen Welpen in dieser Periode keinesfalls ausgereift sind. Der Welpe besitzt nur die Fertigkeiten, die er unbedingt zum Überleben braucht. Nichts von dem Verhalten, das wir normalerweise mit einem Hund verbinden, ist vorhanden: Kein Bellen, kein Schwanzwedeln, kein Spielen oder Laufen. Das Schlafbe-

Ein vier Tage alter Welpe.

dürfnis ist vorherrschend. In diesen ersten Tagen verbringt der Welpe neunzig Prozent des Tages schlafend. Er erwacht nur zur Nahrungsaufnahme oder wenn die Mutter ihn säubert.

Die ausgedehnten Schlafperioden sind absolut notwendig für die Entwicklung des zentralen Nervensystems. Wenn man die Hirnströme eines Welpen in den ersten Tagen auf dieser Welt mit einem Elektroenzephalograph (EEG) misst, erkennt man keine Unterschiede zwischen den Schlaf- und den Wachphasen. Die *Formatio reticularis*, der Bereich des Gehirns, der Schlaf und Wachsein steuert, ist noch nicht ausreichend entwickelt, um den Welpen über längere Zeit hinweg wach zu halten. Erst nach der dritten Woche zeigt sich auf dem EEG ein deutlicher Unterschied zwischen Schlaf- und Wachzustand, und erst nach ungefähr vier Wochen sind Welpen in der Lage, für eine längere Dauer wach zu bleiben. Zunächst ist es also sehr viel Schlaf in Verbindung mit regelmäßiger Nahrungsaufnahme, Wärme und elementarer Bewegung, die dafür sorgen, dass das Gehirn und das zentrale Nervensystem reifen können.

Diese anfängliche Unreife zeigt sich auch im Aussehen des Welpen: Die Jungen, die Anka geboren hat, haben keinerlei Ähnlichkeit mit dem Bild, das wir von Deutschen Schäferhunden vor Augen haben. Von den stumpfen Schnauzen bis hin zur Spitze des Rattenschwänzchen sind sie fünfzehn bis zwanzig Zentimeter lang und haben runde, im Verhältnis zu große Köpfe, eine fassförmige Brust und kleine Stummelbeinchen. Die Ohren sind klein und scheinen an der Kopfseite zu kleben, die Augen sind fest geschlossen. Wenn man es nicht besser wüsste, könnte man sie einer ganz anderen Spezies zuordnen.

Selbst die Fähigkeit der Ausscheidung ist ein reflexartiger Prozess, der von der Mutter gesteuert wird; Welpen können es nicht selbst tun. Während der ersten drei Wochen muss die Mutter mit der Zunge regelmäßig den Genital- und Analbereich stimulieren, damit der Welpe sich lösen kann, und die Mutter leckt die Ausscheidungen sofort auf. Auf diese Weise bleibt das Nest stets sauber. Das Verhalten kann jedoch auch noch eine andere Funktion haben. Der Biologe L. David Mech weist in seiner Studie über Wölfe darauf hin, dass hier auch eine erste Prägung zur Unterordnung stattfindet. Wir haben dies auch bei unseren Schäferhunden beobachtet. Da sie in einer rudelähnlichen Gemeinschaft leben, sieht man immer wieder junge Hunde eine solche Welpenhaltung einnehmen, wenn sie sich einem älteren, dominanteren Hund unterwerfen. Sie rollen sich auf den Rücken und bieten ihre Unterseite dar, während der andere Hund die anal-genitale Zone untersucht und beschnüffelt. Diese Unterwerfungsgeste stimmt den dominanten Hund friedlich.

Individualität

All diese Einzelheiten bilden den Hintergrund für die spätere Entwicklung jedes einzelnen Welpen. Und obwohl Ankas Junge gerade erst auf der Welt sind, zeigt sich bereits die Individualität, von der wir schon

Zwei Welpen in der Endphase der neonatalen Periode fangen an,
sich gegenseitig zu erforschen.

zuvor so viel gesprochen haben. Da wir unsere Welpen täglich wiegen,
stellen wir fest, dass Sunny und Oka am schnellsten zunehmen und am
meisten zu trinken scheinen. Sie sind auch die beiden, die im Gerangel
um eine Zitze stets siegen. Hier zeigen sich bereits erste Anzeichen für
Dominanz, auf die wir zukünftig verstärkt achten werden.

Das tägliche Wiegen gibt uns auch die Möglichkeit zu sehen, welche Welpen stärker und lauter reagieren, wenn wir sie hochnehmen.
Yola, Ankas zweite Tochter, zum Beispiel, scheint sehr berührungs-
empfindlich zu sein und versucht stets, sich aus dem Griff zu winden.
Wenn wir sie auf die kalte Waagschale setzen, protestiert sie lauter als
die anderen Welpen.

Leichter Stress tut gut

Yolas Reaktion wirft eine wichtige Frage zur Welpenentwicklung auf. Obwohl manche Züchter und Wissenschaftler behaupten, dass die Berührung durch Menschen in den ersten drei Wochen des Welpenlebens keinerlei Auswirkung auf das Tier hat, sagt unsere Erfahrung uns etwas anderes. Im Laufe der vergangenen Jahre haben wir immer wieder festgestellt, dass ein Welpe davon profitiert, wenn er nicht nur während der Sozialisationsphase, sondern in der gesamten Welpenzeit von Menschen hochgenommen und berührt wird. Tatsächlich setzt man den Welpen damit einem leichten Stress aus, der einen positiven Effekt auf seine Entwicklung hat, sofern ein gewisses Maß nicht überschritten wird.

Welpen, die bereits sehr früh (in der ersten bis sechsten Woche) leichte Belastungen durch menschliche Berührungen erfahren haben, weisen später eine weitaus größere Fähigkeit zur Problemlösung auf und sind gewöhnlich emotional gefestigter als Artgenossen, denen solche Erfahrungen fehlen. Im jungen Welpen erzeugt Stress neben erhöhter Herzfrequenz eine hormonelle Reaktion, die widerstandsfähiger gegen Stress und Krankheiten macht. Wir haben festgestellt, dass bestimmte Berührungen in jeder Entwicklungsphase sinnvoll sind, da sie die Entwicklung des Tieres fördern und es auf positive Art auf das spätere Leben vorbereiten. Nach unserer Erfahrung wachsen Welpen, die einen solchen Umgang kennengelernt haben, zu freundlichen, eher extrovertierten Tieren heran, die seltener angstvolles Verhalten an den Tag legen. Fragen Sie ruhig bei Ihrem Züchter nach, wie er mit dem Welpen umgegangen ist.

Hier im Kloster haben wir es uns zur Regel gemacht, jeden Welpen aus jedem Wurf einmal am Tag zu berühren und hochzunehmen. Und da wir uns alle in jeweils unterschiedlichem Ausmaß um die Welpen kümmern, lernen die Tiere die Hände verschiedener Menschen kennen. Die Muttertiere kennen alle Brüder und sind an sie gewöhnt, sodass wir die Welpen anfassen dürfen, ohne dass sie ängstlich oder gar panisch reagieren. Wenn wir feststellen, dass ein Welpe wie Yola sehr viel stärker auf Berührung reagiert, sorgen wir dafür, dass er täglich einige Streicheleinheiten mehr bekommt, ohne es allerdings zu übertreiben. Wir nehmen den Welpen ein- oder zweimal hoch, streichen ihm übers Fell, massieren sanft den Bauch und lassen ihn menschliche Haut spüren und beschnuppern, und gewöhnlich werden selbst empfindsame Tiere bereits nach einer Weile ruhiger und gelassener und gehen mit dieser milden Form des Stresses weit positiver um.

In der zweiten Lebenswoche setzen wir die Welpen noch einer anderen leichten Belastung aus: Wir nehmen sie aus dem Nest und setzen sie für eine kurze Zeitspanne – höchstens drei Minuten – in einen Karton. Der Welpe spürt einen Temperaturabfall, und die Nebennieren reagieren mit einem kurzen Ausstoß von Corticoiden, was die Widerstandskraft gegen spätere Krankheiten erhöht. Die Tiere fangen meistens an zu quieken und werden unruhig, aber sobald sie wieder ins warme Nest gesetzt und sanft gestreichelt werden, legt sich die Erregung, und die Tiere sind wieder so entspannt, als sei nichts gewesen.

Auf eines möchten wir im Zusammenhang mit Berührungen und ihre Auswirkungen auf die Entwicklung noch hinweisen. Manchmal wirft eine Hundemutter nur ein oder zwei lebende Welpen, und in solchen Fällen kommt es vor, dass die Tiere berührungsempfindlicher sind als Welpen, die in größeren Würfen aufwachsen und sehr viel mehr Körperkontakt und Stimulation erhalten. Daher sollten Züchter sich mit solchen Welpen intensiver beschäftigen und sie öfter berühren, um fehlende Reize auszugleichen.

4. KAPITEL

Licht im Dunkeln

Die Übergangsphase: 13. bis 20. Tag

Am *zwölften Tag* nach der Geburt zeigt sich bei einem der Welpen die erste größere Veränderung. Kairos, Ankas Zweitgeborener, öffnet langsam die Augen. Damit beginnt die Übergangsphase, eine Woche, in der sehr viele der sensorischen Fähigkeiten des Welpen einsetzen. Falls Sie meinen, dass es für den Welpen nur eine kleine Errungenschaft ist, die Augen zu öffnen, täuschen Sie sich. Es geschieht auch nicht auf einen Schlag. Stattdessen handelt es sich um einen längeren Prozess, der gut und gerne vierundzwanzig Stunden dauern kann. Zunächst sehen die Augen wie dunkle Schlitze aus. Und als erwache der Welpe aus einem tiefen Schlaf, werden diese Schlitze immer breiter, und das milchige Graublau, das dazwischen zu sehen ist, verleiht dem Tier ein leicht unheimliches, nicht-irdisches Aussehen. Erst nach ungefähr fünf Wochen wirken die Augen klar und erhalten die Farbe, die der erwachsene Hund behält.

Um den *fünfzehnten Tag* herum sind die Augen aller Welpen im Wurf weit geöffnet, und als Folge ist der Aktivitätspegel im Nest kräftig gestiegen. Die Kleinen kriechen umher und stoßen sich ständig um, denn besonders gut sehen sie immer noch nicht. Wenn man mit einer kleinen Lampe in Kairos' Auge leuchtet, zieht sich zwar die Pupille zusammen, aber rasches Winken vor seiner Nase erzeugt keine Reaktion, und auch auf plötzliche Bewegungen direkt vor ihm blinzelt er nicht. Erst um den achtundzwanzigsten Lebenstag herum fängt ein

Welpe an, Formen deutlich zu unterscheiden, obwohl wir auch schon Hunde erlebt haben, die bereits am siebzehnten Tag vor einer raschen Bewegung zurückschreckten – vermutlich nehmen sie beängstigende Schatten wahr. Wir versuchen jedenfalls in dieser Zeit in der Nähe der Welpen jede plötzliche Bewegung zu vermeiden.

Das Öffnen der Augen steht symbolisch für alles, was in diesem Stadium geschieht. Es ist der Beginn eines Wandels vom hilflosen Neugeborenen zu der voll sozialisierten Persönlichkeit eines erwachsenen Hundes. Daher nennt man diese Zeit auch Übergangsphase, eine Woche mit dramatischen Veränderungen, an deren Ende der Welpe alle elementaren Werkzeuge des Lebens besitzen wird – wenn auch noch unausgereift: Er kann sehen, hören, gehen, sich erleichtern, kauen und besser riechen. Und das bedeutet, dass der Welpe ab jetzt sehr viel empfindlicher auf seine Umgebung reagiert als zuvor.

In der neonatalen Phase zum Beispiel haben Welpen kein Gefühl für den Ort, an dem sie sich befinden. Wenn man ein Tier aus dem Nest nimmt und in ein anderes Zimmer setzt, wird er, falls er nicht hungrig ist und falls die Temperatur ebenso behaglich ist wie zuvor, keine Anzeichen von Unruhe oder Stress zeigen. Nun jedoch, da er sich seiner Umgebung und seiner Artgenossen bewusst zu werden beginnt, reagiert er deutlich anders, wie wir feststellen, als wir das Experiment mit Kipper wiederholen. Nachdem er eine Weile den Kopf hin und her gewendet hat, beginnt er plötzlich zu winseln. Das Winseln wird zum Jaulen. Er hat eindeutig keine Lust, allein zu sein.

Sobald die Augen ganz geöffnet sind, beginnen die Welpen die kleine Welt des Nests zu erforschen. Wenn man sie jetzt beobachtet, erkennt man, dass sie zum ersten Mal versuchen, ihre Fähigkeiten und das Leben selbst auszuprobieren. Sie kriechen nicht nur vorwärts, sondern auch rückwärts und starten die ersten Versuche, sich auf die Stummelbeinchen zu erheben.

Am *sechzehnten Tag* beim Wiegen sind Oka und Sunny die ersten, die wirklich zu gehen versuchen. In der Waagschale klappt es mehr

Kairos mit dreizehn Tagen. Die Augen beginnen sich zu öffnen.

schlecht als recht: Das Ding schwankt enorm, sodass sie andauernd umfallen. Doch das ist erst der Anfang, denn sie versuchen es weiter, sobald wir sie ins Nest zurücksetzen. Tapfer richtet sich Sunny schließlich auf, schwankt ein Weilchen hin und her und unternimmt zwei ganze Schritte, bevor er über den schlafenden Kipper fällt, der seinem Unmut prompt und lautstark Luft macht. Hastig zieht sich Sunny zurück und bellt empört, als seine Versuche, erneut aufzustehen, scheitern. Oka ist nicht ganz so abenteuerlustig. Ihr reicht es, einfach stehen zu bleiben, ohne wieder umzufallen. Aus Mangel an Selbstvertrauen lässt sie sich schließlich wieder sinken, robbt zu den anderen zurück und schläft ein. Die ganze Zeit über hat Anka das Treiben beobachtet, ohne einzugreifen.

Die Saat des guten Beispiels ist gesät: Am nächsten Tag versuchen es alle außer Yola. Zusammen wirken sie wie eine Truppe Kinder, die gemeinsam das Fahrradfahren einübt: Mit der Koordination hapert es noch sehr, und der erste Tag zeichnet sich vor allem durch Fehlstarts aus, doch jeden Tag geht es ein wenig besser. Bis zum Ende der Woche werden alle ohne Probleme laufen können.

51

Um diese Zeit beobachten wir noch etwas anderes: Die Welpen beginnen zu schnüffeln. Die Verbesserung ihres Geruchssinns stimuliert ihre Neugier, und bald schnuppern sie an der Zeitung, an Anka, an ihren Geschwistern. Wenn wir sie hochheben und ans Gesicht halten, beschnuppern sie uns und versuchen, an unserer Wangenhaut zu nuckeln. Um eine Gewöhnung zu beschleunigen, legen wir eine Baumwollsocke oder ein ungewaschenes T-Shirt ins Nest, damit die Tiere den menschlichen Geruch bald als vollkommen normal empfinden.

Im Anbetracht der Tatsache, dass das olfaktorische Areal in einem erwachsenen Hund zehnmal größer ist als bei einem Menschen und der Geruchssinn als mindestens hundertmal so sensibel eingeschätzt wird, können wir uns vielleicht vorstellen, welche wichtige Rolle der Geruch dabei spielt, wie der Welpe die Welt begreift. Während wir Menschen uns auf unsere Augen verlassen, um Informationen aufzunehmen, verlassen sich Hunde auf ihre Nase, die ihnen vieles über ihre Umgebung verrät.

Etwa zeitgleich mit dem Einsetzen dieses Forscherdrangs und der Neugier an der Umwelt, stoßen die oberen Milchzähne durch; man kann sie um den *achtzehnten Tag* im Gaumen spüren. Dadurch wird nicht nur der Übergang zu festerer Nahrung eingeläutet; man nimmt ebenfalls an, dass der Druck im Gaumen die Welpen dazu bewegt, sich gegenseitig genauer zu untersuchen. Als Sunnys Zähne am neunzehnten Tag durchbrechen, fängt er an, an den Ohren, Pfoten und Nasen seiner Geschwister zu kauen. Das geschieht in Zeitlupe und wird begleitet von den ersten Versuchen, mit dem Schwanz zu wedeln. In einer Art Kettenreaktion ahmen die anderen Welpen es nach. Und schon beginnt das erste echte Spiel.

Das Gehör ist die letzte sensorische Fähigkeit, die sich entwickelt, und es geschieht etwa um den *zwanzigsten Tag*. Ab dem siebzehnten Tag überprüfen wir es regelmäßig, indem wir über den Köpfen der Welpen klatschen. Bei diesem Wurf erzeugt unser Klatschen erst am zwanzigsten Tag eine Reaktion. Und zwar zuerst von Oka und Kip-

Der Wurf liegt zu Anfang der Übergangsphase neben- und übereinander.

per. Oka stößt sogar einen kleinen erschreckten Laut aus und weicht zurück, erholt sich jedoch schnell und kommt nun neugierig heran, während sie leise vor sich hinbrabbelt.

Wenn wir den Hörtest machen, achten wir sehr genau darauf, nicht zu laut zu klatschen, denn das, was die Welpen zum ersten Mal hören, kann sie stark prägen. Aus einer Welt der Stille in eine der Geräusche zu treten, sollte so natürlich wie möglich passieren, damit sich die Welpen daran gewöhnen können, ohne traumatisiert zu werden.

Mit den Geräuschen gehen wir genauso vor wie in der vorangegangenen Woche, als wir die Welpen leichtem Stress ausgesetzt haben. Wir wollen die Welpen stimulieren, nicht traumatisieren. Zwei weitere Übungen haben sich als besonders wirkungsvoll herausgestellt. Bei der ersten heben wir den Welpen hoch und halten ihn in der Luft fest, bis er sich zu winden und zu protestieren beginnt. Dann nehmen wir ihn an unseren Körper und streicheln ihn, damit er zur Ruhe kommt. Bei der zweiten, einer Dominanz-Übung, setzen wir den Welpen auf eine weiche Unterlage, rollen ihn behutsam auf den Rücken und halten ihn dort wenige Sekunden fest. Sobald der Welpe sich zu wehren und zu quieken beginnt (und sie tun es fast alle), drehen wir ihn wieder um und streicheln ihn. Nach ungefähr einer Woche verbinden die Welpen das Streicheln mit dem Ende der Stresssituation. Außerdem gewöhnen sie sich schnell daran, von Menschen hochgenommen und angefasst zu werden, was wir in den folgenden Wochen noch öfter tun werden.

Eine letzte Bemerkung: Während der Übergangsphase beginnen wir mit der wöchentlichen Pflegestunde, in der der Welpe untersucht und gesäubert wird. Wir reinigen die Ohren, stutzen die Krallen, bürsten behutsam das Fell. Zunächst reagieren die Welpen mit ein wenig Protest, doch bereits nach wenigen Stunden fangen sie an, es zu genießen. Wir machen damit mindestens einmal wöchentlich weiter, bis die Welpen von ihrem neuen Besitzer geholt werden. Wie Sie sich denken können, erleichtert das die spätere Pflege der Tiere enorm.

Die Hebe-Übung. Der Welpe wird leichtem Stress ausgesetzt.

In dieser Übergangswoche ähneln die Neugeborenen immer stärker den Welpen, wie wir sie gewöhnlich kennen. Sie sind nun bereit, zu sozialen Wesen heranzuwachsen. Doch diese Phase ist nicht nur ein Wandel für die Welpen. Auch Ankas Verhalten verändert sich wieder. Bis jetzt ist sie ständig im Lager bei ihren Welpen gewesen und hat sie eifersüchtig behütet. Nun hält sie auch im Freigehege Wache, während die Welpen schlafen. Und sie will spielen. In den ersten beiden Wochen konnte nicht einmal der Anblick ihres heißgeliebten Balls sie von ihren Babys weglocken. Jetzt springt sie auffordernd am Zaun hoch, wenn der Bruder kommt, um sie zu einem Spaziergang abzuholen. Sie hat keine Sorge, ihre Kinder für kurze Zeit allein zu lassen. Der natürliche Ablöseprozess hat eingesetzt, und in wenigen Wochen lässt sie die Welpen ziehen.

5. KAPITEL

Die Welt erfahren

Die Sozialisationsphase: Vierte bis zwölfte Woche

Zweiundzwanzig Tage sind vergangen. Bisher hat die Welt der Welpen nur aus dem kleinen Verschlag bestanden, der den Bau in der Wildnis ersetzt. Das Nest versorgt das Neugeborene mit der sicheren, geschützten Umgebung, die es braucht, um seine ersten und unmittelbaren Bedürfnisse zu befriedigen.

Bis jetzt.

Die vergangenen Tage sind die Welpen immer unruhiger geworden, fast aufgeregt, denn sie begreifen langsam, dass sie in dem Nest eingesperrt sind. Wenn Anka eine bestimmte Zeitspanne fort ist, beginnen sie, an den Wänden zu scharren, um einen Weg hinaus zu finden und ihr zu folgen. Heute Morgen hat Sunny endlich beschlossen, das Hindernis zu überwinden. Langsam, ganz langsam schiebt er sich an der Seitenwand des Lagers hinauf, bis er die Pfoten auf den Rand legen und hinüberspähen kann. Er sieht Anka auf ihrem Hundebett dösen. Er fiept ungeduldig, aber umsonst; Anka ignoriert ihn. Doch das ist genau der Ansporn, den er braucht. Mit starrsinniger Entschlossenheit versucht er, die Steigung zu nehmen. Er zieht sich hoch, während seine kurzen Hinterbeine gegen die Wand trommeln, schafft es bis über den Rand und plumpst auf der anderen Seite auf den harten Boden des Welpenzimmers. Der unerwartete Sturz löst eine Reihe von quiekenden Lauten aus, die wiederum Anka veranlassen, sich zu erheben, um ihm zur Hilfe zu kommen. Sie leckt ihm beruhigend über das Fell, lässt sich neben ihm fallen und säugt ihn. Der Tumult hat die anderen neugierig gemacht; schon spähen auch sie über den Rand der Kiste. Ungeduldig fiepen und winseln sie, und nun ist es nur noch eine Frage der Zeit, bis sie sich zu ihrem Bruder gesellen werden.

Sunnys Vorstoß in die große weite Welt ereignet sich zu Beginn der ungemein wichtigen Sozialisationsphase: In den kommenden neun Wochen werden die Welpe sich ihre Welt erobern und dadurch ihre Persönlichkeit herausbilden. Ihr Verhalten ändert sich nun praktisch über Nacht. Sie wagen sich immer weiter vor, erweitern ihren Horizont, koordinieren ihre Bewegungen. Sie haben eindeutig einen Meilenstein in ihrer Entwicklung erreicht. Obwohl die Welpen noch immer viel Schlaf brauchen, sind sie nun längere Zeitspannen wach und voller Energie. Ihre Neugier ist kaum zu bezähmen. Im Spiel bellen sie, wedeln mit dem Schwanz und verhalten sich so, wie wir es von erwachsenen Hunden kennen. Das Nervensystem und das Gehirn sind jetzt ausreichend entwickelt, um es dem Welpen zu erlauben, sich eingehend mit seiner Umwelt auseinanderzusetzen. Nun lernt er schnell!

Was ist Sozialisation?

Mit Sozialisation meinen wir zwei Dinge: Zum einen die positive Anpassung des Welpen an die unterschiedlichsten Aspekte des Lebens – andere Hunde, Menschen, Orte, Umgebungen, Gegenstände etc. Zum anderen all das, was wir tun, um diese Anpassung zu unterstützen. Ein Welpe ist zwischen der dritten und zwölften Lebenswoche ausgesprochen sensibel für sozialisierende Erfahrungen, und diese Erfahrungen prägen ihn dauerhaft. Zuvor war der Welpe von seiner Umgebung psychisch isoliert und durch den Mangel an sensorischen Fähigkeiten geschützt. Das ist nun vorbei. Der Welpe ist noch immer sehr hilflos und verletzlich – aber auf andere Art.

Natürlich wissen die Welpen nichts davon. Sie begegnen dieser Phase völlig unvoreingenommen. Sie empfangen eine Unmenge an Stimuli, durch die sie ihre Umgebung unmittelbar wahrnehmen. Alles ist neu und aufregend, und die Welpen sind neugierig. Und sie sind jetzt so weit, ihre erste echte Beziehung zu einem Wurfgeschwister oder der Mutter einzugehen.

Damit dieser Vorstoß hinaus ins Leben und in die eigene Entwicklung gelingt, sorgen wir für eine stabile Umgebung und nutzen den natürlichen Forscherdrang des Tieres für eine ausgewogene Mischung an neuen Erfahrungen. Die Mutter sollte noch immer den größten Teil der Zeit bei ihrem Wurf verbringen. Da die Kleinen noch dabei sind, sich an ihre neu entdeckten Sinne zu gewöhnen, dürfen sie in den ersten zehn Tagen nicht mit Dauerstimulation und Lärm überschwemmt werden, denn ein Zuviel in dieser Zeit kann zu Ängstlichkeit und Scheu führen. Eine gesunde, ganz normale Furcht und die Neigung, bestimmten Dingen aus dem Weg zu gehen, entstehen später, wenn das Nervensystem und das Gehirn ausgereift sind. Diese sogenannte »Angstphase« besprechen wir in einem späteren Kapitel.

In der Wildnis bindet dieser natürliche Rhythmus von Neugier und Misstrauen den Welpen anfangs an das Rudel, später sorgt er dafür, dass sich das Tier mit Vorsicht fremden Tieren und potenziell gefährlichen Situationen nähert; es handelt sich um einen Überlebensmechanismus. Ein Wolf hat in den ersten zwölf Wochen seines Lebens ausschließlich Kontakt zu seiner Mutter, seinen Wurfgeschwistern und anderen Rudelmitgliedern. Das gibt ihm maximale Sicherheit und verstärkt die Bindung zum Rudel. Bei Haushunden ist das Muster ähnlich.

Idealerweise macht ein Welpe eine Vielfalt sozialer Erfahrungen, zunächst in eingeschränkter Umgebung mit seiner Mutter und seinen Geschwistern, dann mit anderen Wesen, während sich der Bewegungsradius schrittweise erweitert. Da man von Haushunden erwartet, dass sie sich Menschen gegenüber sozial verträglich verhalten, sollte es einem Welpen ermöglicht werden, schon früh mit Menschen in Kontakt zu kommen und möglichst viele unterschiedliche Alltagserfahrungen zu machen. Dies legt den Grundstein für eine positive Einstellung Unbekannten gegenüber und vermittelt dem Welpen, dass Menschen und ihre Welt Teil des Rudels sind. Ein Welpe, dem solche Erfahrungen fehlen, reagiert später verstärkt ängstlich und ist im Umgang mit Menschen emotional gestört. Und obwohl es selbst an einem solchen Punkt noch möglich ist, einem Tier neues Vertrauen zu geben, so ist es doch sehr mühsam und zeitraubend.

Das erklärt übrigens auch, warum man erwachsene Wölfe nicht domestizieren kann. Während man immer wieder Geschichten von Wolfswelpen hört, die von Menschen aufgezogen und »gezähmt« worden sind, ist sich die Verhaltensforschung einig, dass sich ausgewachsene Wölfe jedem Zähmungsversuch widersetzen. Das wundert nicht, denn wild lebende Wölfe sind in der wichtigen Phase nicht mit Menschen in Kontakt gekommen, sodass ihnen die notwenige Grundlage fehlt. Daher reagieren sie auf eine Begegnung mit Menschen verständlicherweise entweder mit Flucht oder – falls sie sich bedrängt fühlen – mit Aggression.

Eberhard Trumler, der deutsche Verhaltensforscher, beschreibt in *Mit dem Hund auf du* wie er einen Wurf Dingos, australische Wildhunde, aufzog, ihnen jedoch zwischen der dritten und siebten Lebenswoche den Kontakt zu Menschen versagte. Ganz wie in der Wildnis wurden die Welpen nur von ihren Eltern und in Gegenwart anderer Rudelmitglieder aufgezogen. Das Ergebnis war vorhersehbar. Sie entwickelten sich zu scheuen wilden Hunden, die Menschen aus dem Weg gingen und sich versteckten, wann immer Trumler ihr Gehege betrat. Da Trumlers Ziel war, das Verhalten der Dingos in möglichst natürlichem Umfeld zu erforschen. Die Tiere agierten vollkommen normal und natürlich. Doch bei Haushunden, die mit Menschen umgehen sollen, hätte der Kontaktentzug ernsthafte Konsequenzen.

Scott und Fuller hielten einige Würfe auf großen, offenen Geländen und fanden heraus, dass die Welpen um die fünfte Lebenswoche ängstlich auf Menschen reagierten, aber leicht an sie gewöhnt werden konnten, wenn man sich von da an regelmäßig mit ihnen beschäftigte. Hunde, die erst mit zwölf Wochen zum ersten Mal Kontakt mit Menschen hatten, reagierten jedoch sehr viel verschreckter und flohen sogar vor den Forschern. Ihr Verhalten war das von Wildtieren und, wie sich herausstellte, nicht mehr umkehrbar. Ihnen fehlte die notwendige Gewöhnung in einer wichtigen Phase.

Praktische Anwendung fand diese Entdeckung durch Clarence Pfaffenburger von Guide Dogs for the Blind (San Rafael, Kalifornien). Pfaffenburger, der ein Zuchtprogramm für qualifizierte Blindenhunde entwickelte und dafür eng mit John Paul Scott zusammenarbeitete, bestätigte die Notwendigkeit der Sozialisation im richtigen Alter, vor allem wenn man einen Gebrauchshund heranziehen will. Welpen, so zeigte sich eindeutig, brauchten regelmäßigen menschlichen Kontakt, um die für eine solche Arbeit notwendige emotionale Stabilität entwickeln zu können. Ohne diesen Kontakt waren sie nicht nur als Führhunde sondern auch als normale Familienhunde ungeeignet. Die Bedeutung dieser Erkenntnis für alle Züchter lag auf der Hand.

Pfaffenburger fand ebenfalls heraus, dass der positive Effekt der Sozialisation sich in Nichts auflösen konnte, wenn die Welpen nach Abschluss des Persönlichkeitstests mit zwölf Wochen zu lange im Zwinger verblieben. Wenn ein sozialisierter Welpe drei weitere Wochen im Zwinger bleiben musste, ohne dass man sich bewusst mit ihm beschäftigte, und erst dann in ein neues Zuhause kam, war er meist nicht mehr in der Lage, die verantwortungsvolle Rolle des Blindenführers einzunehmen. Wurde der Welpe jedoch direkt nach dem Test untergebracht, lag die Erfolgsquote bei neunzig Prozent.

Diese Beispiele unterstreichen die Bedeutung der Sozialisation im richtigen Alter und verdeutlichen, wie stark sich all das, was geschieht, bevor ein Hund zu seinem neuen Besitzer kommt, auf seine Entwicklung auswirkt. Wir meinen, dass diese Fakten darüber hinaus auf zwei Unterphasen innerhalb der gesamten Periode verweisen.

Die erste Phase konzentriert sich auf die Interaktion der Welpen untereinander und findet ungefähr zwischen der vierten und sechsten Woche statt; der Schwerpunkt liegt hier also nicht auf dem menschlichen Kontakt, auch wenn dieser nicht fehlen sollte.

In der zweiten Phase beginnen die Welpen damit, sich ernsthaft mit Menschen auseinanderzusetzen. Das Intervall dauert ungefähr von der fünften bis zur zwölften Lebenswoche, wodurch sich eine Überlappung von etwa einer Woche ergibt, in der die Jungen beide Formen von sozialer Stimulation brauchen.

Diese beiden Phasen sorgen für die Grundlagen der sogenannten sozialen Verträglichkeit, die die Welpen brauchen, um in der Zukunft ein glückliches Leben führen zu können.

Phase eins: Sozialisation unter Hunden (4. bis 6. Woche)

Kehren wir zu Anka und ihren Welpen zurück, um genauer zu erklären, was wir meinen. Sobald die Welpen das Nest verlassen, nehmen wir es weg. Ankas Hundebett ist groß genug, um allen Platz zu bieten. Die Welpen bewegen sich nun weit freier und lernen, sich von allein auf Zeitungspapier mit Abstand zum Schlafplatz zu lösen. Die Abneigung, das eigene Nest zu beschmutzen, ist unter anderem darauf zurückzuführen, dass Anka es zuvor so peinlich sauber gehalten hat.

Biologen beobachten ein ähnliches Verhalten bei Wölfen in der Wildnis. Drei Wochen alte Welpen kriechen aus dem Bau, um vor dem Eingang zu spielen. Dabei urinieren und koten sie, und sie tun es mit der Zeit immer ein Stückchen weiter vom Zugang des Baus entfernt. Ab der sechsten oder siebten Woche suchen die Welpen regelmäßig »Duftplätze« auf, an denen sie sich dann erleichtern. Die Tatsache, dass die Fähigkeit, sich selbstständig zu entleeren, mit einem wachsenden Aktionsradius zusammenfällt, bestätigt die Vermutung, dass

Anka säugt ihre fünf Wochen alten Welpen ... aber nur noch jeweils wenige Sekunden, denn sie hat bereits begonnen, sie zu entwöhnen.

diese Form von Sauberkeitsverhalten ein Instinkt ist, und das Wissen kann Ihnen später dabei helfen, Ihren Welpen zur Stubenreinheit zu erziehen.

Daher ist ein schmutziger, mangelhaft organisierter Zwinger nicht nur ein schlechtes Aushängeschild für einen Züchter, sondern kann unter Umständen auch bedeuten, dass ein Welpe später Gesundheits- oder Verhaltensprobleme entwickelt. Wenn das beschmutzte Papier nicht regelmäßig aufgesammelt wird, wälzen und spielen die Tiere in ihren Ausscheidungen und verlieren die natürliche Aversion vor Nestbeschmutzung. Wahrscheinlich werden sie auch anfangen, ihre Exkremente zu fressen, was wiederum zu gesundheitlichen Schäden oder Koprophagie (regelmäßiger Verzehr der eigenen Ausscheidungen) führt. Daraus folgt, dass für eine vernünftige Sozialisation auch Zwingersauberkeit unabdinglich ist und ein entscheidendes Kriterium für die Wahl des Züchters sein sollte.

Sanfte Entwöhnung

Während der vierten Lebenswoche wachsen die Welpen so rasch, dass ihr Nahrungsbedarf nicht mehr allein durch Anka zu stillen ist. Außerdem wird die Hündin von Tag zu Tag ungeduldiger mit ihren Kindern. Sie säugt sie nur noch ungern und geht ihnen aus dem Weg, indem sie ins Außengehege flüchtet, in das die Welpen ihr noch nicht folgen können. Wenn sie sich mit ihnen im Zwinger befindet, bleibt sie nicht mehr liegen, sondern bewegt sich permanent, und falls die Welpen zu trinken versuchen, schnappt sie nach ihnen. Wenn sie schließlich doch nachgibt, bleibt sie stehen, sodass die Welpen sich zum Trinken aufrichten müssen, und beendet die Mahlzeit nach wenigen Minuten, indem sie einfach weggeht. Die Welpen folgen ihr bellend und fiepend.

Ankas Unlust, die Welpen zu säugen, hängt unmittelbar mit dem Durchbruch ihrer kleinen, scharfen Milchzähne zusammen; es ist ihr einfach unangenehm. Und es ist ein Zeichen, dass die Welpen abgestillt werden müssen. In den nächsten Tagen werden wir ihnen eine halbfeste Nahrung aus Hüttenkäse und qualitativ hohem Dosenfleisch vorsetzen und schrittweise auf Welpentrockenfutter mit Wasser umstellen. Das Abstillen sollte langsam und sanft geschehen, sodass die Welpen sich nicht nur an die Nahrungsumstellung, sondern auch an längere Abwesenheit der Mutter gewöhnen. Um Anka etwas Erleichterung zu verschaffen, stellen wir ein Podest ins Welpenzimmer, auf das sie sich zurückziehen kann. So ist es ihr möglich, in der Nähe ihrer Jungen zu bleiben, ohne sich ständig ihren Futtervorstößen erwehren zu müssen. Die Welpen brauchen in diesem Alter immer noch ihre beruhigende Gegenwart. Da sie im Augenblick mit einer Unmenge an neuen Erfahrungen und Reizen bombardiert werden, wäre eine abrupte Trennung von der Mutter schädlich.

Eines Morgens dann bringen wir den Welpen ihre erste »feste« Nahrung: Ein leicht verdaulicher Brei aus Hüttenkäse und warmem Wasser. Als wir uns damit dem Zwinger nähern, sehen wir, dass sie

Der Wurf bekommt nun halbfeste Nahrung.

sich bereits um etwas versammelt haben, das wir als hervorgewürgtes Futter identifizieren; Anka hat sich zufrieden in einer Ecke niedergelassen. Obwohl es vielleicht merkwürdig erscheint, ist dies ein überaus normales Ereignis, und den Welpen schmeckt es offensichtlich. Sunny und Oka haben keinerlei Schwierigkeiten mit dieser neuen Nahrung. Die anderen jedoch halten immer wieder inne und husten, während sie fressen.

Bald hat Kipper genug. Er schaut auf, entdeckt Anka und arbeitet sich durch das Gedränge seiner Geschwister, wobei er die anderen beim Essen stört und überall Futterbröckchen verteilt. Anka, die ihn kommen sieht, zieht die Lefzen hoch und schnappt nach ihm. Kipper fiept und zieht sich sofort zurück.

Und genauso werden auch Wolfswelpen entwöhnt. In der Wildnis bekommen die Welpen das ausgewürgte Futter jedoch nicht nur von der Mutter, sondern auch von anderen Rudelmitgliedern. Wenn die Welpen drei Wochen alt sind, geht die Mutter wieder mit dem Rudel auf Jagd, während die Welpen im Bau bleiben. Sobald das Rudel zurückkehrt, würgen alle Rudelmitglieder einen halbflüssigen Brei hervor, den die Welpen aufschlecken. Dies geschieht ganz natürlich in

65

Anka drückt Oka zu Boden, die sie nicht in Ruhe lässt.

rechte Seite oben: Der Wurf auf dem Übungsgelände. Kairos versucht, Sunny die Pappschachtel abzunehmen, während Yola als Zeichen der Unterwürfigkeit Okas Lefze leckt.

rechte Seite Mitte: Spielerische Kämpfe sind ritualisierte Lernzeiten. Dabei lernen die Welpen die unterschiedlichen Rollen kennen.

rechte Seite unten: Sunny versucht, Kairos zu besteigen – eine Geste der Dominanz.

der Übergangzeit zwischen Muttermilch und endgültig fester Nahrung. Die Welpen lösen den Würgevorgang aus, indem sie die Lefzen der Erwachsenen lecken. Wolfswelpen erhalten so ihre Hauptnahrung, obwohl die Mutter noch bis zur zehnten Woche für Milch sorgt.

Die Entwöhnung initiiert auch eine intensivere Beschäftigung mit den Artgenossen. Gegen Mitte der fünften Woche veranlasst die immer häufigere und länger andauernde Abwesenheit der Wölfin die Welpen, ihre Aufmerksamkeit verstärkt auf ihre Wurfgeschwister zu richten. Gleichzeitig werden sie selbstständiger und unabhängiger von der Fürsorge der Mutter.

Mit Ankas Welpen geschieht dasselbe. Einige Tage lang in Folge verlängern wir schrittweise die Zeitspanne, die Anka von ihrem Wurf entfernt verbringt, und die Welpen passen sich ohne Schwierigkeiten an. Wann immer wir nun bei unserer Arbeit an dem Wurf vorbeikommen, sehen wir, dass die Kleinen, wenn sie nicht gerade aneinandergeschmiegt schlafen, spielen, sich miteinander beschäftigen, spielerisch wie ein Rudel agieren. Oka läuft im Gehege herum und trägt ein quiekendes Spielzeug in der Schnauze. Die anderen Welpen folgen ihr und versuchen, es ihr abzunehmen. Sunny schafft es, Oka das Spielzeug aus der Schnauze zu ziehen, und nun laufen sie alle ihm hinterher, bis ein Geräusch von draußen sie ablenkt. Sie halten inne und lauschen. Kairos ist der erste, der hinausläuft, um nachzusehen; die anderen tun es ihm nach.

Das Spiel der Welpen ist alles, nur nicht sinnlos. Es dient nicht nur der Muskelkoordination, sondern stellt den Welpen auch vor unterschiedliche soziale Herausforderungen, mit denen er umgehen muss. Als Sunny Kairos auf den Rücken rollt und ihn spielerisch beißt, üben sie Rangverhalten – hier geht es um Dominanz und Unterwerfung. Falls Sunny zu fest zubeißt, wehrt Kairos sich, um seinem Bruder klarzumachen, dass er zu weit gegangen ist. Auf diese Weise lernen die Welpen, ihre Zähne behutsam einzusetzen. Auch die Balgerei ist in dieser Zeit harmlos und freundlich, und vor allem am Anfang tauschen die Welpen problemlos die Rollen in einem Kampfspiel, das nahezu ritualisiert ist. So steht zum Beispiel Yola, die Unterwürfigste im Rudel, in der fünften Woche über Sunny, hat die Zähne in den Pelz seines Halses vergraben und schüttelt knurrend den Kopf. Sunny hat nichts dagegen, spielt seine Rolle und bleibt auf dem Rücken liegen, während er sanft mit den Pfoten nach ihr schlägt.

Diese permanente Interaktion etabliert langsam aber sicher eine lockere Hierarchie im Wurf. Die Welpen lernen, wen sie unterwerfen können und wen nicht. Wenn die Entwicklung ohne Unterbrechungen weiterlaufen würde, hätten sich mit vier Lebensmonaten die Rollen vollständig herausgearbeitet.

Am Anfang steht aber vor allem die gesunde Anpassung der Welpen an andere Hunde. Sie brauchen diese Zeit, um miteinander vertraut zu werden. Wenn man einen Welpen vor der sechsten Woche aus dem Wurf nimmt, lernt er das elementare Sozialverhalten nicht. Daraus können ernsthafte Verhaltensprobleme entstehen. Ein Kunde brachte uns seinen sieben Monate alten American Staffordshire Terrier, nachdem er einen anderen Hund im Park angegriffen hatte. Der entsetzte Halter, der auf diesen plötzlichen Ausbruch nicht vorbereitet gewesen war, begriff nicht, wie sein sanfter, auf Menschen gutmütig und freundlich reagierender Hund plötzlich einen Artgenossen anfallen konnte.

Wir fanden heraus, dass der Mann den Hund von einem Freund bekommen hatte, als das Tier gerade viereinhalb Wochen alt war. Von dem Zeitpunkt an war der Hund nur noch mit Menschen zusammengewesen und hatte keine Chance gehabt, sich mit Hunden auseinanderzusetzen. Da er sich als Welpe nicht mit Wurfgeschwistern beschäftigen konnte, fehlten ihm die Grundlagen des hündischen Sozialverhaltens. Und das Ergebnis hätte beinahe dazu geführt, dass der Mann seinen Hund verloren hätte.

Falls der soziale Fokus des Welpen zwischen der vierten und der sechsten Lebenswoche auf Menschen liegt, ist der Hund übersozialisiert und wird sich vermutlich auch mit Menschen identifizieren. Diese Neigung kann sogar sexuellen Ausdruck finden. Eine Frau nahm Kontakt mit uns auf, nachdem ihr junger Wolfsspitz bei einer Dinnerparty das Bein eines Gastes bestiegen hatte. Der Hund hatte Derartiges schon öfter getan, aber bisher hatte er sich dazu Familienmitglieder ausgesucht, die es lustig fanden. Nun jedoch war das Problem peinlich und offensichtlich. Auch hier zeigte sich, dass der Hund schon zu früh von seinen Wurfgeschwistern getrennt worden war. Da die Leute in einer Wohnung in New York wohnten, wurde der Hund nur an der Leine spazieren geführt und hatte keine echte Möglichkeit, sich mit anderen Hunden auseinanderzusetzen. Die Halterin hatte Angst, dass er sich »etwas einfangen« würde, obwohl er inzwischen über vier Monate alt war und alle Impfungen erhalten hatte. Der Hund, dem gewöhnliche Erfahrungen mit Artgenossen fehlten, identifizierte sich ausschließlich mit Menschen, was eben auch dazu führte, dass er offen sexuelles Verhalten an den Tag legte.

Einem Welpen, der jünger als sechs Wochen ist, fehlt die Zeit, die er im Wurf mit seinen Geschwistern verbringen sollte; sie ist zu wichtig für seine Entwicklung, und nur so kann er normal aufwachsen und in die nächste Phase der Sozialisation treten.

Phase Zwei: Sozialisation mit Menschen (5. bis 12. Woche)

Die sechste Lebenswoche (35. bis 42. Tag) hat in der Welpenentwicklung eine besondere Bedeutung. Das Gewicht der Sozialisationsbestrebungen verlagert sich von den Artgenossen auf menschliche Wesen und die Welt außerhalb des sicheren Nests. Auf der Grundlage der bisherigen Erfahrungen mit ihren Wurfgeschwistern können die Welpen nun ihre Fertigkeiten ausfeilen, indem sie miteinander spielen, und sich neue Verhaltensweisen aneignen, mit denen sie sich in

Junge Hunde können gar nicht genug Liebe und Aufmerksamkeit bekommen.

der Welt zurechtfinden. Nun treten spielerisch auch erste sexuelle Verhaltensweisen an den Tag: Sowohl Weibchen als auch Männchen besteigen sich gegenseitig, ein ganz normales Verhalten als Vorbereitung auf das Leben als erwachsener Hund. Außerdem hat das Aufreiten etwas mit Dominanz zu tun und kommt auch unter Weibchen nicht selten vor. In unserem Wurf beobachten wir es auch bei Oka und Yola, wobei sich Yolas etwas unterwürfigeres Wesen immer deutlicher zeigt.

Inzwischen sind Sehsinn und Gehör der Welpen geschärft. Ihre Tiefenwahrnehmung ist weit besser ausgereift. Ihre Schnauzen werden länger und spitzer, wodurch sich die Bandbreite ihrer Mimik vergrößert, und die stimmliche Ausdrucksfähigkeit ist gestiegen. Die Beine sind kräftiger, und die Welpen bewegen sich koordinierter. Begierig untersuchen und erkunden sie alles, was ihnen begegnet, und auch Unbekannten nähern sie sich ohne zu zögern. Die Brüder, die im Zwinger arbeiten, unterbrechen immer wieder, um mit den Welpen zu spielen und sie regelmäßig hochzunehmen. In dieser Zeit brauchen die Welpen alle Aufmerksamkeit, die man ihnen widmen kann, und ihre Reaktionen geben uns Klarheit darüber, wie sie sich entwickeln.

Wenn wir uns den Außengehegen nähern und dabei pfeifen, reden, klatschen oder mit unseren Schlüsseln rasseln, kommen die Welpen uns fröhlich entgegen. Wenn wir in die Hocke gehen, stemmen sie die Pfoten ans Gitter und japsen aufgeregt, während wir sie streicheln. Bewusst nehmen wir mit jedem einzelnen Welpen Augenkontakt auf, da Welpen sich instinktiv auf die Gesichter der Wesen konzentrieren, die sie begrüßen – Hunde wie Menschen. Unsere freundlichen, lebhaften Mienen und Stimmen in Kombination mit den Streicheleinheiten verstärken den Kontakt ähnlich wie das zärtliche Gurren einer Mutter, die mit ihrem Baby spielt. Jeder, der den vertrauensvollen, ruhigen Blick eines entspannten Hundes oder seine konzentrierte Aufmerksamkeit beim Training erlebt hat, weiß den Nutzen eines solchen Verhaltens zu schätzen. Freundlicher Augenkontakt – nicht das Starren als Drohgebärde – trägt dazu bei, dass das Tier Vertrauen aufbaut.

Ein besonderer Welpe

Schon bei unserem Begrüßungsritual zeigt sich, wie unterschiedlich Ankas Welpen sind. Wenn wir sie angesehen, gestreichelt und angesprochen haben, lassen sich die meisten Welpen schnell von anderen Dingen ablenken. Kipper allerdings ist anders. Er fiept noch weiter, wenn wir mit der Begrüßung fertig sind. Er ist sehr menschenorientiert und versucht immer wieder alles, um unsere Aufmerksamkeit zu gewinnen. Er drängt andere beiseite, schiebt sich dazwischen und stupst und schnappt spielerisch nach unseren Händen.

Kipper ist der kleinste aus dem Wurf – er wiegt nur sechs Pfund. Da Sunny dagegen acht Pfund wiegt, haben wir hier einen ausreichend deutlichen Größenunterschied, um den landläufigen Glauben zu widerlegen, dass der kleinste und »schmächtigste« Welpe im Rudel ein unterentwickeltes, kümmerliches Tier ist. Ja, es kann sein, dass das kleinste und zarteste Rudelmitglied tatsächlich einen angeborenen Defekt hat, der Verdauungssystem oder Herz beeinträchtigt und somit die Entwicklung hemmt – aber es muss nicht so sein. Sehr oft ist der Kleinste im Rudel absolut gesund und munter und vollkommen normal bis auf seine etwas zu geringe Größe.

Die Größenunterschiede von Geschwistern können mehrere Ursachen haben: Gerade bei zahlenmäßig großen Würfen kann die Lage im mütterlichen Bauch entscheidend sein, manchmal ist die Ursache auch einfach in der genetischen Veranlagung der Tiere zu finden. Wir kennen sehr viele kleine, zarte Welpen, die zu wunderbaren Begleithunden herangewachsen sind, und oft schon ist es vorgekommen, dass der vermeintliche Kümmerling bald schon die größte Reife aufwies. Einer der besonders herausragenden Hunde unseres Zuchtprogramms, Caralon's Elko von der Lockenheim, war der kleinste Welpe im Wurf, doch er wuchs zu einem ausgesprochen großen Schäferhund heran, der seine Geschwister überragte.

Abgesehen von der deutlichen Hinwendung zu Menschen, legt Kipper einen stark ausgeprägten Überlebensinstinkt an den Tag, der gerade durch seine kleine Statur hervortritt. Er denkt gar nicht daran, sich zur Essenszeit von seinen größeren und stärkeren Geschwistern verdrängen zu lassen. Während sich alle über das Futter hermachen, schnappt Sunny plötzlich nach Kipper, um an seinen Anteil zu kommen. Kipper lässt sich nicht einschüchtern, schnappt zurück und tut es so überzeugend, dass der große Sunny sich wieder auf sein eigenes Futter konzentriert. Manchmal greifen wir ein, wenn ein dominanter Welpe zu viel Aggression zeigt und die anderen dadurch vom Fressen abhält. Wir packen ihn kurz am Nackenfell, wie die Mutter es tun würde, wenn sie ihren Welpen disziplinieren wollte, und falls es nicht anders geht, füttern wir ihn separat. Kipper jedoch kann sich problemlos zur Wehr setzen.

Welpen dürfen nicht nach vereinfachten Kriterien beurteilt werden. Wenn Sie sich einen Hund mit normalem Temperament anschaffen wollen und zufällig der kleinste im Wurf Ihren Anforderungen entspricht, dann sollten Sie ihn auch nehmen. Manche Käufer vereinbaren schriftlich mit dem Züchter, dass Sie den Welpen zurückgeben können, falls bei einer tierärztlichen Untersuchung eine ernsthafte Gesundheitsbeeinträchtigung festgestellt wird – was jedem Hundefreund schwerfallen dürfte.

Eine Umgebung zum Wachsen

Sozialisation heißt aber nicht nur gewöhnliche Begegnungen mit Menschen. Die emotionale Entwicklung des Welpen wird gefördert, indem er eine möglichst große Bandbreite von neuen Erfahrungen machen darf, ohne sich in Gefahr begeben zu müssen. Wir sorgen für viele möglichst unterschiedliche Anblicke, Geräusche und haptische Erlebnisse. Die Welt des jungen Hundes muss schrittweise vergrößert werden, denn man tut ihm keinen Gefallen, wenn man ihn den ganzen Tag im vertrauten Zwinger verbringen lässt. Ein Welpe braucht neue Erfahrungen, die seine Neugier und seine Intelligenz herausfordern.

Wir hier im Kloster fangen damit an, indem wir die Welpen an verschiedene Böden und Oberflächen gewöhnen: Kies, Gras, Rindenmulch, Kacheln, Beton, Linoleum, Erde. Anka hilft uns dabei, weil die Welpen ihr immer noch instinktiv folgen. Sie führt sie über den Kies und das Gras, das den Welpenzwinger umgibt und tollt mit ihnen herum. Manchmal drückt sie einen Welpen spielerisch auf den Boden, ein andermal muss sie einen zurückholen, der sich zu weit vom Rudel entfernt hat. Nach einigen Tagen draußen wandern die Welpen furchtlos und zuversichtlich umher und spielen, ohne sich um die jeweilige Bodenbeschaffenheit zu kümmern.

Die Welpen gewöhnen sich früh an unterschiedliche Boden-
beschaffenheiten. Hier klettern die Welpen Betonstufen hinauf,
um zur Welpentesterin Olga Barnet zu kommen, die enthusiastisch
in die Hände klatscht.

Nun führen wir die Welpen auf kurzen Spaziergängen bis zum
Waldrand, damit sie sich an eine ganz neue Welt von Gerüchen,
Geräuschen und Anblicken gewöhnen können. Sie untersuchen voller Begeisterung Äste, Pflanzen, Insekten und die Fährten unbekannter Tiere – alles vollkommen neue Eindrücke, die ihnen im Zwinger
fehlen. Sunny nimmt ein Blatt mit den Zähnen und ärgert Yola damit,
die das andere Ende nicht richtig zu packen bekommt. In ein paar
Metern Entfernung landet eine Drossel auf einem Ast in Kairos' Nähe.
Der Welpe betrachtet den Vogel fasziniert, weicht aber dann langsam
zurück und stößt drohende Laute aus. Der Vogel flattert auf und fliegt

Für einen Welpen bedeutet der Wald eine
faszinierende fremde Welt.

Unsere Welpen haben gelernt, beim Klingeln der Schlüssel zu kommen.
Zur Belohnung erhalten sie überschwängliches Lob.

davon und lässt einen verdatterten Kairos zurück. Die anderen Welpen sind derweil so vertieft in eigene Entdeckungen, dass sie nichts mitbekommen.

Da die Welpen noch so klein sind und schnell ermüden, klingeln wir nach ungefähr zehn Minuten mit den Schlüsseln (wir machen das seit einer Weile schon zu Fressenzeiten), und erwartungsvoll kläffend sammeln sich die Welpen und folgen uns problemlos zum Zwinger zurück. Bevor wir sie wieder hineinsetzen, streicheln und loben wir sie.

Das Klingeln der Schlüssel assoziieren die Welpen mit einem besonders angenehmen Ereignis. Wir nehmen Schlüssel, weil Welpen gut auf hohe Geräusche reagieren. Sobald sie in der Entwöhnungszeit ihre Mahlzeiten bekommen, klingeln wir mit den Schlüsseln, kurz bevor wir das Futter vor sie stellen. Die Welpen lernen sehr schnell, das Klingeln zu erkennen und mit Nahrung zu verbinden. Bald können wir die Schlüssel mit anderen schönen Erlebnissen in Beziehung setzen: Wir klingeln mit den Schlüsseln und lassen das positive Erlebnis folgen, was meistens aus Streicheln und Lob besteht. Das ist später hilfreich, wenn man dem Welpen zum Beispiel »Komm« beibringen will.

Die Umgebung, in der die Welpen aufwachsen, sollte unbedingt variieren. Tagsüber sind die Welpen nun zum Spielen draußen. In speziellen, eingezäunten Gehegen erzeugen wir Spielbereiche, die spannend und stimulierend sind: Alte Reifen und Rohre aus Ton, Kartons und gereinigte Kunststoffflaschen, Bälle und quiekendes Hundespielzeug beschäftigt die Welpen stundenlang.

Auch das Welpenzimmer kann mit aufregenden Utensilien ausgestattet werden. Zum Beispiel lassen wir auf Augenhöhe der Hunde einen Ball oder einen Kunststoffring an einer Kette baumeln. Wenn ein Welpe daran zieht, ertönt eine Kuhglocke. Durch solche Vorrichtungen verbessert der Hund nicht nur seine Augen-Schnauzen-Koordination, sondern gewöhnt sich auch an ungewöhnliche Geräusche, die ihn andernfalls erschrecken könnten.

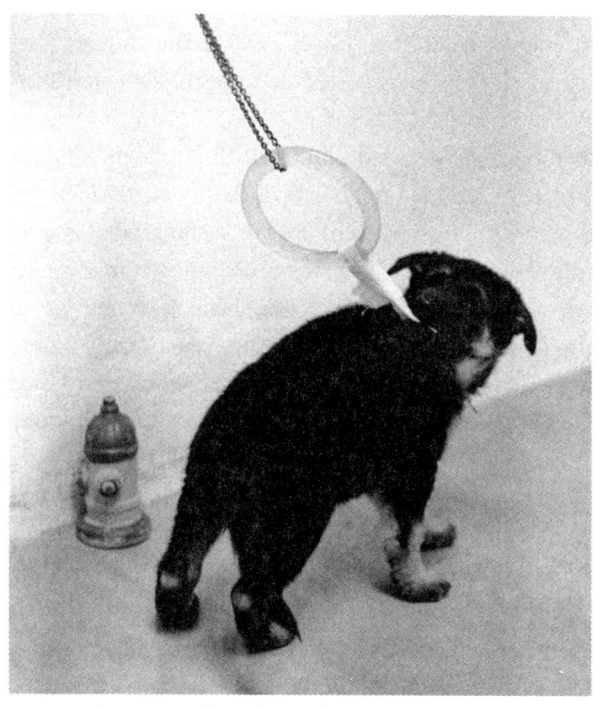

Auch Innenräume sollten so stimulierend sein, dass die Welpen in ihrer Entwicklung unterstützt werden.

In den Welpenzimmern stellen wir ab und zu die Radios auf einen Klassiksender ein und blasen gelegentlich auf Pfeifen, klappern mit Holzblöcken oder klingeln mit Glocken. Auch den Staubsauger lernen sie kennen. Wir kümmern uns darum, dass jeder einzelne Welpe den Gegenstand, der das Geräusch erzeugt, vorher und nachher beschnüffeln, ablecken und genau untersuchen kann, wobei wir versuchen, Angst nicht dadurch zu verstärken, dass wir das Tier loben oder trösten. Wenn ein Welpe dagegen mit Wachsamkeit und Interesse reagiert, wird er gelobt und ermutigt. Das Erfahren von unterschiedlichen Geräuschen ist ein sehr wichtiger Teil der Sozialisation.

Welpen sind von Natur aus neugierig. Sie lieben Tunnel,
die sie erforschen können.

Für die kleinen Hunde ist alles neu, und alles muss erprobt werden.
Zwei sieben Wochen alte Welpen üben Treppensteigen.

In unserer immer lauter werdenden Welt müssen Hunde mit einem konstanten Lärmpegel umgehen können. Lernt der Hund schon in der Sozialisationsphase verschiedene Geräusche kennen, hilft es ihm dabei, sich daran zu gewöhnen, und verhindert spätere Panikreaktionen.

Individuelle Aufmerksamkeit

Von der fünften bis zur siebten Woche sollte jeder Welpe unbedingt in Kontakt mit verschiedenen Menschen kommen – mit Männern, Frauen und Kindern. Beobachtet man die Welpen nur zusammen im Wurf, übersieht man Charakterzüge, die erst dann deutlich zu Tage treten, wenn ein Welpe gezwungen ist, sich allein mit einem Menschen auseinanderzusetzen. Die kleinen Hunde fühlen sich genau wie Menschen in der Gruppe stark und sicher. Ein Welpe, der im Wurf lebhaft und selbstbewusst erscheint, kann sich als ängstlich und zögernd erweisen, wenn man ihn allein mit einer unbekannten Person zusammenbringt. Gute Züchter, die solche Reaktionen früh in der Sozialisationsphase erkennen, werden dem Welpen verstärkte Aufmerksamkeit widmen.

Wir sorgen dafür, dass unsere Welpen in diesem Stadium täglich individuelle Zuwendung erhalten. Während dieser Zeit kombinieren wir ein einfaches Spiel mit einer abschließenden Übung, mit der wir die Welpen daran gewöhnen, dass man ihre Pfoten hält, das Maul öffnet und die Schnauze umfasst. Gemeinsam mit der wöchentlichen Fellpflege sorgt das dafür, dass auch Tiere, die sehr empfindlich reagieren, bald Berührungen zulassen.

Dazu setzen wir auch Personen ein, die gewöhnlich nicht direkt mit den Hunden zu tun haben, nämlich Nonnen, die verheirateten *Companions*, Mitglieder unserer Gemeinde, sogar Gäste, die sich für einige Tage bei uns im Kloster zurückziehen. Einmal die Woche nehmen wir

Jeder Wurf braucht viel individuelle Aufmerksamkeit. Züchter müssen dafür sorgen, dass ihre Welpen sich an Männer, Frauen und Kinder gewöhnen können. Hier macht sich ein Welpe mit Besuchern bekannt.

die Welpen zur Gemeindeversammlung mit ins Kloster, sodass sie auf viele Personen gleichzeitig in einer unvertrauten Umgebung stoßen.

Das alles kostet Zeit und Mühe. Es gibt keine magische Abkürzung, keinen Raum für Kompromisse, wenn wir es mit der emotionalen Entwicklung der Welpen zu tun haben. Züchter, denen die Welpen ernsthaft am Herzen liegen, nehmen sich jeden Tag diese Zeit, da sie wissen, wie stark die zukünftige Persönlichkeit des Tieres durch diese scheinbar unbedeutenden Augenblicke geformt wird. Das Spiel mit den Welpen ist kreativ im allerbesten Sinne des Wortes, denn dadurch bilden sich die schönsten und feinsten Züge des Welpencharakters heraus.

6. KAPITEL

Der Welpentest – Welcher Hund passt zu mir?

Wenn die Welpen sechs Wochen alt sind, widmen wir uns der Frage ihres künftigen Heims. Kein Welpe sollte einfach »irgendwo« untergebracht werden. Nicht jeder Hund passt zu jeder Person oder deren Lebensumständen, und aus Respekt vor Tier und Halter müssen in die Entscheidung eine Reihe von Überlegungen einfließen. Dazu ist es wichtig, dass ein Züchter die Persönlichkeit des Welpen richtig einschätzen kann.

Fragen Sie nach, nach welchen Aspekten der Züchter Ihrer Wahl die Welpen einschätzt. Hier in New Skete tun wir das auf unterschiedliche Weise. Da wir uns zu jedem Wurf von Geburt an Notizen machen und den genetischen Hintergrund über mehrere Generationen kennen, verfügen wir über eine stattliche Menge an Informationen, wenn der Welpe das Alter von sechseinhalb Wochen erreicht hat. Wir haben seine Entwicklung genau verfolgt und können uns ein allgemeines Bild verschaffen, wie das Tier sich an unterschiedliche Umstände anpassen wird.

Oft unterhalten wir uns mit den Interessenten schon lange vor dem Einzug des Hundes in ihrem neuen Zuhause. So können wir gemeinsam überlegen, welcher Welpe der beste für ihn wäre, und außerdem in Erfahrung bringen, wie ernst es der Person ist, ihrer Verantwortung für das Tier gerecht zu werden – so anmaßend es klingen mag. Aber leider haben wir schon oft festgestellt, dass viele Menschen nicht wissen, auf was sie sich einlassen … und was sie wirklich wollen. Manch einer sagt zum Beispiel, er wolle einen Schutzhund, ohne jedoch zu verstehen, was das Wort Schutzhund eigentlich beinhaltet. Die Schutzhunde-Ausbildung ist ein sehr anspruchsvolles Training, das drei verschiedene Leistungsbereiche umfasst: Fährtensuche, Gehorsam und Personenschutz. Es erfordert vom Halter ein großes Maß an Hingabe und Fachkenntnis und sollte niemals ohne einen qualifizierten Ausbilder in Angriff genommen werden. Aufgrund dieser Anforderungen sollte der betreffende Welpe viel Selbstverstrauen besitzen und aufmerksamer und aggressiver als ein Hund sein, der die Rolle eines ganz normalen Begleithundes einnehmen wird. Ein unerfahrener Halter kann sich mit einem solchen Welpen übernehmen; in den falschen Händen können sich dominante, starke Hunde häufig zu aggressiven Tieren mit ernsthaften Verhaltensstörungen entwickeln.

Wir können zu diesem persönlichen Gespräch mit dem Züchter nur raten. Wenn er versteht, wonach Sie suchen, kann er Ihnen den für Sie »richtigen« Welpen empfehlen.

Unser Welpeneignungstest

Neben dieser persönlichen Einschätzung unterziehen wir jeden Hund einem Welpentest. In den vergangenen fünfzehn Jahren haben Züchter den Wert eines solchen Tests bei der Überlegung, für welche Umgebung und Aufgabenbereiche ein Hund am besten geeignet ist, immer stärker zu schätzen gelernt. Unser Test dient dazu, den Welpen optimal unterzubringen, indem er allgemeine Persönlichkeitszüge zu identifizieren hilft. Im Eignungstest können wir die Ausprägung des Welpen in Hinblick auf Dominanz, Sozialverträglichkeit, Gehorsamspotenzial und Lernwilligkeit einschätzen.

Einen Welpen zu beurteilen, ist natürlich keine Errungenschaft unserer modernen, tierlieben Zeit. Man tut es bereits seit Hunderten von Jahren in Kulturen, in denen man sich Arbeitshunde zur Jagd, zum Viehhüten, zum Transport, zum Schutz, zur Rettung oder sogar zum Wagen- oder Bootziehen hält. Heutzutage können wir vielleicht nicht mehr nachvollziehen, was für eine wichtige Rolle diese Tiere einst gespielt haben; ein »guter« Hund war für das wirtschaftliche Wohlergehen seines Besitzers unabdinglich. Doch Bauern und Züchter mussten sich auf ihre Erfahrungswerte berufen, um die Hunde zu bestimmen, die für die jeweiligen Aufgaben am besten geeignet waren. Durch diese Zuchtauswahl sind die »reinen Rassen« entstanden.

Wir benutzen seit zehn Jahren den Volhard Puppy Aptidude Test (siehe Anhang) und sind damit sehr zufrieden. Obwohl kein Test unfehlbar sein kann, bietet er uns in Kombination mit den anderen Informationen, die wir über die Tiere gesammelt haben, ein recht klares Bild der Persönlichkeit des Welpen und seinen Fähigkeiten, wodurch die Chancen, Mensch und Hund erfolgreich zusammenzubringen, hoch sind.

Ankas Wurf wird getestet

Am fünfzigsten Tag nach der Geburt der Welpen kommt Olga Barnet, eine Freundin, die den Wurf noch nicht kennt, zu uns ins Kloster, um sich Ankas Babys anzusehen. Wir testen die Welpen immer durch eine Person, die sie noch nicht kennt, und in einer Umgebung, die den Welpen nicht vertraut ist. So erhalten wir eine möglichst objektive Einschätzung des Tieres, die nicht gegeben wäre, wenn einer von den Brüdern diese Aufgabe übernähme.

Das beste Datum für einen Welpentest ist der neunundvierzigste Tag oder so nah dran wie möglich. Wenn die Welpen sieben Wochen alt sind, zeigt das EEG, dass die neurologische Entwicklung auf dem Stand eines Erwachsenenhirns ist, sodass das Bild der Verhaltenstendenzen, das wir uns machen können, zutreffend sein wird. Testet man früher, kann das Ergebnis zu schwammig ausfallen, da der Mangel an

Reife verschiedene Entwicklungsmöglichkeiten zulässt. Ein Test zum späteren Zeitpunkt dagegen kann durch die Angstphase zu falschen Schlüssen führen.

Wir führen den Test am späten Morgen durch, wenn das Frühstück der Welpen schon eine ganze Weile her ist und alle gewöhnlich wach und munter sind. Der Test dauert knappe zehn Minuten, jeder Welpe wird einzeln getestet. Um dem Tester zu helfen, beobachtet einer der Brüder (unsichtbar für den Hund) das Geschehen und notiert sich die Reaktion des Hundes.

Yola ist die erste. Zu Beginn wird getestet, inwieweit ein Welpe gewillt ist, sich einem Fremden zu nähern. Sobald Yola im Zimmer abgesetzt wird, hockt sich Olga ein paar Schritte entfernt hin und klatscht leicht in die Hände. Obwohl Yolas Schwanz sich zunächst senkt, läuft sie ohne zu zögern zu Olga hin und durch ihre Beine und windet und dreht sich begeistert, als sie gestreichelt und getätschelt wird. Dieses Verhalten verweist auf Unterordnung und einen Mangel an Selbstbewusstsein, zeigt jedoch auch, dass Yola Menschen grundsätzlich zugetan ist. Die anderen Welpen sind forscher, springen schwanzwedelnd auf Yola zu und lecken ihr die Hände. Sunny springt sogar an Olga hoch und legte ihr die Pfoten aufs Bein, wodurch sich sein dominanteres Wesen verrät. Aber kein Welpe beißt ihr in die Hand.

Nach einigen Sekunden steht Olga auf und geht weg. Damit will sie einerseits den Geselligkeitstrieb des Tieres testen, andererseits die Bereitschaft, Führung zu akzeptieren. Yola wartet einen Moment, dann folgt sie Olga wedelnd, ohne jedoch zwischen ihre Beine zu geraten; sie bleibt ein, zwei Schritte hinter ihr und akzeptiert, dass Olga anführt. Kairos und Oka tun in etwa dasselbe, während Kipper und Sunny um sie herum wuseln und vorzulaufen versuchen, was auf ein Dominanzbestreben hindeutet.

Die nächsten Übungen, Halte- und Dominanzübungen, werden direkt hintereinander durchgeführt und messen nicht nur die Ten-

Die Halteübung. Dorothy Updike, eine Welpentesterin, probiert aus,
wie leicht ein Hund sich unterordnen lässt.

denz des Welpen zu Dominanz oder Unterordnung, sondern auch,
wie »nachtragend« das Tier ist. Olga geht wieder in die Hocke und rollt
Yola sanft auf den Rücken, wobei sie sie ruhig ansieht. Yola bleibt passiv,
wehrt sich nicht, leckt Olga ab und zu die Hände. Nach ungefähr dreißig Sekunden wird sie wieder auf die Füße gestellt, und Olga streichelt
sie vom Kopf bis zur Schwanzspitze. Yola scheint unter der Berührung
dahinzuschmelzen und leckt Olga einmal das Gesicht. Diese Kette

von Reaktionen zeigt ein hohes Maß an Unterwürfigkeit und lässt vermuten, dass Yola nach einer Zurechtweisung rasch verzeihen würde. Ihre Reaktion unterscheidet sich von denen der anderen, die sich nicht widerstandslos auf den Rücken legen lassen, sondern gut fünfzehn Sekunden zappeln, bevor sie sich ergeben. Mit Ausnahme von Sunny. Sunny zappelt weiter und wehrt sich, wirft den Kopf und versucht alles, um wieder auf die Füße zu kommen. Als die Zeit um ist, lässt Olga Sunny mit einem erleichterten Seufzen los, und Sunny kommt sofort auf die Füße und entfernt sich ein paar Schritte. Er kommt allerdings schnell zurück, und als Olga ihn streichelt, springt er an ihr hoch und stemmt seine Vorderpfoten gegen ihren Arm. Sunnys Reaktion auf die Rückhalteübung zeigt erneut sein Dominanzbestreben, und obwohl er anscheinend nicht nachtragend ist, legt er ein eher selbstbewusstes Verhalten an den Tag. Die anderen Welpen haben diesen Wesenzug offenbar nicht: Sie lassen sich streicheln und schmiegen sich an Olga, um ihr das Gesicht zu lecken.

Für die nächste Übung wird der Welpe in einer Situation beurteilt, in der er keine Kontrolle hat. Olga legt beide Hände unter Yolas Brustkorb und hebt sie hoch, um sie dreißig Sekunden in der Luft festzuhalten. Yola reagiert gar nicht, bleibt passiv, akzeptiert einfach, was geschieht. Die anderen zeigen auch keinen Widerstand, was darauf hindeutet, dass sie später keine Schwierigkeiten machen werden, wenn sie zum Beispiel vom Tierarzt untersucht werden müssen.

Die nächsten Übungen beschäftigen sich mit Gehorsam und Lernwilligkeit. Zuerst soll der Welpe etwas holen und dadurch zeigen, ob er gewillt ist, mit dem Menschen zusammenzuarbeiten. Olga nimmt ein zerknülltes Stück Papier und bewegt es vor Yolas Nase hin und her. Dann wirft sie es ein paar Schritte weg. Yola geht hinterher, beschnuppert das Papier, lässt es aber liegen und kehrt zu Olga zurück. Eine gewisse Neigung, sich auf eine Aufgabe einzulassen, ist offenbar vorhanden, wenn sie auch nicht besonders ausgeprägt ist. Die anderen Welpen bringen die Papierkugel zurück, jedoch auf ganz unterschiedli-

Hier geht es um Unterordnung.
Der Welpe wird dreißig Sekunden lang in der Luft festgehalten.

Die Apportierübung: Bringt der Welpe den Gegenstand zurück?

che Weise. Kipper und Kairos traben sofort zu dem Objekt, nehmen es zwischen die Zähne und kehren zu Olga zurück, die sie enthusiastisch lobt. Oka dagegen nimmt die Kugel auf und wandert erst ein Weilchen damit im Raum herum, bringt sie aber schließlich doch zu Olga, die sie die ganze Zeit über ruft und dabei mit den Händen klatscht. Sunny legt ein ausgesprochen frühreifes Verhalten an den Tag. Er rennt dem Papier hinterher, nimmt es, schüttelt es heftig und geht ein paar Schritte seitlich. Dann schüttelte er es wieder und bringt es Olga, die ihn lobt. Die Reaktionen unserer Welpen verraten alle eine unterschiedlich ausgeprägte Tendenz zum Gehorsam, wobei Oka am wenigstens dazu zu neigen scheint. Dass sie eigene Wege gegangen ist, kann auf eine Unabhängigkeit hindeuten, von der bei den anderen Welpen nichts zu spüren ist.

Nach dieser Übung ist die Berührungs- bzw. Schmerzempfindlichkeit dran, wodurch man eine Vorstellung bekommt, wie leicht oder schwer ein Tier beim Training zu kontrollieren ist. Welpen, die sehr empfindlich sind, reagieren bereits auf den leichtesten Zug des Halsbandes. Für unempfindliche, große Hunde braucht man mehr Kraft und vielleicht eine etwas andere Trainingsausstattung. Olga geht neben Yola in die Hocke, nimmt ihre Vorderpfote, drückt die Haut zwischen ihren Zehen und zählt, während sie den Druck erhöht. Olga kommt nur bis zwei, bis Yola quiekt und versucht, die Pfote wegzuziehen. Ihre Schmerzschwelle ist also niedrig, wodurch sie während der Ausbildung höchstwahrscheinlich schon auf kleinste Hilfen reagiert. Der Welpe mit der geringsten Empfindsamkeit ist Sunny, bei dem Olga bis sechs zählt. Dennoch ist das nichts Außergewöhnliches. Es gibt Tiere, die noch weit unempfindlicher sind.

Der nächste Test misst die Geräuschempfindlichkeit; wir wollen herausfinden, wie stark ein Welpe auf ungewöhnliche Geräusche reagiert. Das ist ein besonders wichtiges Kriterium, falls einer unserer Welpen ein Großstadthund werden soll. Olga nimmt Yola und dreht sie von der Geräuschquelle weg. Dann wirft sie kleine, aneinander-

Hier wird die Berührungsempfindlichkeit getestet.
Man drückt das Gewebe zwischen den Zehen und zählt bis zehn.
Sobald der Welpe auf den Druck reagiert, wird losgelassen.

gebundene Glöckchen zu Boden. Yola reagiert ein wenig erschrocken, bewegt sich dann zögernd auf die Glöckchen zu, bleibt aber schließlich stehen. Sie wirft Olga einen Blick zu und beschließt, die lärmigen Dinger doch nicht genauer zu untersuchen. Die anderen Welpen sind etwas selbstbewusster und beschnüffeln die Glöckchen. Kairos reagiert besonders interessant. Als er das Geräusch hört, geht er hin, nimmt die Glöckchen zwischen die Zähne, trägt sie in einen Winkel des Raumes und lässt sich dort damit nieder. Diese sowohl furchtlose als auch kluge Reaktion legt nahe, dass es Kairos leicht fallen wird, sich an beliebige Lebensumstände anzupassen.

Mit der letzten Übung testen wir, wie der jeweilige Welpe auf ungewohnte Anblicke reagiert. Wir verwenden ein altes Trockentuch, das an einem Band befestigt ist. Olga zieht es lockend und ruckartig über den Boden. Yola zögert, senkt den Kopf in einer Geste der Vorsicht

Geräuschempfindlichkeit: Werfen Sie Glöckchen zu Boden und beobachten Sie, wie der Welpe reagiert.

Wie reagiert der Welpe auf ungewohnte Anblicke?
Ein unbekannter Gegenstand wird an ihm vorbeigezogen.

und klemmt den Schwanz leicht ein. Doch nachdem Olga das Tuch mehrmals an ihr vorbeigezogen hat, setzt sich Yola in Bewegung und geht dem Tuch langsam nach, stürzt sich aber nicht darauf – ganz im Gegenteil zu Sunny, der sofort einen Satz auf das Tuch zu macht, hinein beißt und es zu schütteln beginnt. Olga zupft am Seil, und Sunny zerrt begeistert in die andere Richtung und zeigt sich auch hier wieder als freches, forsches kleines Ding, das zu einem aggressiven Hund heranwachsen könnte, wenn er in die falschen Hände gerät. Die anderen Welpen untersuchen das Tuch, attackieren es jedoch nicht.

Nach dem Test vergleicht Olga ihre Erfahrungen mit jedem Welpen mit den Aufzeichnungen, die der Bruder währenddessen gemacht hat. Wenn alle Tests durchgeführt sind, besprechen die Brüder, die mit der Unterbringung der Welpen betraut sind, die Ergebnisse und beginnen, ihren Umzug zu planen.

Wie Sie vermutlich erkannt haben, sind diese Tests nicht dazu gedacht, die Welpen in gut und schlecht einzuteilen, sondern uns eine Richtlinie zu geben, wo sie am besten aufgehoben sein werden, welcher Typ von Zuhause ihren Anlagen entspricht. Ein Hund, der sich im Wald am wohlsten fühlt, wird als Therapiehund wahrscheinlich ungeeignet sein, und selbstverständlich müssen auch die Bedürfnisse und Vorlieben des potenziellen Halters in die Überlegung miteinbezogen werden.

Als wir die Testergebnisse für Ankas Wurf analysieren (für die Bewertung siehe Anhang), gibt es für uns keine echten Überraschungen; sie bestätigen unsere eigenen Eindrücke. Da der Wurf von Eltern aus einer soliden Arbeitslinie stammt, sollten sie bei Menschen untergebracht werden, die schon Erfahrung mit aktiven, intelligenten Hunden haben. Anschließend gehen wir die Bewerbungen der Personen durch, die darauf warten, von uns einen Welpen zu bekommen, und versuchen, jedem das richtige Tier zuzuordnen.

Sunny ist eindeutig das dominanteste Tier im Wurf. Er besitzt alle Eigenschaften, die einen guten Arbeitshund ausmachen: Esprit, Selbstvertrauen, Intelligenz und Mut. Wir geben ihn an einen erfahrenen Halter, der mit Schutzhunden arbeitet.

Kairos, der zweite Rüde im Wurf, wird sich laut Testergebnisse wahrscheinlich zu einem lebhaften, extrovertierten Hund entwickeln. Da er weder mit Lärm noch mit Menschen Schwierigkeiten hat, bringen wir ihn in der Vorstadt bei einer Familie unter, die drei jugendliche Kinder hat. Sie hatten in der Vergangenheit bereits einen Schäferhund und werden dafür sorgen, dass Kairos gut ausgebildet wird.

Oka hatte in den Tests meistens Dreien und Vieren. Sie ist ebenfalls ein lebhaftes Tier, zeigt aber zusätzlich eine leichte Tendenz zur Unabhängigkeit. In unseren Augen ist sie geeignet für einen Haushalt, in dem sie einen Teil des Tages allein ist, also geben wir sie an eine Single-Frau, die ein paar Stunden am Tag Kunden bei sich zu Hause berät.

Kippers Ergebnisse bestärken uns in dem Glauben, dass er sich im Familienleben wohlfühlen wird, da er sich sehr stark an Menschen orientiert. Ihn bringen wir in einer vierköpfigen Familie unter, in der bereits ein lebhafter Labrador lebt.

Yola ist der perfekte Welpe für ein älteres Paar. Sie ist sanftmütig, ordnet sich leicht unter, ist aber nicht ängstlich. Sie braucht viel Zeit und viel Liebe, und auf unserer Liste finden wir ein kürzlich in Rente gegangenes Ehepaar, das von beidem viel zu geben hatte.

Am Ende der achten Woche sind alle Welpen abgegeben. Normalerweise kommen unsere Welpen, abhängig von den Umständen, zwischen der siebten und der zehnten Woche in ihr neues Zuhause. Obwohl in manchen Büchern die siebte Woche als idealer Zeitpunkt genannt wird, haben wir festgestellt, dass man es flexibler halten kann, sofern beim Züchter der Vorgang der Sozialisation fortgesetzt wird. Wenn bei uns ein Welpe länger bleibt, sorgen wir dafür, dass das Tier regelmäßig mit anderen Menschen, Hunden und unterschiedlichen Umgebungen in Berührung kommt, und bisher haben wir noch nie einen Nachteil für den Welpen feststellen können.

Die Angstphase/Fremdeln

Wie wir bereits angesprochen haben, durchlebt der Welpe zwischen der achten und der zehnten Woche eine Phase der Angst. In dieser Zeit können sich Welpen, die bisher einen mutigen und forschen Eindruck gemacht haben, plötzlich angstvoll und zögerlich gebärden. Ein frischgebackener Hundehalter fragt sich natürlich nicht selten, ob der Züchter ihn getäuscht hat oder ob er selbst seinen neuen Mitbewohner vielleicht falsch behandelt. Keine Sorge. Wahrscheinlich steckt Ihr Welpe gerade in einem Entwicklungsschub, in dem seine sensorischen Fähigkeiten ausreifen, und das kann einige Wochen dauern. Da die meisten Züchter ihre Welpen zwischen der siebten und zehnten Woche weggeben – die optimale Zeit, um mit den neuen Besitzern eine innige Beziehung zu beginnen –, müssen Sie sich dieser Phase bewusst sein und zu Ihrer beider Vorteil nutzen. Wenn Sie Ihren Welpen mit Geduld und Verständnis durch diese Phase begleiten, entsteht daraus nahezu immer eine wunderschöne, starke Bindung zwischen dem Tier und Ihnen.

Aber auch, wenn die Entwicklung in dieser Phase normal verläuft, sollten Sie Ihren Welpen in dieser Zeit keinem hohen Stress aussetzen. Man hat herausgefunden, dass Welpen gerade in dieser Zeit sehr leicht zu traumatisieren sind. Während fünf- oder sechswöchige Welpen einen Schrecken oder durchlittene Angst relativ leicht verarbeiten, bleiben bei etwas älteren Tieren Narben, die noch lange zu sehen sind.

Das bedeutet natürlich nicht, dass Sie Ihren Welpen nun isolieren sollten. Auch während dieser Phase ist die Sozialisation noch nicht abgeschlossen, sodass der Hund Impulse braucht. Wichtig ist, dass Sie behutsam mit ihm umgehen: Der Welpe sollte neue Erfahrungen machen, aber diese dürfen ihn nicht unter Stress setzen oder ihn gar traumatisieren. Bleiben Sie gelassen. Um das Ende der zehnten Woche herum entwickelt sich Ihr Welpe wieder zu der Hundepersönlichkeit, die Sie kennengelernt haben.

Eine letzte Bemerkung: Die Angstphase ist ein weiterer Grund, warum die Umgebung, in der der Welpe lebt, gerade in den ersten Lebenswochen freundlich, ausgeglichen und anregend sein sollte. Wenn ein Welpe niemals in einer normalen, gesunden Atmosphäre gewesen ist und nicht richtig sozialisiert wurde, hat er nicht die Grundlagen, die er braucht, um sich in dieser Angstphase normal zu entwickeln. Ähnliches gilt, wenn der neue Besitzer ihm nicht den nötigen Rückhalt bietet, um sicher durch diese Phase zu gelangen. Daher sollten zukünftige Welpenbesitzer sich genau ansehen, woher sie ihren Welpen holen und darauf achten, wie sie ihn in seinem neuen Zuhause willkommen heißen. Diese Themen werden wir in den folgenden Kapiteln genauer besprechen.

7. KAPITEL

Ich will einen Hund ... aber welchen?

Wer mit jemand anderem eine gesunde Beziehung eingehen will, muss seine Bedürfnisse, Grenzen und Möglichkeiten berücksichtigen; das ist nicht nur unter Menschen so. Natürlich sollte man Mensch und Hund nicht gleichsetzen, aber ein Hund ist nichtsdestoweniger ein eigenständiges Wesen mit sehr eigenen Bedürfnissen, und genau wie ein Mensch, mit dem wir zusammenleben wollen, fordert auch er Respekt ein. Wenn wir uns die Mühe machen, den Hund zu verstehen, und ihn als das respektieren, was er wirklich ist, dann können wir auch die notwendige Verantwortung übernehmen und ihm die Fürsorge angedeihen lassen, die er braucht. Das steht allerdings im Gegensatz zu einer »Ich«-Mentalität, die die eigenen Bedürfnisse in den Mittelpunkt stellt und Haustiere als Besitz oder gar als reines Accessoire betrachtet.

Bevor Sie also losstürmen und sich einen Welpen zulegen, sollten Sie innehalten und sich fragen, wie ernst es Ihnen und Ihrer Familie damit ist. Spielen Sie des Teufels Advokat und untersuchen Sie Ihre Motive genau.

Warum wollen Sie einen Hund?

Was für ein Halter werden Sie sein?

Was bieten Sie Ihrem Hund im Gegenzug für seine Gesellschaft, seine unbedingte Loyalität?

Es ist besser, sich die Fragen zu beantworten, bevor man sich einen Hund ins Haus holt und plötzlich erkennen muss, dass das kleine Wesen hohe Anforderungen stellt und Rücksicht auf seine Bedürfnisse einfordert – und das unter Umständen um drei Uhr morgens!

Der eindimensionale Hundehalter

Neulich rief uns ein Ehepaar an und bat uns, für ihren fünf Monate alten Schäferhundwelpen, Wolf, ein neues Zuhause zu suchen, da sie ihn nicht behalten konnten. Zwar mussten wir ablehnen, weil wir aus Prinzip keine fremden Hunde vermitteln, wollten aber dennoch wissen, aus welchem Grund sie ihren Welpen abgeben wollten. Peinlich berührt erklärte uns der Mann, dass er und seine Frau in einem Vorort wohnten, wo vor einiger Zeit eine Einbruchsserie für Angst und Aufregung gesorgt hatte. Im Glauben, ein Wachhund würde ihnen mehr Sicherheit geben, waren sie zu einem respektablen Züchter gegangen und hatten sich einen fröhlichen, freundlichen Welpen geholt, der, wie sie annahmen, für sie genau richtig war. »Aber wir hatten keine Ahnung, worauf wir uns da einlassen«, gestand er uns. Sie hatten noch nie zuvor einen Hund gehabt.

Da beide Vollzeit arbeiteten, waren sie mindestens neun Stunden von Zuhause fort. Das an sich hätte kein Problem dargestellt, da Wolf in wenigen Tagen stubenrein gewesen war und sie einen Hundesitter engagiert hatten, der jeden Mittag mit dem Tier spazieren ging.

»Und was ist dann das Problem?«, wollten wir wissen.

»Er lässt uns keine Minute in Ruhe«, gab der Mann zurück.

Sobald sie von ihrem hektischen Arbeitstag nach Hause kamen, forderte Wolf ihre Aufmerksamkeit ein, sodass keine Zeit mehr zum Entspannen blieb. »Er muss fressen, rausgehen, will spielen ... er ist schlimmer als ein Kleinkind!«

»Und ständig leckt er einen ab«, beschwerte sich die Frau, die über Lautsprecher mithörte. »Ekelig. Er will einfach nicht auf seinen Platz gehen und brav sein. Wir beide streiten uns inzwischen sogar wegen des Hundes, und die Nachbarn haben sich beschwert, dass er tagsüber kläfft und winselt. Er ist eine echte Plage. Das braucht kein Mensch!«

Die beiden hatten zu spät realisiert, dass sie eine moderne Alarmanlage gebraucht hätten, keinen lebendigen Hund. Sie hatten in Wahrheit auch keinen Hund gewollt – sie hatten es bloß geglaubt. Das Paar dachte ja gar nicht daran, die Ansprüche, die ein Tier unweigerlich stellte, zu erfüllen, und dass ein Hund unter anderem Zuneigung und Aufmerksamkeit braucht, war ihm nie in den Sinn gekommen. Im Laufe unseres Gesprächs wurde deutlich, dass die beiden sich keine Mühe gaben, Wolfs Seite auch nur zu verstehen. Er war zum Schutz angeschafft worden, Punkt. Nun, da sich herausstellte, dass das, was er einforderte, seinen Nutzen überstieg, wollten sie ihn wieder loswerden. So einfach war das.

Leider geschieht dies in der einen oder anderen Form viel zu oft. Obwohl sicher niemand einen Hund in der Absicht kauft, ihn nur ein paar Monate bei sich zu halten, kommt es immer wieder genau so. Manchmal hat es mit einem Problemverhalten zu tun, mit dem der Halter überfordert ist, ein andermal hat der Besitzer vielleicht einfach nur das anfängliche Interesse verloren. Der gemeinsame Nenner in vielen, vielen gescheiterten Mensch-Hund-Beziehungen ist die späte Erkenntnis, dass das Leben mit einem Hund nicht so ist, wie der Halter es sich gedacht hatte. Die Realität stößt auf eindimensionale Erwartungen, und die meisten Menschen drücken sich vor der Verantwortung und wählen die einfache Lösung: Sie stoßen den Hund ab.

Wer sollte einen Hund haben?

Wenn es um Hunde geht, beschwört unsere Fantasie unheilbar romantische Bilder herauf. Fernsehen und Kino haben uns durch Rin-Tin-Tin, Lassie, Benji und Co. geprägt, idealisierte Gefährten, die keine Ausbildung brauchen und uns bis zum Tode treu ergeben sind. Ihnen passiert niemals ein Missgeschick in der Wohnung, sie müssen nicht ausgeführt werden und selbstverständlich tun und verstehen sie immer, was Herrchen oder Frauchen sagt. Sie stören nicht, wenn sie nicht gebraucht werden, erscheinen aber auf einen Pfiff und geben alles, was von ihnen gefordert wird. Wer würde sich nicht ein solches Haustier wünschen?

Der Hollywood-Hund existiert aber eben nur im Kino. Man hört nur selten davon, wie viel Zeit und Mühe es kostet, einem Hund all diese Tricks beizubringen, wie viel Liebe, Beharrlichkeit und Geduld ein Trainer aufbringen muss, damit das Tier diese filmreifen Leistungen vollbringt. Wenn Sie erwarten, dass Ihr Welpe sich zu einer zweiten Lassie entwickelt, dann werden Sie herbe enttäuscht werden.

Die meisten Menschen sind einfach nicht darauf vorbereitet, wie sehr ein Welpe im Haus ihr Leben verändert. Man sollte – und man muss – sich also gründlich überlegen, ob die Entscheidung, sich einen Hund anzuschaffen, auch wirklich alltagstauglich ist.

Nicht jeder sollte einen Hund haben. Durch eine Verkettung von Umständen haben viele Leute schlichtweg nicht die Zeit oder die Möglichkeit, sich um einen Hund zu kümmern. Ein Welpe verändert das Leben stärker, als man meint. Entscheidungen, die bisher immer nur allein oder unter Berücksichtigung der Familie oder des Partners getroffen wurden, müssen nun ebenfalls auf die Bedürfnisse eines Welpen abgestimmt werden. Freizeit, die man alleine hatte, muss nun mit einem Hund geteilt werden. Können und wollen Sie das leisten?

Sich um einen Hund zu kümmern, ist viel Arbeit. *Canis familiaris*, der Haushund, kann nicht für sich allein sorgen. Vom Augenblick seines Einzugs in Ihr Zuhause bis zu seinem Tod (eine Zeitspanne, die – Krankheit oder Unfälle einmal ausgeschlossen – fünfzehn Jahre oder länger betragen kann) muss er sich zur Erfüllung seiner hündischen Bedürfnisse auf Sie verlassen können: Sie sorgen für Nahrung, Wasser, Unterkunft, Ausbildung, Bewegung und medizinische Hilfe. Aber neben diesen essenziellen Dingen braucht ein Hund vor allem eins: Gesellschaft. Er braucht einen Halter, der im wahrsten Sinn des Wortes Gefährte ist. Sehen Sie sich und Ihre Familie in einer solchen Rolle?

Und aus dieser Perspektive ist die alte und viel zitierte Forderung »Erkenne dich selbst!« so wahr wie eh und je. Menschen, die bereit sind, sich selbst zu prüfen, und die versuchen, einen Hund zu finden, der zu ihrem Lebensstil und ihrer Umgebung passt, haben die größte Chance, eine gesunde, lang anhaltende Beziehung zu ihrem Tier aufzubauen. Jeder normale Welpe hat eine einzigartige Persönlichkeit, und er wird ganz selbstverständlich und von sich aus eine Beziehung anstreben. Obwohl es eine Reihe von praktischen Erwägungen bei der Auswahl des Welpen gibt (Arbeitszeit, Sportbedürfnis, Show, Zucht, Schutz etc.), sollte keine davon den Hauptgrund überlagern: Den Wunsch nämlich, mit dem Hund eine Partnerschaft einzugehen und daher auch all die Konsequenzen zu tragen, die dieser Wunsch mit sich bringt. Sich die Zeit zu nehmen, vorher aufzuschreiben, was ein Hund einfordern wird, und zu überlegen, ob man diesen Anforderungen gerecht werden kann, wird Ihnen später viel Ärger ersparen.

Sie wollen also wirklich einen Hund?

Oft äußern Gäste, die ein paar Tage in unserem Kloster verbringen, ihren Wunsch, sich einen Hund anzuschaffen. Einmal kam eine Frau, sah sich unsere Hunde an und sprach lange Zeit mit den Brüdern. Anschließend fragte sie uns, wie es weiterginge, falls sie einen Welpen mitnehmen wolle. Wir erklärten ihr, dass wir Wartelisten hätten und sie bitten würden, ein »Bewerbungsformular« auszufüllen. Dieses sehr detaillierte Formular soll uns helfen, zukünftigen Kunden die richtigen Welpen zuzuordnen. Die Frau überflog den Antrag und blickte staunend auf. »Du liebe Güte«, sagte sie, »man sollte meinen, ich wollte ein Kind adoptieren.«

Genau darum geht es.

Obwohl ein Welpe natürlich kein Kind ist, erfordert die Entscheidung, sich einen Hund zuzulegen, eine ähnliche Ernsthaftigkeit. Es ist absolut keine Bevormundung, sondern legitim und richtig, wenn Züchter potenzielle Halter detailliert befragen, da die Antworten dazu dienen, den Welpen zu finden, der am besten geeignet ist. Jeder gewissenhafte Züchter fühlt eine Verantwortung für die Welpen, die er abgibt; das Interesse sollte weniger im Verkauf selbst, sondern in der richtigen Unterbringung liegen. Und wenn wir davon sprechen, dass unsere Kunden einen Hund »adoptieren« oder »aufnehmen« statt ihn zu kaufen, dann wollen wir damit nur das Augenmerk dorthin richten, wo es hingehört, denn es geht nicht darum, sich einen Besitz zuzulegen, sondern ein neues Familienmitglied nach Hause zu bringen.

Hunde und Wölfe leben in Rudeln oder Familienverbänden, die sich in der Wildnis aus Artgenossen ihres unmittelbaren sozialen Kreises zusammensetzen. Auf Haushunde übertragen bedeutet das, dass der Hund die Menschen, mit denen er lebt, automatisch als Rudelmitglieder betrachtet. Daher ist es auch weder kitschig noch sentimental, den Hund als Familienmitglied zu sehen, denn das ist exakt das Bild, das der Hund von sich selbst in Ihrem Haushalt hat.

Umso wichtiger, dass Ihre Wahl nicht einfach vom Zufall bestimmt wird. Da es eine breite Vielfalt an Rassen gibt, sollten Sie sorgfältig überlegen, welche zu Ihnen und Ihren Bedürfnissen passt. Aber die richtige Entscheidung zu treffen, ist komplizierter, als manch einer vielleicht denken mag.

Hunde sind die variantenreichste Spezies, die es im Tierreich gibt. Beim American Kennel Club (AKC) sind im Augenblick offiziell hundertdreißig Rassen gemeldet, und Naturhistoriker unterscheiden weltweit mehr als vierhundert. Der AKC teilt die Rassehunde in sechs verschiedene Zuchtkategorien ein, die auf allgemeine Merkmale verweisen; die *sporting dogs* bezeichnen zum Beispiel die Jagd- und Stöberhunde, zu den *working dogs* gehören Schäferhunde, Boxer, Schlittenhunde etc.. Der FCI (Fédération Cynologique International), einer der größten Dachverbände für Hundezüchter, nennt sogar zehn Gruppen: Hütehunde und Treibhunde; Pinscher, Schnauzer, Sennenhunde und Doggenartige; Terrier; Dachshunde, Spitze und Urtypen; Laufhunde, Schweißhunde und verwandte Rassen; Vorstehhunde; Apportierhunde; Gesellschafts- und Begleithunde; Windhunde. Dazu kommt die riesige Anzahl an Mischlingen, die die äußerlichen Merkmale und Charaktereigenschaften verschiedenster Rassen kombinieren. Wie kann man in dieser Vielfalt den richtigen Hund für sich selbst finden?

Mischling oder Rassehund?

Unter Fachleuten und Hundebesitzern gehen die Meinungen, ob ein Rassehund einem Mischling vorzuziehen sei oder umgekehrt, stark auseinander. Einige Tierärzte zum Beispiel behaupten, Mischlinge seien die besseren Familienhunde, weil sie generell ein ruhigeres Temperament besäßen und sich leichter an die unterschiedlichsten Lebensbedingungen anpassen könnten. Tatsache ist, dass sie seltener genetische Defekte aufweisen und in der Anschaffung erschwinglicher als ihre reinrassigen Artgenossen sind. Zieht man außerdem in Betracht, dass man Mischlinge häufig aus dem Tierheim holen und so ein Tier vor einem traurigen Schicksal oder sogar dem Tod bewahren kann, dann ist die Entscheidung für einen »Mix« lobenswert.

Demgegenüber steht die Meinung von Profis im Tiergeschäft. Mischlingswelpen, so wird argumentiert, seien im Hinblick auf Größe, Temperament oder Erziehbarkeit weit weniger berechenbar als Rassehunde, deren Herkunft dokumentiert ist; man laufe also Gefahr, einen Hund zu sich zu holen, der weder zu den eigenen Wünschen noch den Lebensumständen passe. Das ist nicht ganz von der Hand zu weisen: Was mit acht Wochen aussieht wie ein hagerer Terrier-Mix kann sich zu einem Fünfzig-Kilo-Hund auswachsen, der kaum zu halten ist. Die Entscheidung für einen Rassehund, schützt den Halter vor manchen Überraschungen, die für Hund und Mensch gleichermaßen traurig enden können. Und da Mischlinge oft ungewollt und ungeplant zur Welt kommen, besteht eine gewisse Wahrscheinlichkeit, dass die Wel-

New Skete Shepherds
Kundenauskunftsblatt für den Welpenerwerb

AKC Reg.
GSDCA
OFA Cert.

Vielen Dank für Ihr Interesse an unseren Hunden. Wir möchten Sie bitten, uns die folgenden Fragen zu beantworten, damit wir Ihnen einen Welpen aussuchen können, der zu Ihnen passt. Die Informationen werden von uns vertraulich behandelt und nur von den Mönchen verwendet. Vielen Dank für Ihre Mitarbeit.

Name

Adresse

PLZ/Stadt/Land

Telefonnummer (privat)

(beruflich)

Wann kann man Sie am besten erreichen?

Wie sind Sie auf uns aufmerksam geworden?

Möchten Sie einen Welpen ( ) / einen älteren Hund ( )

Weiblich ( ) / Männlich ( ) / Egal ( )

Farbliche Vorlieben
Gelbes Gesicht ( ) / Gelbes Gesicht mit Maske ( ) / Dunkles Gesicht ( )

Vorlieben in Größe und Aussehen?
Groß ( ) / Standard ( ) / Klein ( ) / Langhaarig ( ) / Egal ( )

Zusätzliche Angaben

Wozu möchten Sie einen unserer Hunde erwerben?
(Bitte nur eine Antwort ankreuzen)

Als Begleithund (   ) / Für Schönheitswettbewerbe oder Zucht (   )
Agility, Obedience (   ) / Gebrauchshundeprüfungen (   )

Zusätzliche Angaben

_____

_____

_____

Welchen Eigenschaften dieser Rasse interessieren Sie besonders?

_____

Welche Eigenschaften wollen Sie bei einem Hund auf keinen Fall?

_____

Hatten Sie vorher schon einen Deutschen Schäferhund? /Einen Hund einer anderen Rasse?/ Welche Tiere leben gegenwärtig bei Ihnen zu Hause?

_____

Haben Sie unsere Vertragsbedingungen gelesen?/ Sind Sie entschlossen, sich um Ihren Hund zu kümmern, solange er lebt?

_____

Mussten Sie je einen Hund einschläfern lassen?/ Wenn ja, warum?

_____

Möchten Sie den Hund kastrieren/sterilisieren lassen?

_____

Wenn Sie mit diesem Hund selbst züchten wollen, versprechen Sie, ihn auf Dysplasien untersuchen und röntgen zu lassen und zunächst Rücksprache mit den Mönchen von New Skete zu halten?

_____

Familiäre Angaben:

Sie sind verheiratet/ledig/geschieden

_____

Ihr Alter/ Kinder/ Wie alt?

_____

Beruf(e) der Erwachsenen

_____

Andere Personen im Haushalt, die mit dem Hund in Kontakt kommen/ Wo wird der Hund tagsüber sein?/ Wo wird der Hund nachts sein?

_____

In was für einer Gegend wohnen Sie? (bitte unterstreichen) Stadt/ Vorort/ ländliche Gegend/ Haus/ Wohnung

_____

Zusätzliche Angaben

_____

_____

_____

_____

Haben Sie unsere Bücher zu Hundepflege und -erziehung gelesen?/ Andere Bücher über Hunde?

_____

Bitte nutzen Sie die Rückseite dieses Blattes für weitere Informationen, die uns helfen können, den richtigen Welpen für Sie auszusuchen. Wir würden uns freuen, wenn Sie uns außerdem ein wenig darüber verraten, was Sie von Ihrem neuen Familienmitglied und dem Zusammenleben erwarten. Noch einmal danke. Ihr Interesse freut uns sehr.

pen in den ersten Wochen nicht dieselbe Fürsorge erhalten, mit der Rassehunde bei gewissenhaften Züchtern aufwachsen.

Wer also hat Recht?

Sowohl ein Rassehundwelpe als auch ein Mischling kann der ideale Gefährte werden, sofern bestimmte Elemente vorhanden sind. Wir kennen zu viele großartige Mischlingshunde, um von etwas anderem überzeugt zu sein. Dennoch ist es falsch, pauschal zu behaupten, Mischlinge seien ruhiger oder klüger als ihre reinrassigen Vettern. Natürlich gibt es Mischlinge, die sich als besonders lernfähig und klug erweisen, aber (renommierte!) Züchter können bei Abgabe ihrer Welpen einen Qualitätsstandard garantieren. Ein Welpe kann nur erben, was die Eltern ihm mitgeben, und was bei der Paarung zweier grundverschiedener Rassen herauskommt, lässt sich unmöglich vorhersagen. Gewissenhafte Züchter dagegen versuchen die besten Eigenschaften hervorzuholen, indem sie frühere Würfe analysieren, die Blutlinien vergleichen und Stammbäume veredeln. Das ist ein Grund dafür, warum Organisationen für Blinden-, Rettungs- und Schutzhunde fast ausschließlich reinrassige Tiere einsetzen. Die Chance, einen Hund mit den Fähigkeiten zu finden, die eine solche Ausbildung nötig macht, ist beim Züchter einfach größer.

Wenn Sie sich dennoch für einen Mischling entscheiden, planen Sie bitte unbedingt ein, Ihren Hund zwischen dem sechsten und achten Monat kastrieren zu lassen. Züchten sollten Sie mit ihm ohnehin nicht, und es hat keinen Sinn, ein Risiko einzugehen: Wenn Ihr Hund sich vermehrt, haben Sie es vermutlich schwer, die Welpen unterzubringen.

Vergessen Sie außerdem nicht, dass ein Mischling dieselben Bedürfnisse hat, wie ein Rassehund, und keinesfalls ein zweitklassiges Familienmitglied ist. Er braucht dieselbe Liebe, dieselbe Zuwendung und dieselbe Pflege wie jeder andere Hund auch. Kommen Sie bitte nicht auf die Idee, dass ein Mischling weniger Arbeit macht oder weniger Verantwortung bedeutet, nur weil er preiswerter war, also vermeintlich weniger wert ist. Was für einen Hund Sie letztendlich auch zu sich holen – er ist ein lebendiges Wesen und hat ein Recht auf Respekt und artgerechte Haltung.

Ein Hund vom Tierhändler

Falls Sie sich für einen Rassehund entschieden haben – wo kaufen Sie ihn? Von einem Tierhändler? Die Welpen sind niedlich, wie alle Jungtiere. Sie schauen zu ihren Bewunderern auf, scheinen um ihre Befreiung zu betteln.

Manche Tierhändler geben sich als Züchter aus. Sie sollten aber nie auf einem Parkplatz oder Markt einen Hund kaufen, sondern immer den Züchter zu Hause besuchen.

Auch in Osteuropa kaufen Deutsche immer wieder Billig-Hunde. Mitarbeiter des Vereins »aktion tier« beobachteten, wie allein in Slubice (Polen) an einem Sonntagnachmittag 100 Tiere verkauft wurden – für 30 bis 100 Euro.

Solche Welpen stammen oft aus Massenzuchten, in denen die Tiere in beengten, schmutzigen und trostlosen Verhältnissen zur Welt gebracht werden. Diese Zuchten, die nicht einmal die grundlegenden Gesundheitsstandards erfüllen, befinden sich oft auf Bauernhöfen; das vorherrschende Motiv ist Profit. Reinrassige Hündinnen und Rüden werden in viel zu kleinen Gehegen gehalten und so oft gepaart wie möglich, ohne dass auf Qualität geachtet wird: Zur Zucht verwendet werden auch Tiere, die ängstlich, scheu oder aggressiv sind oder Erbkrankheiten in sich tragen.

Die Welpen selbst müssen die ersten, doch so wichtigen Wochen in verdreckten Gehegen oder Käfigen verbringen. Geimpft wird selten, menschlicher Kontakt findet praktisch nicht statt, und wenn sie mit fünf oder sechs Wochen zum Transport abgeholt werden, verbringen sie manchmal Tage in engen Kisten mit zu wenig Nahrung und Wasser und nur unzureichender medizinischer Versorgung. Bei den Tierhändlern kommen sie häufig dehydriert und vollkommen entkräftet an; nicht selten haben sie sich während des Transports einen Infekt zugezogen. Sie werden notdürftig sauber gemacht und gebürstet, doch die Kraft und die Lebhaftigkeit gesunder Welpen fehlt ihnen. Wenn sie schließlich zum Verkauf angeboten werden, zahlt der Kunde vielleicht einen niedrigeren Preis, den ein Privatzüchter verlangen würde, doch das für einen Hund, der vielleicht krank und vermutlich gestört ist. Obwohl es durchaus vorkommt, dass Tierhändler ihre Welpen von einem verantwortungsbewussten Züchter der Umgebung bekommen, stammen die meisten aus weiter entfernten Gegenden, sodass es fast unmöglich ist ihre Herkunft zurückzuverfolgen.

Auch können die Papiere und Impfbescheinigungen gefälscht sein. Selbst wenn eine Ahnentafel mitgeliefert wird, dürften darin kaum Klassehunde zu finden sein; es handelt sich wahrscheinlich um ein ziemlich wertloses Dokument, das leichtgläubige Kunden beeindrucken soll. Schlimmer noch aber, dass man keine Chance hat, die Eltern, vor allem die Mutter zu sehen. Es ist nicht selten, dass der Kunde ahnungslos einen Hund kauft, bei dem sich über kurz oder lang ernsthafte Gesundheits- oder Verhaltensprobleme herausstellen.

Zum Schluss sollte man sich natürlich auch fragen, wie artgerecht es ist, einen Welpen, fern von der Mutter und den Wurfgeschwistern, ohne Körperkontakt oder stimulierende Reize, die eine halbwegs normale Entwicklung ermöglichen, in einer Art Zwinger auszustellen. So sehr man Mitleid mit den armen Tieren hat: Wollen wir wirklich einen zukünftigen Gefährten von solchen Händlern kaufen? Und wollen Sie solche teils skrupellosen Züchter unterstützen?

Der Welpe aus dem Tierheim

Wir werden oft gefragt, ob es die richtige Entscheidung ist, einen Hund aus dem Tierheim zu »befreien«. Obwohl es sicher löblich und natürlich preiswerter ist, sollten Sie überlegt entscheiden. Allein die Tatsache, dass der Hund im Tierheim ist, impliziert, dass er aus dem einen oder anderen Grund »unerwünscht« war, was wiederum bedeuten kann, dass er zuvor nicht richtig behandelt wurde und seine frühen Erfahrungen nicht so gewesen sind, wie es wünschenswert wäre.

Obwohl in Deutschland die Tiere geimpft werden und eine Wurmkur erhalten, kann eine Ansteckung bereits erfolgt sein, sodass die Impfung vielleicht keine Wirkung mehr zeigt und Sie kurze Zeit nach Einzug des Hundes ein krankes Tier zu pflegen haben.

Dennoch sind dies natürlich keine Regelfälle. Es ist ebenso möglich, dass Sie im Tierheim einen gesunden, fröhlichen Welpen finden, der zu einem wundervollen Begleithund heranwächst. Und die außerdem einem Hund ein Zuhause geben, der es besonders nötig hat.

Beim Züchter

Wahrscheinlich liegt es nach den vorangegangenen Abschnitten auf der Hand, warum wir den respektablen, erfahrenen Züchter als beste Adresse für den Welpenkauf empfehlen, auch wenn es Sie mehr Geld kostet. Abgesehen davon, dass Sie einen garantiert gesunden Hund bekommen, über dessen Temperament Sie sich vorher informieren können, und dazu einen Stammbaum, der mindestens drei Generationen zurückreicht, wird sich ein guter Züchter auch die Zeit nehmen, Ihnen zu erzählen, wie der Welpe in den ersten wichtigen Wochen sozialisiert und gefördert wurde. Er wird Ihnen die Eltern oder wenigsten einen Elternteil vorstellen und beschreiben, wie ähnliche Würfe sich entwickelt haben, sodass Sie eine realistische Vorstellung von dem bekommen, was Sie mit Ihrem zukünftigen Hund erwartet. Gute Züchter sind an den Welpen auch über die achte Woche hinaus interessiert und wollen wahrscheinlich mit Ihnen in Kontakt bleiben, um die Entwicklung des Hundes zu verfolgen. Umgekehrt können auch

Sie sich immer wieder an den Züchter wenden, falls Sie Informationen, Rat oder Hilfe brauchen.

Rüde oder Hündin

In seinem Buch *Wie der Mensch auf den Hund kam* vertritt der berühmte Verhaltensforscher Konrad Lorenz eine gewagte These:

Eine Hündin ist treuer als der männliche Hund, ihr Verstand ausgefeilter, reicher und komplexer als seiner, sie ist im Allgemeinen intelligenter. Ich habe sehr viele Hunde kennengelernt und kann mit Überzeugung behaupten, dass von allen Tieren die Hündin dem Menschen in der Feinheit der Wahrnehmung und der Fähigkeit zu wahrer Freundschaft am nächsten ist.

Wir möchten Sie bitten, diese Aussage nicht einfach pauschal hinzunehmen. Sie ist nicht richtig und klammert auch die unzähligen Abweichungen von den Geschlechtsklischees aus, denn es gibt sie sehr wohl, den liebevollen, sanften Rüden, die aggressive Hündin, den Rüden, der keine Rangkämpfe mag, und die Hündin, die offenbar nichts lieber tut. Natürlich kann man ein paar allgemeine Typ-Unterschiede zwischen den Geschlechtern feststellen, doch sie sind wirklich Verallgemeinerungen und nichts Absolutes. Gerade, wenn es um Welpen geht, hängt das allgemeine Verhalten eher von Ihnen und Ihrem Erziehungsstil ab als von dem Geschlecht des Hundes. Ob Sie sich für ein Männchen oder ein Weibchen entscheiden ist hauptsächlich eine Frage der eigenen Vorliebe.

Natürlich hat jedes Geschlecht seine Vor- und Nachteile. Weibliche Hunde sind kleiner als männliche und gewöhnlich schneller ausgewachsen. Daher – und nicht, weil sie klüger sind – kann man sie schon früher ausbilden. Sie sind zweimal im Jahr für ungefähr drei Wochen

111

läufig und sondern in dieser Zeit einen blutigen Ausfluss ab, der Rüden anzieht. Wenn Sie keinen Welpennachwuchs wünschen, müssen Sie in dieser Phase ihre Hündin besonders im Auge behalten. Um Teppiche oder empfindliche Bodenbeläge vor Blutflecken zu schützen, sollte sich die Hündin in Räumen aufhalten, die leicht zu reinigen sind, oder ein »Höschen« tragen, das es im Tiergeschäft in verschiedenen Größen gibt. Sinnvoller ist es aber, die Hündin zwischen dem sechsten und achten Monat, vor der ersten Läufigkeit, kastrieren oder sterilisieren zu lassen, sofern Sie mit ihr nicht auf Schönheitswettbewerbe gehen oder züchten wollen. Abgesehen von unerwünschten Trächtigkeiten verringern Sie das Risiko von Gebärmutterkrankheiten, und viele Halter berichten von positiven Verhaltensänderungen als Nebeneffekt: Die Hündin sei ruhiger, konzentrierter, gelassener geworden.

Mit dem überschäumenden Temperament und der Selbstsicherheit mancher Rüden sind viele Halter überfordert; wer sich gegen einen dominanten Hund nicht durchsetzt, verliert die Kontrolle über ihn, und das kann bei großen Rassen sogar gefährlich werden. Rüden legen generell etwas mehr Unabhängigkeit an den Tag und brauchen gerade zu Anfang der Erziehung viel Geduld und viel Konsequenz. Obwohl nicht kastrierte Rüden generell eher als Hündinnen zum Streunen und Kämpfen neigen, ist oft Vernachlässigung durch den Halter schuld. Im Allgemeinen ist es deshalb ratsam, einen Rüden kastrieren zu lassen, sofern Sie nicht mit ihm züchten wollen.

Welche Rasse ist die richtige für Sie?

Unter Hundeliebhabern wird gerne und ausgiebig über die »beste« Rasse diskutiert. Jeder hat seine Vorliebe, genau wie jeder seine Vorurteile hat. Natürlich gibt es keine »beste« Rasse. Wir haben heute so viele unterschiedliche Rassen, weil man im Laufe der vergangenen Jahrhunderte durch strenge Auswahl der Tiere mit den jeweils besten Eigenschaften Hunde für die unterschiedlichsten Aufgaben herangezüchtet hat. Daher stehen verschiedene Rassen für verschiedene Qualitäten, und manche sind für bestimmte Lebensbedingungen besser geeignet als andere. Ein Hund, der in einem Vorort bei einer Familie mit Haus und Garten bestens aufgehoben ist, mag nicht der richtige Begleiter für eine alleinstehende Frau sein, deren Mietwohnung im sozialen Brennpunkt liegt. Und während ein sportliches, junge Pärchen seine Freizeit vielleicht nur zu gerne mit ihrem aktiven, energiegeladenen Tier verbringt, wäre derselbe Hund bei dem alten Herrn, der sich eher gesetzt bewegt, wohl fehl am Platz. Welcher Hund sich für Sie eignet, ist immer auch eine Frage Ihre persönlichen Lebensumstände.

Dennoch sollten Sie sich bewusst machen, dass kein Hund exakt den Rassevorgaben entspricht. Auch innerhalb einer Rasse gibt es große Unterschiede in Fähigkeiten und Verhalten. Es ist allerdings wahr, dass von den Nachkommen mancher Blutlinien bestimmte typische Verhaltensweisen erwartet werden können. Denken Sie daran, wenn Sie es mit verschiedenen Züchtern zu tun haben. Jeder gewissenhafte Züchter will seine Welpen gut unterbringen und wird daher nur allzu gerne mit Ihnen über den familiären Hintergrund eines bestimmten Welpen sprechen, um sicherzustellen, dass dieses Tier auch in Ihr Leben passt.

Und obwohl es tatsächlich nicht einfach ist, den richtigen Welpen zu finden, und Ihnen niemand garantieren kann, dass der, für den Sie sich letztlich entscheiden, es denn gewesen ist, können Sie die Wahrscheinlichkeit erhöhen, indem Sie sich vorher zu bestimmten Themen Gedanken machen. Schauen Sie so objektiv wie möglich auf Ihren Alltag. Einen Welpen allein deshalb zu wählen, weil seine Rasse Sie ästhetisch besonders anspricht, reicht nicht aus.

Die folgenden Empfehlungen sollen Ihnen die Auswahl ein wenig erleichtern und das Risiko der falschen Entscheidung minimieren.

Persönlichkeit

Was für ein Mensch sind Sie? Mit was für Leuten leben Sie zusammen? Jeder Mensch hat seine Eigenarten, und die Entscheidung für einen Hund sollte immer Hand in Hand mit einem möglichst objektiven Blick auf den eigenen Charakter gehen. Ein Zusammenleben funktioniert nur dann, wenn man zueinander passt, und die dauerhaftesten Beziehungen haben wir mit solchen Menschen, deren Persönlichkeit mit unserer harmonieren oder sie ergänzen. Bei Hunden ist das nicht anders. Und unsere Vorliebe für die eine oder andere Rasse wird zu einem guten Teil davon beeinflusst, wie wir sind. Die eigene Persönlichkeit mit einem Vertreter einer besonderen Rasse zu vergleichen, ist der Königsweg für die Wahl des Welpen. Ein ruhiger, eher zurückhaltender Mensch wird einen aufgeregten, energiegeladenen Terrier vielleicht zu anstrengend finden. Und ein zärtlicher Mensch, der Hautkontakt mag, sollte eine Rasse wählen, die für ihre Schmusebereitschaft bekannt ist.

Stellen Sie sich einfach ein paar grundlegende Fragen. Sind Sie extrovertiert oder introvertiert? Immer in Bewegung oder gelassen und entspannt? Verfolgen Sie eisern Ihre Ziele oder lassen Sie gerne Fünf gerade sein? Sind Sie reserviert oder impulsiv?

Wenn Sie sich diese und die Fragen, die sich daraus ergeben, stellen, machen Sie sich bitte klar, dass es weder ideale Antworten noch höherwertige Persönlichkeiten gibt. Wir alle sind Individuen mit einzigartigen Talenten und Charakteren. Aber da es unter Menschen wie unter Hunden Tendenzen in der Persönlichkeit gibt, die sich sehr stark voneinander unterscheiden, erleichtert es das Zusammenleben sehr, zumindest in bestimmten grundlegenden Zügen übereinzustimmen.

Lebensstil

Wie viel Zeit können Sie mit Ihrem Welpen verbringen? Was immer Sie für einen Lebensstil haben, er folgt einer gewissen Routine. Der Welpe, den Sie zu sich nehmen, muss sich diesem Lebensstil anpassen, aber er wird ihn auch dramatisch verändern und Sie dazu zwingen, andere Prioritäten zu setzen und sich seinen Bedürfnissen anzupassen. Sind Sie flexibel genug dazu?

Möglicherweise sind Ihre Lebensumstände ungünstig für eine Hundehaltung. Falls Sie und Ihr Partner engagierte Umweltanwälte sind, zehn Stunden pro Tag im Büro und im Gericht arbeiten und in der Freizeit Protestaktionen von Greenpeace aktiv unterstützen, dann ist das überaus lobenswert und wahrscheinlich sehr befriedigend und erfüllend, aber für einen jungen Hund gänzlich unpassend. Was tut der Welpe, wenn Sie nicht da sind? Wer kümmert sich um ihn?

Hunde sind – anders beispielsweise als Katzen oder Fische – sehr gesellige Lebewesen, die bei Isolation und Kontaktarmut verkümmern. Zehn Stunden täglich im Haus eingesperrt zu sein oder einsam im Garten zu verbringen, ist kein Leben für einen Hund. Obwohl ein großer eingezäunter Garten, in dem der Hund sich frei bewegen kann, eine ideale Voraussetzung ist, entbindet er den Halter nicht davon, sich mit dem Tier zu beschäftigen und spazieren zu gehen.

Gehen Sie als Halter davon aus, dass Sie Ihren Hund mindestens dreimal am Tag ausführen müssen (jedes Mal möglichst dreißig Minuten lang).

Außerdem brauchen Sie ungefähr eine Stunde für Fütterung und Spiel, eine viertel bis halbe Stunde täglich für die Trainingseinheit und die Zeit, die der Hund für Fellpflege benötigt, die aber von Rasse zu Rasse unterschiedlich ist. Kämmen und Bürsten kann bei langhaarigen Hunden bis zu einer halben Stunde täglich in Anspruch nehmen. Können Sie das in Ihren Alltag integrieren? Und während eine Person, die täglich läuft, den Hund mitnehmen und ihm so genug Bewegung

115

verschaffen kann, gestaltet sich das für einen weniger aktiven Menschen vielleicht schwierig.

Die meisten Hunde müssen jeden Tag eine Zeit lang allein sein, und das stellt auch kein Problem dar, wenn es sich um wenige Stunden an einem Stück handelt. Sind Sie aber grundsätzlich zehn Stunden am Tag außer Haus, sollten Sie wenigstens jemanden haben oder engagieren, der Ihren Hund mittags zu einem ausgedehnten Spaziergang abholt. In den meisten Städten gibt es solche professionellen Dienste, aber häufig verdienen sich auch manche Leute gern etwas hinzu, indem sie sich um Ihren Hund kümmern. Sofern Sie wissen, dass sie zuverlässig und vertrauensvoll sind, ist das eine wunderbare Lösung für alle, kommt das für Sie aber keinesfalls in Frage, sollten Sie ernsthaft darüber nachdenken, ob Sie sich wirklich einen Hund anschaffen wollen. Hunde, die den größten Teil der Zeit allein sind, vertreiben sich ihre Langeweile, indem sie sich über Möbel, Teppiche, Tapeten und anderes hermachen.

Wenn Sie Familie haben, wird der Hund wahrscheinlich seltener allein sein müssen und viel Aufmerksamkeit bekommen, aber Sie sollten sich auch hier möglicher Schwierigkeiten bewusst sein. Unsere Erfahrung hat uns gezeigt, dass die meisten Kinder unter vierzehn nicht in der Lage sind, die volle Verantwortung für ein Tier zu tragen, selbst wenn es offiziell ihnen gehört. Gewöhnlich ist es Mama, die den größten Teil der täglichen Pflichten übernimmt. Daher sollten Eltern ihren Kindern den Wunsch nach einem Familienhund nur dann erfüllen, wenn sie selbst Hundeliebhaber sind. In keinem Fall sollten Sie vergessen, den Kindern vorher klarzumachen, was auf jeden einzelnen zukommt, wenn es Ihnen ernst ist mit dem eigenen Hund.

Ein Blick auf die eigenen Vorlieben bei der Freizeitgestaltung kann Ihnen ebenfalls dabei helfen, bestimmte Rassen auszuschließen oder zu bevorzugen. Wenn Sie gerne Freunde einladen und Feste feiern, ist es sinnvoll eine Rasse zu wählen, die für Gutmütigkeit, Geselligkeit und Selbstvertrauen bekannt ist. Eine solche Rasse sollte es auch sein, wenn Sie kleine Kinder haben, die Spielkameraden mit nach Hause bringen.

Ein befreundetes Ehepaar wollte einen Hund als Gesellschaft und Begleitung für die Frau, da der Mann beruflich sehr oft auf Reisen war. Weil sie außerdem in einer Gegend mit viel Kriminalität wohnten, suchten sie einen Hund einer Rasse, die häufig zum Schutz eingesetzt wird und als loyal und gut auszubilden gilt. Am Schluss wählten sie einen Akita und sind mit ihrer Wahl bis heute sehr zufrieden.

Es gibt unzählige mögliche Umstände, aber die grundlegende Entscheidungshilfe ist simpel und immer gleich. Fragen Sie sich, wie Sie leben, und engen Sie Ihre Suche auf die Rassen ein, die mit Ihrem Alltag und Ihrem Freizeitverhalten kompatibel sind.

Umgebung

Wo wohnen Sie? In der Stadt, in einem Vorort, auf dem Land? Oder pendeln Sie vielleicht? Wo halten Sie sich den größten Teil des Tages auf, und wo wird der Hund sein? Prüfen Sie genau, welche Möglichkeiten Ihre Umgebung für Spaziergänge, Trainingseinheiten und die tägliche Hundepflege bietet. Es gibt zwar keine idealen Bedingungen, um einen Welpen großzuziehen, da jede Umgebung ihre eigenen Vor- und Nachteile hat, aber Sie müssen sich klarmachen, wie sich die Gegend, in der Sie wohnen, auf Erziehung, Entwicklung und Verhalten Ihres Welpen auswirken wird. Alle Hunde brauchen täglich ein gewisses Maß an Bewegung, unabhängig von Jahreszeit und Wetter, und je nach Rasse müssen Sie viel Zeit dafür aufwenden. Wählen Sie keine Rasse, deren Bewegungsdrang die Möglichkeiten, die Ihre Umgebung bietet, überschreitet. Viele Verhaltensstörungen bei Hunden können auf einen Überschuss an Energie zurückgeführt werden. Wenn ein sehr aktiver Hund keine Möglichkeit hat, sich seinem Wesen entsprechend zu bewegen, wird er seine Energie durch destruktive

Verhaltensweisen, Aggressionen, exzessives Bellen und so weiter ganz »natürlich« abbauen.

Viele kleine Rassen sind ideal für das Stadtleben, da es leichter ist, ihr Bewegungsbedürfnis zu befriedigen: Durch eine kürzere Schrittlänge muss selbst der Halter eines sehr aktiven kleinen Hundes vielleicht statt sechs Kilometer nur einen einzigen gehen und kann so mit weniger zeitlichem Aufwand ein Übermaß an Energie abarbeiten.

Aber auch hier ist natürlich nichts in Stein gemeißelt. Ihre unmittelbare Wohnumgebung muss nicht automatisch festlegen, welche Größe Ihr zukünftiger Hund haben kann. Wir kennen viele Leute, die mit ihrem Dobermann, Schäferhund oder dem Rottweiler sehr zufrieden in der City wohnen, weil sie die Möglichkeit haben, ihrem Tier jeden Tag das nötige Maß an Bewegung zu verschaffen. Einmal haben wir mit einem jungen Mann aus New York gearbeitet, der einen Magyar Vizsla besaß, einen Hund, der durch seinen starken Bewegungsdrang eigentlich keinerlei Voraussetzungen für das Stadtleben besitzt. Diese Beziehung funktionierte jedoch wunderbar. Der Mann war ein passionierter Jogger, der mit seinem Hund morgens sieben Kilometer und am Nachmittag vier lief. Außerdem war er selbstständig und konnte den Hund stets zur Arbeit mitnehmen, und am Wochenende kümmerte er sich zusätzlich intensiv um Ausbildung und Training. Da die Grundbedürfnisse erfüllt wurden, konnte der Hund sich in allen anderen Bereichen problemlos an die für ihn andernfalls ungünstigen Bedingungen anpassen.

In die Überlegung mit einfließen sollte auch der Platz, den Sie zum Wohnen haben. Leben Sie in einem Reihenhaus, einer Wohnung, einem Ein-Zimmer-Appartement oder einem Landhaus? Haben Sie die Möglichkeit, einen Hof oder einen Garten einzuzäunen, sodass der Hund darin spielen kann? Und denken Sie an Ihre Nachbarn – werden sie sich über Gebell aufregen? Falls ja, interessieren Sie sich für Rassen, die nicht dazu neigen, unaufhörlich Laut zu geben.

Beengter Wohnraum ist in jedem Fall ungeeignet für große, massige Rassen, und manche Hunde entwickeln Neurosen, wenn sie

118

gezwungen sind, sich daran anzupassen. Wir kannten einmal eine junge Frau, die mit Dänischen Doggen aufgewachsen war, und als sie von zu Hause weg zog, nahm sie einen Welpen zu sich. Hulk, wie sie ihn nannte, kam als fröhliches, fünfzehn Kilo schweres Fellbündel zu ihr. Vier Monate später wog er bereits fünfunddreißig Kilo, ohne dass ein Ende abzusehen gewesen wäre. In der winzigen Wohnung allein gelassen, wenn seine Halterin bei der Arbeit war, entwickelte Hulk ein extrem destruktives Verhalten, sodass die Frau ihn schließlich viele Stunden täglich in die Hundebox sperren musste. Wenn Hulk dann endlich freikam, dachte er gar nicht daran, seiner Halterin zu gehorchen, was die Spaziergänge zu einer Qual machten und die beiden immer stärker isolierten. Der Hund wurde zunehmend aggressiv. Auslauf hatte er nur auf einer kleinen Hundewiese, die einige Blocks von der Wohnung entfernt lag, und bald nur noch spät abends, wenn keine Gefahr mehr bestand, dort auf andere Hunde mit ihren Besitzern zu stoßen.

Die junge Frau musste sich irgendwann eingestehen, dass sie Hulk nicht behalten konnte. Zum Glück brachte sie ihn auf dem Land bei einem Ehepaar unter, das genug Platz und Erfahrung mit Doggen hatte. Mit viel Geduld und Konsequenz und einem strikten Ausbildungsplan wurde aus Hulk ein glücklicher Begleithund, den man problemlos mitnehmen konnte. Doch viele Hunde haben ein solches Glück nicht.

Machen Sie Ihre Hausaufgaben

Falls Sie nun den Eindruck gewonnen haben, den passenden Hund zu finden sei eine komplizierte und schier unmögliche Aufgabe, dann möchten wir Ihnen versichern, dass es allein eine Sache der Einstellung ist. Es kann sehr viel Spaß machen und zu einem Gemeinschaftsunternehmen der Menschen werden, mit denen Sie zusammenleben – sei es nun Ihre ganze Familie oder nur Ihr Partner. Inzwischen haben

Sie vielleicht schon eine Vorstellung davon, welche Rasse es sein soll. Falls nicht, brauchen Sie vielleicht etwas mehr Informationen, um die Möglichkeiten noch weiter einzuengen.

Gehen Sie zum Beispiel in Ihre Buchhandlung. Auch öffentliche Bibliotheken haben einiges an Literatur über Hunde zu bieten. Nehmen Sie sich zuerst ein Lexikon, das die Rassen mit Bild kurz und prägnant vorstellt. Auch im Internet findet man – sowohl in aller Kürze als auch sehr ausführlich – Informationen zu einzelnen Rassen, und obwohl die Autoren in ihrer Einschätzung nicht immer übereinstimmen, sollten Sie nach ausgiebiger Lektüre doch eine recht genau Vorstellung davon haben, ob eine bestimmte Rasse Ihnen sympathisch ist und darüber hinaus zu Ihnen passt. Überprüfen Sie das, was Sie herausgefunden haben, anhand realer Erfahrungen: Sehen Sie sich die Hunde an.

Sie könnten zum Beispiel zu einer Hundeausstellung gehen, am besten zu einer, die für alle Rassen offen ist. Daraus kann man einen großartigen Familienausflug machen, da solche Ereignisse meistens an Wochenenden stattfinden. Adressen und Termine findet man in der Lokalzeitung, in Hundeclubs oder im Internet. Bei einer solchen Show können Sie die Hunde nicht nur live beobachten, sondern auch mit den Haltern sprechen. Und trauen Sie sich ruhig: Hundebesitzer lieben es, von ihrer Rasse schwärmen zu können, jammern aber auch gerne über die Schwächen. Sie lernen also viel und können bereits Kontakte zu Züchtern knüpfen, von denen Sie vielleicht später Ihren Welpen holen.

Zu guter Letzt sind auch Tierärzte und Hundetrainer eine hervorragende Informationsquelle für die Rasse, die Sie am meisten interessiert. Außerdem können sie Ihnen Adressen von Züchtern geben, denen sie vertrauen und die sie als gewissenhaft kennengelernt haben. Wenn Sie vorher anrufen und einen Termin machen, nehmen sie sich sicher die Zeit, Ihnen bei Ihrer Entscheidung zu helfen.

8. KAPITEL

Der geeignete Züchter

Wenn Sie sich für eine bestimmte Rasse entschieden haben, überstürzen Sie nichts. Lassen Sie auch bei der Wahl des richtigen Züchters Zeit. Einen Welpen zu erwerben erfordert ein hohes Maß an Vertrauen, daher ist es sinnvoll, sich an einen Züchter zu wenden, der einen makellosen Ruf hat. Fragen Sie Ihren Tierarzt und bitten Sie beim jeweiligen Verband der Hunderasse um eine Liste der renommierten Züchter in Ihrer Nähe.

Seien Sie ruhig wählerisch. Bevor Sie sich für einen Züchter entscheiden, besuchen Sie mehrere und vergleichen Sie die Hunde, die Unterbringung und die Eindrücke, die die verschiedenen Einrichtungen auf Sie machen. Erwarten Sie nicht, die Welpen anfassen zu dürfen, denn gewissenhafte Züchter nehmen die Gefahr der Krankheitsübertragung, solange die Welpen noch keine Grundimmunisierung haben, sehr ernst. Beobachten Sie die Hunde, fragen Sie den Züchter, wie die Tiere bisher aufgewachsen und sozialisiert worden sind. Gesunde Welpen sind in der Regel neugierig und lebhaft, das Fell glänzt, die Augen sind klar. Wenn Ihnen der Zwinger schmutzig vorkommt, seien Sie lieber misstrauisch. Die Qualität einer Zucht steht und fällt mit der Hygiene, und verdreckte Gehege oder Zwinger haben meistens einen schlechten Gesundheitszustand der Welpen und Anfälligkeit für Hundekrankheiten wie Parvovirose oder Kokzidiose zur Folge. Außerdem können daraus Verhaltensstörungen wie Koprophagie und Probleme bei der Stubenreinheit entstehen.

Renommierte Züchter können mit einer sauberen Einrichtung, gesunden Welpen und gut geratenen, ausgeglichenen Zuchttieren aufwarten. Diese Züchter kennen sich mit der Rasse und deren Problemen aus und werden nur Tiere zur Zucht verwenden, die frei von Hüftgelenksbeschwerden sind. Ziemlich sicher sind sie Mitglied im jeweiligen Verband der Rasse und treten vermutlich auch bei Wettbewerben und Prüfungen auf. Sie werden Ihnen zugestehen, den Welpen zurückzugeben, wenn die tierärztliche Untersuchung ein schwerwiegendes Gesundheitsproblem zu Tage fördert (meistens innerhalb achtundvierzig Stunden nach Erwerb). Das Recht, ein Tier auch noch nach einem Jahr zurückgeben zu können, falls sich herausstellt, dass es zum Beispiel an Hüftdysplasie leidet, hat eher symbolischen Wert – wer würde sich dann noch von seinem Hund trennen wollen?

Vor allem aber werden sich gute Züchter für *Sie* interessieren und ihre Welpen nicht einfach irgendeinem Kunden überlassen. Sie wollen, dass es den Tieren, die sie gezüchtet haben, gut geht, und werden sich daher die Zeit nehmen, dem zukünftigen Halter den richtigen Welpen zuzuordnen, indem sie Sie bitten, Fragebögen auszufüllen, und sich nach Ihren Lebensumständen erkundigen. Immer häufiger ziehen die Züchter es vor, die Welpen selbst auszusuchen, als sich auf die Wahl des Kunden zu verlassen, da diese sich im Nachhinein nicht selten als falsch herausstellt; ein unerfahrener zukünftiger Halter legt oft übermäßig emotionale Maßstäbe zugrunde. Der Züchter ist objektiver, hat die nötige Erfahrung und weiß um die Entwicklung seiner Rassewelpen. Vertrauen Sie ihm.

Einen Welpen von einem Züchter zu kaufen, ist nicht einfach eine geschäftliche Transaktion. Der Hund, den Sie mit nach Hause nehmen, ist ein lebendes Wesen, das einen starken Einfluss auf Ihr zukünftiges Dasein haben wird. Wenn Sie einen Züchter finden, der dem oben beschriebenen Profil entspricht, sind die Chancen, einen Welpen zu bekommen, mit dem Sie glücklich leben und arbeiten können, sehr groß.

9. KAPITEL

Bevor der Hund einzieht

Selbst wenn Sie einen vertrauenerweckenden Züchter gefunden haben, müssen Sie eventuell noch warten, bevor Sie endlich »Ihren« Welpen mit nach Hause nehmen können. Oft sind die Welpen, die sie bei Besuchen sehen können, schon anderen versprochen, sodass erst einer aus einem zukünftigen Wurf für Sie in Frage kommt. Aber das ist ganz gut so. Sie können die Zeit für Vorbereitungen nutzen. Lassen Sie sich vom Züchter ein Buch über die Rasse sowie über Hundepflege und Erziehung empfehlen, aber sehen Sie sich auch andere an, denn durch verschiedene Ansätze erhält man verschiedene Erkenntnisse, und kein Buch kann allgemeingültig sein.

Während der Wartezeit können Sie sich auch nach Welpenspielgruppen und Hundeschulen in ihrer Nähe umsehen und vielleicht eine Stunde als Beobachter teilnehmen, um sich ein Bild davon zu machen, wie eine solche Schulung abläuft. Ohne die Ablenkung durch den eigenen Hund sieht man den anderen Haltern und dem Trainer intensiver zu und kann viel lernen. Beim Gehorsamstraining können Sie außerdem beobachten, wozu gewissenhaftes Training führen kann: Einen gut ausgebildeten Hund bei der Arbeit zu sehen, ist eine Freude, und man bekommt automatisch Lust, mit dem eigenen Hund auch ein so gut eingespieltes Team zu bilden. Gehen Sie und schauen Sie es sich an. Es ist alles andere als langweilig.

Präliminarien

Wenn der Züchter Ihnen mitteilt, dass Sie Ihren Welpen bald abholen können, sollten Sie auch zu Hause ein paar Vorbereitungen treffen. Sammeln Sie Ihre Familie um sich und besprechen Sie, wer in Zukunft welche Aufgaben übernimmt. Sorgen Sie dafür, dass jedem klar ist, wie mit dem Tier umgegangen werden muss und wer die Entscheidungen trifft, denn die wichtigsten Faktoren in einem möglichst reibungslosen Gewöhnungsprozess sind Klarheit, Eindeutigkeit und Konsequenz. Für das kleine Tier ist es wie ein Schock, plötzlich von den Wurfgeschwistern und der vertrauten Umgebung getrennt zu sein, und widersprüchliche Signale von verschiedenen Familienmitgliedern fügen dem Stress nur weiteren hinzu. Vermeiden Sie Verwirrung, indem alle am gleichen Strang ziehen, und zeigen Sie dem Welpen von Anfang an, was er erwarten darf.

Stellen Sie dazu ein paar Grundregeln auf: Wie oft am Tag wird das Tier gefüttert, wie oft darf es hinaus, wann sind Spielzeiten? Wer tut was? Wo kann das Tier sich erleichtern? Wo bleibt es, wenn es niemand im Auge behalten kann? Wo schläft es? Am besten sind solche Fragen bereits geklärt, wenn der Welpe nach Hause kommt.

Wenn Sie kleine Kinder haben, müssen Sie sie unbedingt auf das richtige Verhalten vorbereiten. Kinder neigen dazu, sich auf kleine, niedliche Tiere zu stürzen, als seien es Stofftiere, was dem Welpen nur noch mehr Stress verursacht. Erklären Sie Ihren Kindern, dass der Hund ein paar Tage braucht, um sich an sein neues Zuhause zu gewöhnen, und sie sich daher bitte in seiner Nähe so ruhig und freundlich wie möglich benehmen sollten.

Holen Sie den Welpen am besten in Ihrer Urlaubzeit nach Hause. So ist gewährleistet, dass er anfangs möglichst wenig allein sein muss. Die meisten Welpen ziehen kurz vor oder mitten in der Angstphase (achte bis zehnte Woche) ins neue Zuhause ein, und das ist auch die Phase, in der sich zwischen Mensch und Hund ganz natürlich eine enge Bindung entwickelt. Nutzen Sie diese Zeit und lassen Sie Ihren Welpen anfangs keinesfalls lange allein, denn das führt fast unweigerlich zu Verhaltensproblemen.

Der Name

Am besten entscheiden Sie sich für einen Namen, bevor das Tier bei Ihnen zu Hause eintrifft. Es macht Spaß, sich einen Namen auszudenken, und Sie können die ganze Familie mit einbeziehen. Dennoch sollten Sie die Entscheidung mit dem nötigen Ernst angehen, denn der Name ist wesentlich für die Kommunikation mit Ihrem Hund. Darüber hinaus unterstreicht ein Name nicht nur die Individualität des Hundes, sondern beeinflusst auch, wie Sie Ihren Gefährten betrachten.

Denken Sie ausgiebig darüber nach. Viele Leute machen sich bei der Namenswahl nicht klar, dass Hunde eben keine Menschen sind. Ein Hund begreift einen Namen nicht auf die Art, wie wir es tun. Weder identifiziert er sich damit, noch überträgt er die Bedeutung auf sich selbst. Er erkennt die Lautfolge des Namens, den wir für ihn aussuchen ausschließlich als Signal, dass er uns Aufmerksamkeit widmen sollte, da er gelernt hat, dass dieser Lautfolge etwas folgt, das ihn betrifft. Ein Hund urteilt nicht über seinen Namen. Poetische Qualitäten, Bedeutungen und psychologische Assoziationen sind nur für uns wichtig, aber auch ein äußerer Hinweis auf unsere mentale und emotionale Verbindung mit und zu dem Hund.

Statt Menschennamen für den Hund zu wählen, sollten wir etwas aussuchen, dass dem Hund seine Würde lässt. Andernfalls kann es schnell passieren, dass Sie Ihr Tier vermenschlichen und übersehen, dass es andere Bedürfnisse hat.

Die wichtigste Regel ist die der leichten Aussprache: Günstig sind zweisilbige Namen, die mit einem Vokal enden (zum Beispiel Anka, Nero, Lucky etc.), da ein Welpe sie leicht unterscheiden kann. Ein einfach zu verstehender Name hilft dem Tier, sich auf Sie einzustellen, und ist für die Erziehung absolut notwendig.

Selbstverständlich sollten Sie Namen meiden, die sich auf Befehle reimen oder ähnlich klingen, und mehr als drei Silben führen nur zu Verwirrung, weil sie sehr deutlich und manchmal mehrmals ausgesprochen werden müssen, damit der Hund weiß, dass er reagieren muss – ausgesprochen unpraktisch, wenn Sie ihn aus weiter Ferne zurückrufen wollen. Außerdem sind wir der festen Meinung, dass man Hunden komische oder ausgesprochen niedliche Namen ersparen sollte. Hunde haben ein erstaunliches Gespür für menschliche Stimmungen. Sie merken, wenn man sich über sie lustig macht oder übermäßig sentimental reagiert. Ein Name, der in Ihren Ohren gut klingt, vom Hund gut verstanden wird und möglichst wenig emotionalen Ballast mit sich trägt, kommt Ihrer Beziehung zu dem Hund zugute.

Was Sie brauchen

Obwohl Sie der Versuchung widerstehen sollten, in Zoohandlungen zu stürmen und ein Vermögen für die Ausrüstung Ihres Welpen auszugeben, müssen Sie ein paar Dinge im Haus haben, bevor Sie den Welpen holen. Warten Sie nicht, bis der Welpe eingezogen ist, denn diese Gegenstände brauchen Sie sofort.

Näpfe

Wir empfehlen Näpfe, die nicht umkippen können und entweder aus schwerer Keramik oder rostfreiem Stahl sind. Hüten Sie sich vor billigen Plastik- oder Metallschüsseln; Welpen lieben es, an allem die Zähne auszuprobieren, und die Näpfe können splittern und das Tier verletzen. Für große Hunde gibt es Näpfe, die in einem höhenverstellbaren Ständer eingehängt werden.

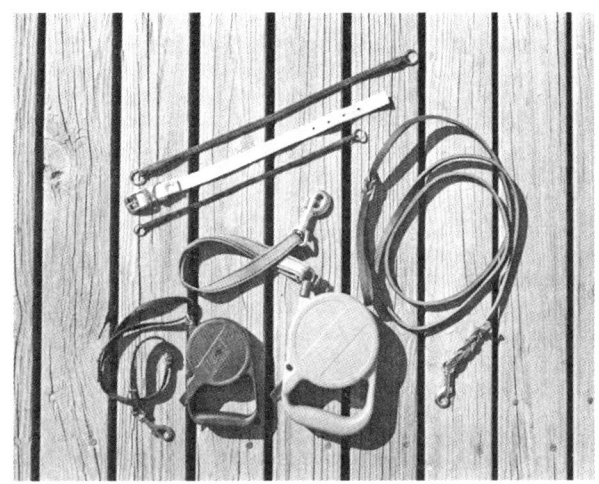

Für die Erstausstattung Ihres Welpen. Im Bild zu sehen sind zwei Trainingshalsbänder, ein flaches Halsband, eine geflochtene Leine und zwei Flexi-Leinen in unterschiedlichen Längen.

Halsband und Leine

Die meisten Welpen wachsen rasant. Mittlere bis große Hunde wachsen bis zum Alter von einem Jahr aus zwei bis drei Halsbandgrößen heraus, also geben Sie dafür anfangs lieber nicht zu viel Geld aus. Wir empfehlen zwei Halsbänder: ein flaches oder rundes Lederhalsband für die notwendigen Hundemarken (Steuer- und Impfmarke, sowie eine Identifikationsplakette, falls der Hund verloren geht) und ein geflochtenes Trainingshalsband aus Kunststoff, das man dem Hund einfach über den Kopf streifen kann. Wir ziehen Kunststoffhalsbänder vor, weil sie sanfter zum Hundehals sind und weiter oben liegen. Für Welpen sind leichte Leinen ideal. Das Tier kann sich behutsam daran gewöhnen, und sie sind relativ preiswert. Zum Training empfehlen wir geflochtene Leinen, deren Breite von der Größe des erwachsenen Hundes abhängt.

127

Pflegeutensilien

Selbstverständlich hängt die Wahl der richtigen Utensilien unmittelbar mit der Rasse Ihres Welpen zusammen. Fragen Sie Ihren Züchter, welche Sie brauchen werden. Im Wesentlichen wird es sich um eine Bürste, einen Kamm, einen Striegel, mit dem die Unterwolle herausgeholt werden kann (unverzichtbar für jeden Halter von Deutschen Schäferhunden), eine Krallenschere und Ohrenpflegemittel handeln.

Hundebox oder Metallkäfig?

Wir sind der festen Überzeugung, dass Hundeboxen vor allem in der Anfangszeit mit Ihrem Hund ausgesprochen nützliche Hilfen sind. Sie bieten dem Welpen einen höhlenartigen Schutz und unterstützen zum Beispiel die Erziehung zur Stubenreinheit, weil sie den Widerwillen des Tieres, das eigene Nest zu beschmutzen, ausnutzen. Außerdem sind sie für den sicheren Transport im Auto unverzichtbar, da sie verhindern, dass sich der Welpe bei abrupten Bremsmanövern verletzt. Wir empfehlen Kunststoffboxen, wie sie auch in Flugzeugen eingesetzt werden, oder aber Hundekäfige, die für Vans oder Kombis entworfen wurden. Sie sind leicht und können zur Reinigung in verschiedene Teile zerlegt werden. Da diese Kisten aber teuer sind, sollten Sie von Anfang an eine kaufen, in die Ihr Hund auch noch passt, wenn er ausgewachsen ist.

Desinfektionsmittel und Reiniger

Wenn Sie Ihren Hund zur Sauberkeit erziehen, wird es garantiert das eine oder andere »Malheur« geben. Da Welpen dazu neigen, zum Tatort zurückzukehren, muss die Stelle so gereinigt werden, dass kein Geruch zurückbleibt. Dazu benutzen Sie am besten einen Geruchsvernichter, der nicht nur überdeckt, sondern neutralisiert.

Spielzeug

Jeder Welpe braucht ein paar Spielzeuge gegen eventuelle Langeweile und um das Kaubedürfnis zu stillen. Wir geben unseren Kleinen meistens einen Kauknochen, einen Ball und einen Kauring.

Nützliche, zusätzliche Gegenstände

Die folgenden Artikel sind nicht unbedingt notwendig, aber oft recht nützlich:

- Flexi-Leine. Eine rückholbare Leine mit großer Reichweite. Gute Hilfe für das Leinentraining.
- Hundebett. Diese Kissen oder Körbchen geben dem Hund das Gefühl der Sicherheit. Achten Sie darauf, dass der Bezug abnehm- und waschbar und strapazierfähig ist.
- Falttörchen oder Absperrgitter. Das Gitter sollte stabil, aber nicht aus Holz sein (lässt sich zernagen) und so enge Latten haben, dass der Welpe den Kopf nicht hindurch stecken und sich einklemmen kann.

Bevor sie Hundefutter auf Vorrat kaufen, sollten Sie mit dem Züchter oder dem Tierarzt sprechen. Ein qualitativ hochwertiges Futter ist wesentlich für die Entwicklung Ihres Welpen, und es zahlt sich aus, sich von Profis beraten zu lassen. Mehr über die Ernährung von Welpen in Kapitel siebzehn.

10. KAPITEL

Ein neuer Anfang

In my beginning is my end
- T. S. Eliot, *Four Quartets*

Der Tag, an dem man einen Welpen zu sich holt, ist immer etwas Besonderes. Es ist ein Tag der Erwartungen und Aufregung, gefüllt mit Träumen, Möglichkeiten, Hoffnungen und Vorsätzen. Welpen schaffen es, sogar die seriösesten Erwachsenen zu spontanen Äußerungen kindlicher Freude zu bewegen, und es gibt wohl niemanden, der sich ihrem Charme entziehen kann. Ein Welpe berührt etwas in unserem Inneren, und manch einer lässt sich von blindem Enthusiasmus davontragen, obwohl er sehr gut weiß, dass der Zauber schon allzu bald dem Alltag weichen wird.

Und so geschieht es auch. Wenn der Enthusiasmus nicht durch Wissen und Verständnis gestützt wird, kann er sich angesichts ganz normaler Alltagsprobleme leicht in Nichts auflösen. Sobald der Reiz des Neuen vorüber ist und der Welpe sich als Familienmitglied ins tägliche Leben einfügen muss, zeigt sich, mit welcher Arbeit und Mühe diese Beziehung einhergeht. Manchmal kommen reuevolle Gedanken auf. Manchmal verliert der Halter das Interesse.

Unter all der Freude und den überschäumenden Gefühlen, die mit dem Welpen Einzug halten, muss ein Verantwortungsgefühl liegen, das in der Realität wurzelt. Einen Welpen aufzunehmen – ihn zu »adoptieren« – bedeutet, ihn ins eigene Leben, in die Familie zu integrieren, und eine gesunde Beziehung aufzubauen, dauert und kostet Mühe und Hingabe – vor allem ganz am Anfang. Mit dem Tag, an dem Sie den Welpen zu sich holen, beginnt eine neue Phase in seinem Leben. Wie er sich entwickelt, hängt zum großen Teil von Ihnen ab. Der Welpe untersteht jetzt nicht mehr der Verantwortung seiner Mutter oder des Züchters. Seit heute ist er Ihr Welpe, ein neues Familienmitglied, und Sie sind Elternersatz, Rudelführer, Gefährte, Gesellschaft – und sein bester Freund.

Falls sich das in Ihren Ohren sentimental oder idealistisch anhört, dann denken Sie einmal genauer darüber nach. Hunde und Hundeartige gehören zu der geselligsten Spezies im Tierreich. Ein Wolfswelpe wird automatisch in sein Rudel integriert, aber Ihr Welpe hat diese Möglichkeit nicht. Stattdessen passt er sich an, indem er sich mit Ihnen und den Menschen, die in Ihrem Haushalt leben, verbündet und sie als Rudelmitglieder betrachtet. Nun ist es an Ihnen, Ihrem Welpen den ihm zustehenden Platz innerhalb dieses gemischten Rudels zuzuweisen, und dieser Prozess beginnt in dem Augenblick, in dem Sie ihn zu sich holen.

Wie wir bereits mehrfach gesehen haben, baut der Welpe auf den Erfahrungen auf, die er bereits gemacht hat, und das ist in den ersten Tagen, die er bei Ihnen zu Hause ist, nicht anders. Wenn Sie vorausdenken und –planen und sich die Zeit nehmen, dem Welpen den Übergang vom Zwinger in Ihr Zuhause so problemlos wie möglich zu gestalten, dann stehen die Chancen gut, dass er ein gutes Benehmen entwickelt, das seinen Charakter prägt. Umgekehrt trifft es natürlich ebenfalls zu. Zu viel Stress, schlampige Erziehungsversuche zur Stubenreinheit und falsch verstandene Tierliebe oder Bestrafungen – um nur ein paar Aspekte anzusprechen – können zu ernsthaften Problemen führen und enden wahrscheinlich in einem gestörten Mensch-Hund-Verhältnis. Da man annehmen kann, dass der Hund die nächsten zehn bis fünfzehn Jahre Teil Ihres Lebens sein wird, ist es nur klug, ein wenig Zeit und Energie in diese ersten Tage zu investieren. So schaffen sie eine gesunde Basis, auf der sowohl Sie als auch der Hund aufbauen können.

Sehen wir uns diese ersten Tage genauer an. Oberstes Gebot in dieser Zeit: Minimieren Sie den Stress und bieten Sie dem Welpen einen sicheren Rahmen, indem Sie einen unaufgeregten Tagesrhythmus einhalten. Da auf ihn und auf Sie so viele neue Dinge einstürmen, helfen einige simple Regeln, Ordnung in eine wahrscheinlich recht chaotische Zeit zu bringen. Die folgenden Empfehlungen erleichtern Ihnen hoffentlich den Start.

Beim Züchter

Wählen Sie den Zeitpunkt, zu dem Sie den Hund nach Hause holen, so, dass wenigstens die erste Woche immer jemand bei ihm sein kann. Dazu müssen Sie möglicherweise ein paar Tage Urlaub opfern, aber das ist es wert. Sprechen Sie mit dem Züchter und vereinbaren Sie, dass Sie den Hund am Morgen eines langen Wochenendes oder des ersten Urlaubstags abholen. So verbringt er viel Zeit mit Ihnen und gewöhnt sich schneller an Sie und das neue Zuhause.

Bitten Sie den Züchter, den Welpen an diesem Morgen nicht zu füttern und zu tränken. Die meisten werden es ohnehin nicht tun, aber vergewissern Sie sich einfach. Das Fasten schadet dem Hund nicht, vermindert aber das Risiko, dass ihm im Auto schlecht wird und er sich auf dem Weg zu Ihnen übergeben muss. Wir raten außerdem, das Tier mit mindestens noch einem anderen Erwachsenen abzuholen, da es schwierig ist, zu fahren und den Welpen gleichzeitig zu beobachten. Falls Sie eine lange Fahrt vor sich haben, ist vielleicht eine Transportbox sinnvoll, aber in diesem Fall sollte der Welpe bereits ein paar Tage vorher beim Züchter daran gewöhnt worden sein.

Verbringen Sie zunächst ein wenig Zeit mit Ihrem neuen Hund. Setzen Sie sich auf den Boden oder gehen Sie in die Hocke und beschäftigen Sie sich mit ihm. Wir lassen unsere Kunden stets ein Viertelstündchen mit ihrem Hund spielen, damit sich die anfängliche Aufregung legen kann. Das macht es nachher einfacher, die Formalitäten zu erledigen.

Frischgebackene Hundehalter haben immer unzählige Fragen. Machen Sie sich vorher eine Liste, damit Sie nichts Wesentliches vergessen. Neben den besonderen Fragen zu den ersten Wochen des Hundes und seiner Persönlichkeit sollten Sie außerdem in Erfahrung bringen, wie Ihr Tier beim Welpentest abgeschnitten hat. Die Ergebnisse helfen Ihnen beim richtigen Umgang mit diesem besonderen Hund und verringern das Risiko, durch falsche Erwartungen folgenschwere Fehler zu machen.

Lassen Sie sich den Impfpass und die Bescheinigung geben, dass der Hund gesund ist, entwurmt wurde und erste Impfungen erhalten hat. Falls Ihr Welpe reinrassig ist, bekommen Sie außerdem eine Abstammungsurkunde.

Selbst wenn Sie bereits ein bestimmtes Hundefutter für Ihren Welpen im Sinn haben, ist es immer am besten, wenigstens für die nächsten paar Tage das weiterzufüttern, was der Züchter gegeben hat und nur schrittweise auf das Neue umzusteigen. Ein plötzlicher Futterwechsel steigert den Stress für den Hund und kann zu Durchfall oder Appetitlosigkeit führen. Falls Sie umsteigen wollen, bitten Sie den Züchter, Ihnen etwas von dem Futter zu verkaufen, um den Hund langsam umzugewöhnen.

Die Fahrt nach Hause

Machen Sie die Fahrt zum neuen Zuhause des Welpen so entspannt und unaufgeregt wie möglich. Falls Sie keine Hundebox einsetzen wollen, decken Sie für den Fall, dass der Hund sich übergeben muss, Ihren Schoß oder die Beifahrersitzfläche mit einem Handtuch ab. Lassen Sie den Hund entweder neben sich oder auf Ihrem Schoß liegen und berühren Sie ihn sanft mit der Hand. Schmusen Sie nicht mit ihm, vor allem dann nicht, wenn er zu winseln beginnt, denn das würde das Winseln zur Erregung von Aufmerksamkeit nur verstärken. Dass der Hund ein wenig weint, ist zu erwarten; wenn es zu viel wird, setzen Sie ihn in den Fußraum, da die Vibration oft einen beruhigenden Effekt hat. Bestrafen Sie den Hund keinesfalls, wenn er winselt oder sich übergeben muss. Halten Sie auf der Fahrt mehrmals an, damit er sich die Beine vertreten kann, aber halten Sie sich unbedingt von Stellen fern, an die viele Hunde kommen, da Ihr Welpe noch nicht ausreichend immunisiert ist und sich ansteckende Krankheit zuziehen kann.

Willkommen zu Hause

Wenn Sie zu Hause angekommen sind, bringen Sie den Welpen zunächst zu der Stelle, die Sie als »Hundetoilette« vorgesehen haben. Normalerweise wird der Hund sich nach einer längeren Autofahrt erleichtern müssen, und wenn er das tut, sollten Sie ihn sofort begeistert loben. Bringen Sie ihn anschließend ins Haus und erlauben Sie ihm, umherzugehen und sich alles anzusehen. Beobachten Sie ihn dabei und wundern Sie sich nicht, wenn er zuerst etwas desorientiert wirkt. Selbst der forscheste Welpe erlebt eine fremde Umgebung ohne seine Wurfgeschwister anfangs als beängstigend oder verwirrend. Bleiben Sie ruhig, damit Sie Zuversicht ausstrahlen und geben Sie dem Welpen Zeit.

Falls das Tier während seiner Erkundungsreise an etwas kauen möchte, das nicht dazu gedacht ist, lenken Sie seine Aufmerksamkeit auf ein quietschendes Spielzeug oder einen Kauknochen. Bestrafen Sie den Hund auf keinen Fall! Falls der Welpe kein Interesse an dem Kauknochen hat, locken Sie ihn mit Gesten zum Spielen – zum Beispiel, indem Sie auffordernd klatschen oder die flache Hand über den Boden reiben. Wenn er beginnt, Ihnen durchs Haus zu folgen, ermutigen Sie ihn! Klopfen Sie sich aufs Bein oder rasseln Sie mit dem Schlüssel, wenn der Welpe schon daran gewöhnt ist. Rufen Sie seinen Namen und loben Sie ihn, wenn er mit Ihnen kommt und sich die verschiedenen Zimmer ansieht.

In den ersten Tagen sollten Sie immer, wenn der Welpe seine Aufmerksamkeit auf Sie richtet, indem er Ihnen folgt oder Sie einfach nur ansieht, begeistert seinen Namen sagen und den Augenkontakt halten. So lernt er, auf den Namen zu reagieren, während Sie eine vertrauensvolle Atmosphäre erzeugen und ihm gleichzeitig auf freundliche Art deutlich machen, dass Sie der Anführer sind. Versuchen Sie, eine solche Lektion stets damit zu beenden, dass Sie in die Hocke gehen und mit dem Welpen spielen.

Sorgen Sie dafür, dass der Welpe sich mit seiner neuen Umgebung und allen Lebewesen, die dazu gehören, in aller Ruhe und ganz ungezwungen vertraut machen kann. Auch die Beziehung zu Ihnen festigt sich schrittweise. Gerade in den ersten Tagen sollten möglichst keine Besucher kommen, auch wenn Ihre Freunde und Bekannten neugierig auf den Familienzuwachs sind. Warten Sie mit der Vorstellung Ihres Welpen, bis Sie sicher sind, dass er sich ausreichend an die neue Umgebung gewöhnt hat, was nach ungefähr zwei bis drei Tagen passiert ist. Anschließend können Sie anfangen, dem Hund weitere wichtige Sozialisationserfahrungen zu verschaffen, aber dazu kommen wir später noch.

Normalerweise mag ein Welpe nichts fressen, wenn er in sein neues Zuhause kommt, da alles noch zu neu, zu fremd für ihn ist. Warten Sie ein paar Stunden mit der Fütterung, bis sich alles ein wenig gesetzt hat. Bieten Sie ihm anschließend etwas an, und wenn er gefressen hat, bringen Sie ihn hinaus und warten Sie, bis er sich gelöst hat. Welpen tun dies in der Regel sofort nach dem Fressen, nach dem Aufwachen (selbst bei kurzen Nickerchen), heftigem Spiel und längeren Kauaktivitäten. Falls zehn bis fünfzehn Minuten vergehen, ohne dass der Welpe sich erleichtert hat, bringen Sie ihn hinein und versuchen Sie es ein paar Minuten später wieder. Wiederholen Sie dieses Vorgehen

So hält man einen Welpen, ohne ihm wehzutun.

solange wie nötig. Loben Sie ihn, wenn er fertig ist und bringen Sie ihn wieder hinein. Nun sollte er bereit für ein Nickerchen sein.

Welpen brauchen viel Schlaf und sollten mehrere Nickerchen über den Tag verteilt machen. Suchen Sie ihm einen Platz, wo er sicher ist, wenn niemand ihn im Auge haben kann, ohne dass Sie ihn dazu isolieren müssen. Normalerweise ist die Küche der geeignete Ort dafür, da sie sich meistens leicht mit einem Gitter abtrennen lässt und der Hund sich hier bewegen kann, ohne etwas anzustellen. Sorgen Sie dafür, dass der Bereich welpensicher ist und nichts herumliegt, was der Hund zernagen kann – Stromkabel, Schuhe, Holzobjekte etc. Wir empfehlen außerdem, dem Hund eine Transportbox zugänglich zu machen, in die er sich während des Tages wie in eine Höhle zurückziehen kann. In den ersten Tagen der Sauberkeitserziehung, wie wir sie im nächsten Kapitel beschreiben, wird sich der Hund in der Kiste oder dem sicheren Bereich aufhalten. Lassen Sie die Boxentür während des ersten Schläfchens offen (Sie können es festbinden, damit die Tür nicht zufällt, wenn der Welpe versehentlich dagegen stößt), und legen Sie eine Decke oder ein Fellimitat in die Kiste. Welpen suchen sich meist instinktiv und ganz von allein den Schutz einer höhlenartigen Umgebung. Machen Sie sich keine Sorgen, falls der Welpe am Anfang zu winseln beginnt, wenn er sich in der geschlossenen Kiste befindet; warten Sie, dass er einschläft und sehen Sie hin und wieder nach ihm. Sobald er aufwacht, bringen Sie ihn hinaus, damit er sich erleichtern kann.

Während der ersten Tage werden Sie den Welpen öfter hochnehmen müssen. Ganz junge Welpen sind selten durch den Züchter an eine Leine gewöhnt worden, und das dauert ein paar Tage. Obwohl Sie den Welpen ermutigen sollten, selbst zu laufen, wann immer es geht, ist es möglich, dass er Hilfe braucht – zum Beispiel beim Treppensteigen. Nehmen Sie den Hund immer mit beiden Händen hoch. Legen Sie ihm eine Hand zwischen den Vorderbeinen auf die Brust, die andere ans Hinterteil. So kann der Hund sich nicht frei strampeln und befindet sich im Gleichgewicht. Nehmen Sie einen Welpen *niemals* nur an den Vorderbeinen (Sie könnten sie auskugeln) oder am Nackenfell hoch. Manchmal versuchen Welpen, Aufmerksamkeit zu erregen, indem sie sich winselnd ihrem Halter nähern. Reagieren Sie, indem Sie ihn ab und zu hochheben und kurz streicheln, wobei Sie Augenkontakt aufnehmen. Dadurch bestätigen Sie auf positive Weise Ihren höheren Rang im Rudel und festigen gleichzeitig die Bindung zu Ihrem Hund.

Die erste Nacht

Die erste Nacht, die der Welpe fern von seinen Wurfgeschwistern verbringt, ist oft traumatisch – sowohl für das Tier als auch für den Halter. Der Welpe winselt und jault, muss immer wieder hinaus und kommt genauso wenig zur Ruhe wie der Halter, der verständlicherweise bald zermürbt ist. Angesichts einer so üblen Nacht ist die Versuchung groß, den Welpen in der nächsten einfach irgendwo wegzusperren und den Konsequenzen erst am nächsten Morgen ins Auge zu sehen. Aber wir hoffen sehr, dass Sie das nicht tun werden. Denn natürlich fühlt sich Ihr Welpe dann noch einsamer, und wahrscheinlich wird es ihm in Zukunft umso schwerer fallen, allein zu bleiben.

Vielleicht hilft es Ihnen zu wissen, dass der Welpe vollkommen normal reagiert, wenn er in der ersten Nacht ohne sein vertrautes Rudel Angst bekommt. In der Wildnis *muss* ein Welpe, der vom Rudel getrennt ist, mit lautem Winseln, Heulen oder Bellen nach seinen Rudelgenossen rufen, denn auf sich allein gestellt hat er kaum eine Chance. Das Winseln ist also ein Instinkt, und dieser Instinkt lebt in Ihrem Welpen fort.

Die beste Methode, das nächtliche Drama in Grenzen zu halten, ist unserer Meinung nach, den Welpen zu sich ins Schlafzimmer zu holen und angebunden auf einer alten Decke neben dem Bett schlafen zu lassen. Warten Sie mit der Transportbox noch; Ihr Welpe ist noch nicht daran gewöhnt und wird wahrscheinlich scharren, sich drehen und wenden und andere Geräusche machen, und im Augenblick geht es uns nur darum, dass der Welpe in Ihrer Nähe ist und sich nicht ganz so einsam fühlt. Bringen Sie ihn, bevor Sie ins Bett gehen, hinaus, damit er sein Geschäft erledigen und noch ein wenig herumlaufen kann. Geben Sie ihm eine Chance, müde zu werden. Wenn Sie dann so weit sind, machen Sie die Leine am Bett fest und setzen Sie den Hund auf eine Decke oder ein altes Laken direkt neben sich auf den Boden. Damit schlagen sie zwei Fliegen mit einer Klappe: Zum einen stärkt es die Bindung des Welpen an Sie als neues Rudel; seit einigen Stunden hört und riecht der Welpe Sie und akzeptiert immer mehr die Sicherheit Ihrer Führerschaft, die für ihn gleichzeitig Fürsorge ist. Zum anderen hindert es den Welpen daran, in der Nacht leise aufzustehen, sich ein paar Schritte zu entfernen und sich außerhalb seines »Nestes« zu lösen. Denn wie wir bereits erklärt haben: Gewöhnlich beschmutzen Welpen ihren Schlafplatz nicht.

Es ist ganz normal, dass der Welpe in der Nacht zu winseln beginnt. Wenn er das tut, strecken Sie einfach den Arm aus und beruhigen Sie ihn ohne großes Getue. Falls das Tierchen gar nicht aufhört, ist es vielleicht nötig, ihn sanft am Nackenfell zu nehmen und »Nein, schlaf« zu sagen (im Kapitel 16 sprechen wir eingehender darüber). Holen Sie den Welpen *nicht* ins Bett, auch wenn es schwer fällt. Er würde sich schnell daran gewöhnen, was zu einer Reihe von Verhaltensproblemen führen könnte. Falls der Hund einige Stunden still gewesen ist, nun aber zu winseln beginnt, muss er wahrscheinlich hinaus. Stehen Sie auf und bleiben Sie gelassen. Vielleicht wird es ein paar Tage dauern, bis nachts wieder Ruhe einkehrt.

Sobald Sie morgens aufwachen, sollten Sie sich anziehen und den Welpen hinausbringen. Lassen Sie ihm Zeit: Welpen »müssen« am Morgen manchmal mehrmals hintereinander. Loben Sie ihn anschließend überschwänglich und kehren Sie dann mit ihm ins Haus zurück.

Der Tierarztbesuch

Ein Hund muss regelmäßig untersucht und geimpft und im Laufe seines Lebens wahrscheinlich das eine oder andere Mal wegen einer Krankheit oder einer Verletzung behandelt werden. Kurz: Irgendwann ist ein Besuch beim Tierarzt notwendig, und wie der Hund das erste Mal erlebt, hinterlässt oft einen bleibenden Eindruck und prägt sein Verhalten bei den folgenden Besuchen. Ein erster Tierarztbesuch, der traumatisch verläuft, macht auch den nächsten angstbesetzt und kann ein Verhaltensmuster einführen, das jeden Gang zum Veterinär zur Qual werden lässt. Eins der häufigsten Verhaltensprobleme, mit denen die Hundehalter zu uns kommen, ist das Benehmen der Hunde beim Tierarzt. Und dies hat seine Ursprünge oft in der Welpenzeit.

Umgehen Sie diese Probleme, in dem Sie den ersten Besuch so angenehm und ungezwungen wie möglich gestalten. Machen Sie einen Termin mit dem Arzt Ihrer Wahl für den Tag, nach dem Sie das Tier abgeholt haben, damit er es gründlich untersuchen und die eventuelle Impfungen verabreichen kann. Fragen Sie, ob Sie gleich zu Beginn der Sprechstunde kommen dürfen, da es keine gute Idee ist, im Wartezimmer mit anderen, vielleicht kranken Tieren zu sitzen. Denken Sie daran: Ihr Welpe hat die Grundimmunisierung noch nicht erhalten und steckt sich im Augenblick extrem leicht an. Fragen Sie bei der Anmeldung, ob Sie eine frische Stuhlprobe (im Plastikbecher) mitbringen sollen, die der Arzt auf Parasiten untersuchen kann.

Sorgen Sie für eine entspannte und fröhliche Atmosphäre. Loben Sie Ihren Welpen, während er untersucht wird und ganz besonders nachher. Reagieren Sie nicht allzu mitfühlend, wenn Ihr Welpe nervös oder ängstlich wird, da Sie ein solches Verhalten damit nur verstärken würden. Versuchen Sie ihn lieber mit spielerischen Gesten *abzulenken*. Ihr Welpe soll diese Erfahrung mit schönen, angenehmen Dingen verbinden.

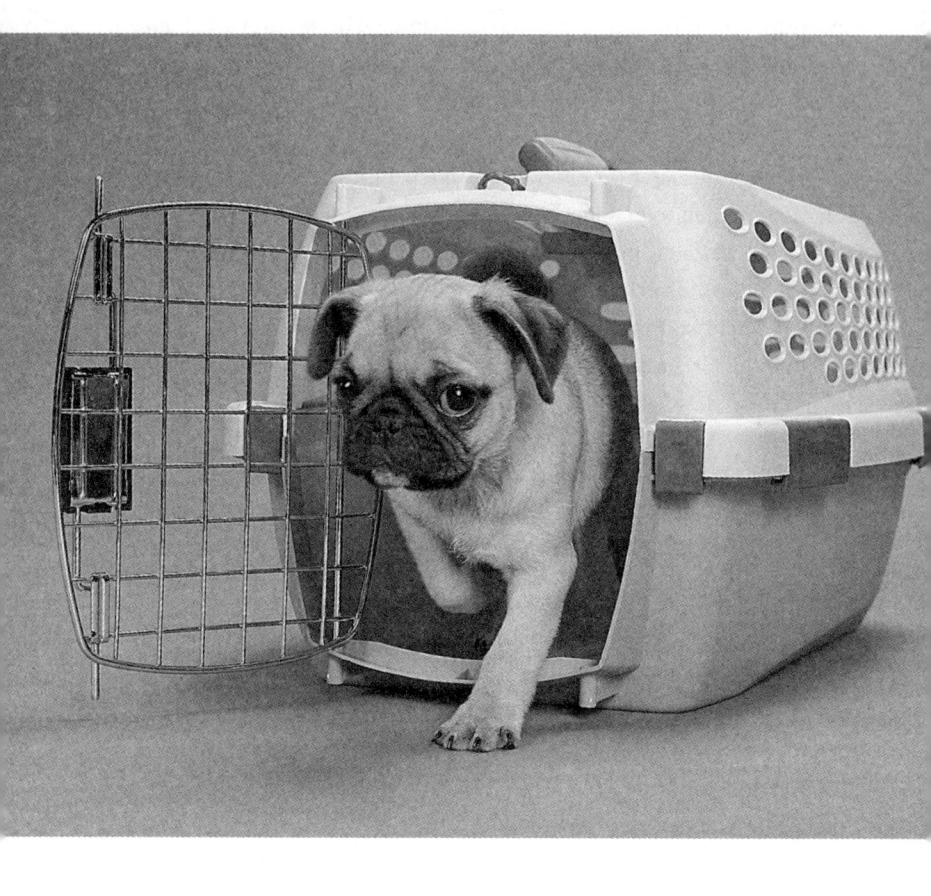

11. KAPITEL

Stubenreinheit und erste Übungen

In den ersten Tagen haben Sie nichts Dringenderes zu tun, als den Welpen zur Stubenreinheit zu erziehen. Ein Hund, der nicht weiß, wo er sein Geschäft erledigen darf, wird Ihnen Sorgen bereiten. Traurig, aber wahr: Jedes Jahr werden mehr Hunde wegen Problemen bei der Stubenreinheit ausgesetzt als aus anderen Gründen. Machen Sie sich keine Illusionen: Die Reinheitserziehung Ihres Hundes bildet eine der Säulen, die eine gesunde Mensch-Hund-Beziehung tragen, und es liegt in Ihrer Verantwortung, ihm das gute und richtige Benehmen von Anfang an beizubringen.

Zum Glück hat der Hund Instinkte, die die Sauberkeitserziehung zu einer recht geradlinigen Angelegenheit machen, wenn Sie Verständnis und das Basiswissen haben. Welpen, die die ersten Lebenswochen artgerecht gehalten worden sind, halten ihren Schlafplatz gewöhnlich sauber. Wie wir schon gesehen haben, entfernen sie sich einige Schritte von ihrem Nest und markieren diese Plätze, zu denen sie dann immer wieder zurückkehren. Die Ausscheidungen der Hunde enthalten außerdem bestimmte Duftstoffe, die sogenannten Pheromone. Wenn Hunde, die die Stelle wieder aufsuchen, diese Pheromone wittern, wird ein Reflex ausgelöst, der sie dazu bringt, sich erneut dort zu erleichtern. Neben dem körperlichen Bedürfnis erfüllt dieses Verhalten noch einen anderen Zweck: Der Hund steckt mittels Duftmarken sein Revier ab und kommuniziert auf diese Art mit anderen Hunden, die in dieses Gebiet kommen. Erschnuppert also ein Welpe die eigene Duftmarke, markiert er erneut und gewöhnt sich an, dieselbe Stelle immer wieder dazu zu benutzen, um sich zu lösen.

Das Wissen um diesen Vorgang erlaubt es uns, die Sauberkeitserziehung artgerecht zu gestalten, da wir die Instinkte des Welpen nutzen. Erfolgreiche Sauberkeitserziehung hängt im Übrigen auch von der richtigen Ernährung und Ihrer Aufmerksamkeit ab. Mit den folgenden Richtlinien und Empfehlungen gelingt es, einen acht bis zehn Wochen alten Welpen in ein bis drei Wochen stubenrein zu machen und ihn auf die Zeit vorzubreiten, die er allein zu Hause verbringt.

Training mit der Transportbox

Wir können die Hundebox zur Reinlichkeitserziehung im Besonderen und im Alltag des Welpen nur empfehlen! Obwohl viele unsere Kunden anfangs entsetzt sind, dass wir die kleinen Welpen » so herzlos in eine enge Kiste sperren«, ändern sie ihre Meinung immer, wenn sie die Box aus der Perspektive des Hundes betrachten.

Hundeartige sind Höhlentiere: In der Wildnis suchen sie sich instinktiv Rast- und Ruheplätze, die geschützt und sicher sind. Deswegen liegen Familienhunde auch gerne unter dem Esstisch, unter Betten oder in dunklen Schränken: Sie folgen einfach nur ihrem Instinkt.

Mit einer Transportbox bieten Sie dem Hund eine eigene Höhle an und können sich den Trieb, das eigene Nest nicht zu beschmutzen, zunutze machen. Ein Welpe, der eine bestimmte Zeit in einer Transportbox verbringt, lernt, sich zurückzuhalten, bis Sie ihn herauslassen. Wenn Sie dies konsequent einige Tage hintereinander durchführen, hilft es Ihrem Welpen, sich an einen Rhythmus zu gewöhnen.

Die Box hat noch andere Vorteile. Sie hindert den jungen Hund daran, Unsinn anzustellen, wenn Sie ihn nicht im Auge behalten können, zumal er nur an den Gegenständen nagen kann, die Sie ihm in die Box legen. Außerdem ist Ihr Hund auf Reisen in einer Box am sichersten: Im Auto verhindert sie, dass ihr Hund bei plötzlichen Bremsmanövern durch den Innenraum fliegt, in anderen Verkehrsmitteln

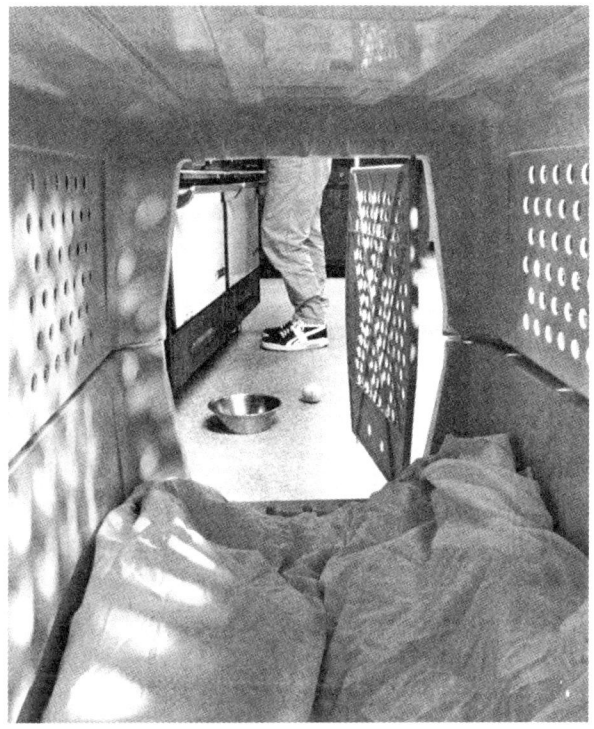

Versuchen Sie, die Transportbox aus der Sicht Ihres Hundes zu sehen. Für ihn ist die Kiste eine geschützte, behagliche Höhle.

(Flugzeug) ist eine solche Box Pflicht. Außerdem ist ein Hund auf Reisen froh über eine sichere Rückzugsmöglichkeit, die ihm vertraut ist.

Gewöhnung an die Box

Wie mit allen Neuerungen in der Welpenzeit, sollte das Tier behutsam und schrittweise an die Box gewöhnt werden. Tun Sie alles Menschenmögliche, um diese erste Erfahrung positiv zu machen. Beginnen Sie,

Ein Welpe, den man behutsam an eine Transportbox gewöhnt,
fühlt sich darin sehr wohl.

indem Sie eine alte Decke auf den Boden der Kiste legen. *Zwingen Sie einen Welpen niemals hineinzugehen, um dann die Tür zu schließen und ihn allein zu lassen.* Erlauben Sie ihm stattdessen, die Box und die Umgebung in aller Ruhe zu beschnüffeln und zu erforschen. Legen Sie, wenn der Welpe zusieht, ein paar Bröckchen Trockenfutter in die Kiste. Wenn er nun hineingeht, um sich die Leckerchen zu holen, loben Sie ihn überschwänglich. Falls nicht, nehmen Sie ihn behutsam auf und setzten Sie ihn hinein, ohne die Tür zu schließen. Streicheln Sie das Tier, falls es nervös oder ängstlich wirkt. Nun rufen Sie den Welpen wieder heraus und loben ihn, wenn er kommt. Machen Sie das ein paar Mal hintereinander. Sofern Ihr Welpe keine Anzeichen von Furcht oder Irritation zeigt, können Sie nun das Türchen für ungefähr eine Minute schließen. Beenden Sie diese erste Übungsstunde mit viel Lob.

Füttern Sie Ihren Welpen das nächste Mal in der Box: Locken Sie ihn mit der Futterschüssel hinein und schließen Sie die Tür. Es kann sein, dass der Welpe zu winseln oder zu bellen beginnt, sobald er gefressen hat, und in diesem Fall klopfen Sie mit der flachen Hand an die Tür und sagen mit tiefer Stimme »Nein!«. Ist der Welpe fünf Minuten still, öffnen Sie die Tür und bringen ihn hinaus, damit er sein Geschäft erledigen kann.

Wenn Sie merken, dass der Welpe sich in der Box wohl fühlt, können Sie die Zeit, die er sich darin aufhält, verlängern. Setzen Sie ihn in die Box, wann immer Sie ihn nicht im Auge behalten können, wenn er ein Nickerchen machen soll oder solange Sie ihn zur Stubenreinheit erziehen, denn während der Zeit in der Kiste wird er sich zurückhalten.

Achten Sie aber unbedingt darauf, die Kiste weder zu oft noch für eine zu lange Zeitspanne einzusetzen. Ihr Welpe sollte nicht darin wohnen; er lebt mit *Ihnen* zusammen und braucht *Ihre* Gesellschaft.

Ein regelmäßiger Zeitplan

Hunde sind Gewohnheitstiere und passen sich sehr schnell an eine Routine an. Werden Sie ein Pedant, was den Zeitplan Ihres Welpen betrifft. Wenn Sie direkt zu Anfang feste Fütterungs-, Tränk- und Ausgehzeiten festlegen, können Sie bald vorhersagen, wann das Tier hinaus muss, wodurch einige »Unfälle« vermieden werden.

Am Morgen bringen Sie Ihren Welpen sofort hinaus. Lassen Sie ihn niemals allein, selbst wenn Ihr Garten eingezäunt ist. Wenn Sie dabei sind, können Sie dafür sorgen, dass der Hund immer an dieselbe Stelle geht, und ihn sofort dafür loben. Gehen Sie immer durch dieselbe Tür und dieselbe Strecke und lassen Sie die ersten Monate jeden Tag etwas Stuhl zurück, damit der Hund den Geruch intensiver wahrnimmt. Beobachten Sie ihn genau, während er schnuppert und sich umsieht. Wenn Sie erkennen, dass er sich hinhockt, sagen Sie leise ein Wort oder einen kurzen Satz (wie »Mach!« oder »Beeil dich!«). Wiederholen Sie es mehrmals und hören Sie nicht auf, bis der Welpe tatsächlich sein Geschäft erledigt. Wenn er es tut, wechseln Sie *ruhig* zum Lob über, bis er fertig ist.

Welpen müssen oft mehrmals hintereinander, wenn sie gerade erst aufgewacht sind, also lassen Sie Ihrem Hund Zeit, bevor Sie ihn ins Haus zurückbringen. Wenn Sie sicher sind, dass der Hund fertig ist, loben Sie ihn wieder. Folgen Sie diesem Muster jedes Mal, wenn Sie den Hund hinauslassen, und vergessen Sie den Befehl und das Lob nicht. Nach fünfzig bis fünfundsiebzig Gelegenheiten richtig platzierter Aufforderungen und anschließendem Lob wird ihr Welpe Blase oder Darm auf das auslösende Wort hin entleeren. Das ist eine großartige Hilfe bei der Stubenreinheit und erspart Ihnen so manche lange Wartezeit in ungemütlichem Wetter.

Der Futterplan

Geben Sie Ihrem Welpen zunächst dreimal täglich Futter, und zwar immer zur selben Zeit. Ideal sind 7 Uhr, 12 Uhr und spätestens 17 Uhr, damit Ihr Hund anschließend genug Zeit hat, sich zu entleeren, bevor der Haushalt sich zur Ruhe begibt. Halten Sie sich an drei Mahlzeiten in ungefähr diesem Abstand, bis Sie auf zwei umsteigen, was zwischen der vierzehnten und achtzehnten Lebenswoche passieren sollte.

Es ist wichtig, dem Hund eine ausgewogene, qualitativ hohe Welpennahrung zu füttern. Lassen Sie Supermarktfutter, Billigmarken und semifeuchtes, in Portionen abgepacktes Futter liegen, es enthält meist zu viel Zucker. Eine unausgewogene Ernährung kann das Wachstum hemmen und Durchfall bewirken. Bücher zur Hundeerziehung vernachlässigen nur allzu häufig den Aspekt der richtigen Ernährung bei der Sauberkeitserziehung. Ein Welpe mit flüssigem Stuhl oder Verstopfung kann kein detailliertes Programm zur Stubenreinheit absolvieren, also nehmen Sie sich die Zeit, ein Produkt zu suchen, das Ihrem Hund das bietet, was er braucht. Fragen Sie den Züchter oder den Tierarzt sowohl nach Marken als auch nach Mengen und lesen Sie für weitere Informationen das Kapitel 17.

Wir empfehlen, den Hund in der Transportbox zu füttern. Neben dem Vorteil einer weiteren positiven Assoziation kann der Hund ungestört fressen und wird nicht abgelenkt. Außerdem verhindert es, dass er sich sofort nach dem Fressen erleichtert. Lassen Sie dem Hund eine Viertelstunde Zeit, bieten Sie ihm Wasser an und bringen Sie ihn anschließend hinaus zu seiner »Toilette«.

Beispiel für einen Zeitplan zur Sauberkeitserziehung

6.30 Uhr	Aufstehen
	Welpe darf kurz hinaus
7.00 Uhr	Futter- und Wasserangebot
	Spaziergang
	Zuhause kurze Spielzeit
	Hund geht in seine Box
Vormittag	Spaziergang
	Danach bleibt Hund 15 Minuten bei Halter
	Welpe kehrt in die Box zurück
12 bis 13 Uhr	Futter und Wasser
	Spaziergang
	Welpe kehrt in die Box zurück
Nachmittag	Wasser
	Spaziergang
	Welpe kehrt in die Box zurück
17.00 Uhr	Dritte Mahlzeit und Wasser
	Spaziergang
	Hund darf in der Küche spielen, während das Abendessen zubereitet wird
19.00 Uhr	Kurzer Spaziergang
	Rückkehr und Spielzeit
	Welpe kehrt in die Box zurück
Vor dem Schlafengehen	Spaziergang
	Welpe schläft in der Box oder angeleint im Schlafzimmer.

Nachdem der Hund sein Geschäft erledigt hat, sollten Sie sich immer ein wenig Zeit nehmen, um im Haus mit ihm zu spielen. Da Ihr Welpe sich gerade erleichtert hat, können Sie sich entspannt mit ihm beschäftigen, ohne fürchten zu müssen, dass ein »Unglück« geschieht.

Achten Sie während der Trainingsphase darauf, den Welpen alle eineinhalb Stunden zu seinem Platz draußen zu bringen. Bieten Sie ihm vorher immer Wasser an. Wenn Sie sich an diesen Zeitplan halten, werden Sie bald feststellen, dass der Hund sich für immer längere Zeit zurückhalten kann. Es versteht sich von selbst, dass diese Zeit für Hund und Halter sehr viel entspannter ist, wenn Sie sich für die Eingewöhnungszeit mit dem Hund ein paar Tage Urlaub genommen haben.

»Unfälle« kommen vor

Dass es zu dem einen oder anderen Malheur kommt, ist unvermeidlich. Wie achtsam Sie auch sein mögen, wie genau Sie auf Warnsignale achten, in der ersten Woche bei Ihnen zu Hause wird es mit Sicherheit passieren und wahrscheinlich nicht nur einmal. Wenn es geschieht, müssen Sie unbedingt richtig reagieren, und richtig heißt, dass es dem Alter des Welpen entspricht.

Einer der Fehler, die neue Halter am häufigsten begehen, besteht darin, den Welpen für ein Malheur, das bereits geschehen ist, zu bestrafen. Welpen leben gänzlich in der Gegenwart. Sie können sich nicht erinnern, sich im Haus erleichtert zu haben, und wenn man sie anschließend dafür zur Rechenschaft zieht, verstehen sie die Welt nicht mehr. Und da Sie den Welpen weder verwirren, noch Ihre Beziehung zu ihm stören wollen, ist es sinnvoll, ihn entweder in der Transportbox oder in einem abgesperrten Bereich zu halten oder aber immer in seiner Nähe zu bleiben. Lassen Sie ihn nicht unbeobachtet durchs Haus wandern. Strafen, auf die ganze Generationen geschworen haben – den Welpen mit der Nase in die Pfütze zu stupsen, ihn zum Tatort zurückzubringen und zu schlagen oder in seinem eigenen Dreck liegen zu lassen, wenn er sein Bett oder seine Box beschmutzt hat – sind *absolut* ungeeignet, um mit dieser Situation umzugehen. Solche schrecklichen

Methoden führen nur dazu, dass der Welpe Verhaltensstörungen entwickelt und sich vor Ihnen fürchtet.

Damit eine Maßnahme die erwünschte Wirkung hat, müssen Sie den Welpen auf frischer Tat ertappen. Sobald Sie sehen, dass er sich hinhockt, rufen Sie laut »Nein!« oder »Stopp!«, damit er sich erschreckt, packen kurz das Nackenfell, nehmen ihn auf den Arm und bringen ihn rasch hinaus zu seiner Stelle. Nun warten Sie darauf, dass er sich erleichtert und gehen wieder genauso vor, wie zuvor beschrieben. Die meisten Welpen hören mit dem, was sie tun, auf, wenn sie sich erschrecken. Falls Ihr Welpe ein bisschen mehr benötigt, werfen Sie einen Schlüsselbund oder eine Blechdose, die mit kleinen Geldstücken gefüllt ist, *in seine Richtung* (und keinesfalls *auf* den Hund!).

Junge Hunde müssen permanent unter Beobachtung stehen, wenn sie sich frei bewegen können. Bald werden Sie erkennen, wann Ihr Welpe hinaus muss. Die meisten Hunde beginnen, ruhelos umherzulaufen, winseln oder scharren an der Tür, die hinaus zu ihrer Stelle führt. Wenn Sie feststellen, dass dem Hund ein Missgeschick passiert ist, schreiben Sie den Fehler sich selbst zu. Tragen Sie den Hund in seine Kiste, damit er nicht sieht, wie Sie die Bescherung beseitigen; er soll nicht auf die Idee kommen, dass Sie ihn bedienen.

Wir haben vorher bereits erklärt, was es mit den Duftmarken auf sich hat, deshalb ist es so wichtig, das »Missgeschick« gründlich zu beseitigen, wenn Sie wollen, dass Ihr Hund schnell stubenrein wird. Mit einem Geruchssinn, der, allgemein geschätzt, hundert Mal sensibler ist als unser, kann ein Hund die Überreste von Kot oder Urin auch dann noch wahrnehmen, wenn sie mit herkömmlichen Haushaltsreinigern entfernt wurden. Als Resultat nutzt er diese Stelle möglicherweise immer wieder.

Um zu verhindern, dass Ihr Hund verschiedene Stellen in Ihrem Haus oder Ihrer Wohnung als »Toilettenbereich« markiert, neutralisieren Sie die Gerüche mit Spezialprodukten, die die Moleküle chemisch aufspalten. Reinigen Sie den Boden gründlich und sprühen Sie das Deo auf. Anschließend bedecken Sie die Fläche mit einem umgedrehten Stuhl, bis der Boden getrocknet ist.

Der Stadtwelpe

Wer in einem Mietshaus in der Stadt wohnt, sieht sich beim Sauberkeitstraining mit anderen Problemen konfrontiert als Halter in ländlichen Gegenden oder in einem Vorort. Ganz abgesehen von der Schwierigkeit, einen Welpen aus dem vierzehnten Stock rechtzeitig auf eine Wiese zu setzen, wo er sich erleichtern kann, sind Stadtwelpen einer besonderen Ansteckungsgefahr ausgesetzt. Staupe und Parvovirose werden durch Fäkalien und Erbrochenes übertragen, und Stadttierärzte warnen immer wieder, dass man einen Hund erst dann auf den Straßen spazieren führen sollte, wenn er seine Grundimmunisierung nach dem vollen Impfzyklus erhalten hat. Das ist mit der sechzehnten Lebenswoche der Fall.

Unter diesen Umständen ist die Zeitungslösung die einzig machbare. Decken Sie eine abgetrennte Fläche komplett mit Zeitungspapier ab – am besten auf einer Plastikfolie, damit kein Urin durchsickern kann. Die Fläche sollte selbstverständlich leicht zu reinigen sein, wie zum Beispiel ein Linoleumbelag oder ein gekachelter Boden. Beläge wie Teppiche, die Flüssigkeit aufnehmen, sind absolut ungeeignet.

Statt nun also nach der Fütterung das Tier hinaus zu bringen, warten Sie einfach, bis es sich erleichtert hat, loben sie es und wechseln Sie dann die Zeitung aus. Beim ersten Mal lassen Sie in dem Bereich, in dem der Welpe sich lösen soll, ein beschmutztes Blatt unter den frischen Seiten, damit er die Stelle wiedererkennt. Lassen Sie bei jedem Papierwechsel ein wenig mehr Boden ungeschützt, bis Sie eine Stelle von ungefähr vier Zeitungsseiten haben. In wenigen Tagen wird Ihr Hund gelernt haben, dass er sich auf diese Stelle beschränkt. Sobald Ihr Hund jedoch alle Impfungen erhalten hat, müssen Sie ihn daran

153

gewöhnen, hinauszugehen. Das funktioniert meist relativ problemlos, wenn Sie den Welpen, wie in dem Programm zuvor beschrieben, immer wieder in seine Transportbox setzen. Wenn es Zeit ist, sich zu erleichtern, bringen Sie den Hund rasch hinaus. Loben Sie ihn überschwänglich, wenn er sich draußen löst. Falls er nicht will, bringen Sie ihn in die Wohnung zurück, setzen Sie ihn in die Kiste und versuchen Sie es fünf Minuten später noch einmal. Geduld ist hier unbedingt notwendig. Welpen, die Schwierigkeiten mit der Umstellung haben, kann man unterstützen, indem man eins der beschmutzten Zeitungsblätter mit hinausnimmt, bis er versteht.

Leinentraining und erste Gehorsamsübungen

Nur wenige Welpen sind bereits an Halsband und Leine gewöhnt, wenn Sie sie vom Züchter holen. Obwohl es wichtig ist, sofort damit zu beginnen, müssen Sie es unbedingt *behutsam* und mit einer angemessenen Vorbereitung tun, damit Ihr Welpe nicht panisch oder aggressiv reagiert; mit Zwang erreichen Sie nur, dass er sich hartnäckig sträubt. Nehmen Sie sich lieber ein paar Tage Zeit, um den Welpen schrittweise daran zu gewöhnen, und bauen Sie sein Selbstbewusstsein so auf, dass er die Leine aus eigenem Antrieb akzeptiert. Auf diese Art wird die Leine tatsächlich zu einem Mittel der Bindung, das zur Kommunikation zwischen Ihnen und dem Welpen dient.

Beginnen Sie damit, dem Hund das flache Halsband anzulegen und es ihn ein oder zwei Tage tragen zu lassen. Machen Sie sich keine Sorgen, wenn er anfangs daran kratzt oder immer wieder den Kopf schüttelt. Jeder Welpe empfindet etwas Ungewohntes am Anfang als lästig, er vergisst aber bald, dass er ein Halsband trägt.

Als nächstes kommt die Leine. Lassen Sie den Welpen die Leine durch das Haus schleifen, sodass er sich an den leichten Zug am Halsband gewöhnt. Gehen Sie mit ihm, nehmen Sie irgendwann die Leine

Flexi-Leinen eignen sich gut für erstes Leinentraining.

Mit Flexi-Leinen kann man schon den ganz jungen Welpen beibringen, dass er auf Ruf gerne zu Ihnen kommt. Wenn der Welpe ein Stück entfernt ist, rufen Sie fröhlich seinen Namen und »Komm!«. Falls er das nicht sofort tut, zupfen sie sanft an der Leine und klopfen sich einladend aufs Bein. Die Leine zieht sich automatisch wieder ein, wenn das Tier zu Ihnen kommt.

Großartig, um die Bindung zwischen dem Welpen und Ihnen zu stärken. Befestigen Sie die Leine an Ihrem Gürtel und lassen Sie sich von Ihrem Hund bei dem, was Sie zu tun haben, begleiten.

auf und halten Sie sie hoch über den Welpen, während Sie freundlich und aufmunternd auf das Tier einsprechen.

Dasselbe können Sie draußen im Garten machen. Beginnen Sie zunächst, indem Sie das Tier ohne Leine laufen lassen, ihm nachgehen, während es die Gegend untersucht, und dabei loben. Vertauschen Sie nach einer Weile die Rollen und fordern Sie mit Händeklatschen und fröhlichen Worten die Aufmerksamkeit des Welpen ein. Loben Sie ihn begeistert, wenn er zu Ihnen kommt. Jetzt hängen Sie die Leine ans Halsband und beginnen von Neuem. Wenn der Welpe sich sträubt und ein Tauziehen veranstaltet, gehen Sie in die Hocke, breiten die Arme einladend aus und rufen das Tier (mit seinem Namen und »Komm!«). Ziehen Sie den Welpen *nicht* zu sich, als würden Sie einen Fisch einholen, denn damit provozieren Sie nur noch mehr Widerstand. Klatschen Sie einfach in die Hände und fordern Sie den Hund fröhlich auf, zu Ihnen zu kommen. Die meisten werden es sofort tun. Wenn ohne Zwang eingeübt, bilden Sie auf diese Art eine ideale Grundlage für den Rückruf, auf den wir später noch genauer eingehen werden.

Diese Übung lässt sich übrigens leicht so anpassen, dass die ganze Familie teilhaben kann. Setzen Sie sich alle in einem großen Kreis nieder, jeweils in ein bis zwei Meter Abstand. Befestigen Sie eine leichte Nylonleine am Halsband des Welpen und werfen Sie das Ende einer der Personen im Kreis zu. Die Person ruft nun den Welpen zu sich, lobt ihn überschwänglich, wenn er kommt, und bringt ihn sanft zum Sitzen. Dann wirft sie das Ende der Leine zur nächsten Person, und die Übung wird ein paar Minuten lang fortgesetzt.

Wieder einholbare Leinen (Flexi-Leinen) gibt es in jedem Tiergeschäft zu kaufen, und sie sind ideal für entspannte Spaziergänge mit dem Hund. Sie eignen sich aber auch hervorragend für erstes Leinentraining und den Rückruf, weil sie dem Welpen erlauben, sich behutsam an die Leine und ein gelegentliches Zupfen zu gewöhnen, ohne dass er einen permanenten Zug ertragen muss. Da Sie sofort locker lassen können, muss der Welpe nicht rebellieren und lernt, entspannt an der Leine zu laufen und aus ein paar Metern Entfernung willig zu Ihnen zu kommen.

Sobald der Welpe (ungefähr nach einer Woche) unbeschwert an der Leine neben Ihnen herläuft, versuchen Sie eine Übung, die die Bindung zu ihm buchstäblich festigt. Knoten Sie die Leine an Ihren Gürtel und lassen Sie sich im Haus von Ihrem Welpen begleiten – am besten, nachdem der Hund draußen gewesen ist, damit Sie sich mindestens eine Stunde lang keine Sorgen machen müssen, dass er sich erleichtern muss. Tun Sie nun, was Sie zu tun haben. Der Welpe, der Ihnen folgt, lernt, dicht bei Ihnen zu bleiben und sich ausschließlich auf Sie zu konzentrieren. Machen Sie das mehrmals am Tag für kurze Zeitspannen. Dabei legen Sie den Grundstein für die spätere »Bei-Fuß«-Übung.

Dazu eine Bemerkung: Bestehen Sie in diesem Stadium nicht auf die disziplinierte Präzision des formellen Befehls »Bei Fuß«. Der Welpe soll sich einfach an die Leine gewöhnen und Ihnen gerne und entspannt folgen. Daher wählen Sie ein lockeres »Gehen wir« zu Beginn, was bedeutet, dass der Welpe neben Ihnen herlaufen soll, ohne an der Leine zu ziehen. Achten Sie immer darauf, positiv und aufmunternd zu klingen. Wenn der Welpe nach vorne zieht, wenden Sie sich behutsam in die andere Richtung, wobei Sie den Hund beim Namen nennen und erneut »Gehen wir« sagen. Hilfreich ist es auch, sich dabei aufs Bein zu klopfen. Bei dieser Übung ist alles darauf ausgerichtet, dem Welpen beizubringen, nah bei Ihnen zu bleiben.

Neben dem Rückruf und erster Leinenarbeit können Sie dem Welpen auch schon sehr früh und ganz ohne Zwang »Sitz« und »Platz« beibringen, indem Sie sich natürliche Bewegungsabläufe zunutze machen. Solange der Welpe noch so jung ist, geht es uns ausschließlich darum, ihn mit den Übungen bekannt zu machen, *ohne Druck* auszuüben oder etwas von ihm zu verlangen.

Um ihm begreiflich zu machen, was »Sitz« bedeutet, schnippen Sie über dem Kopf des Hundes mit den Fingern oder nehmen Sie einen Ball, um seine Aufmerksamkeit zu erregen. Schaut er hoch, bewegen Sie die Hand noch weiter über ihren Kopf. Wenn der Welpe Ihrer Hand mit dem Blick folgt, wird er sich unweigerlich setzen. Sobald er es tut, sagen Sie »Sitz« und loben augenblicklich. Falls der Hund aber trotz mehrerer Versuche noch immer steht und einfach nur zu Ihrer Hand aufschaut, klopfen Sie mit der anderen leicht auf sein Hinterteil.

Einem jungen Hund »Sitz« beizubringen, ist einfach. Wecken Sie seine Aufmerksamkeit mit einem Ball und führen Sie ihn leicht über den Kopf des Welpen. Wenn der Hund Ihrer Handbewegung folgt und sich setzt, sagen Sie gleichzeitig »Sitz«. Loben Sie den Hund jedes Mal ausgiebig.

Loben Sie wieder kräftig. Verkneifen Sie sich Leckerbissen als Motivation, denn auf lange Sicht betrachtet fahren Sie mit Lob und Ermutigung besser. Die meisten Welpen begreifen sehr, sehr schnell, was Sie von ihnen wollen, und tun es zuverlässig.

Für »Platz« nutzen Sie ebenfalls einen natürlichen Bewegungsablauf. Wenn Ihr Welpe sitzt, zeigen Sie ihm einen Ball oder ein Spielzeug. Wenn er sich darauf konzentriert führen Sie Ihre Hand theatralisch abwärts und legen den Ball in etwa fünfzehn Zentimeter Entfernung ab, während Sie gleichzeitig »Platz« sagen. Folgt der Hund

»Leg dich« oder »Platz«. Der Hund sitzt zunächst. Heben Sie eine Vorderpfote an und geben Sie den Befehl »Platz«. Beugen Sie sich über ihn und bringen ihn behutsam zu Boden. Dann geben Sie ihm das Handzeichen mit dem Befehl »Bleib«. Loben Sie ihn. Wiederholen Sie das Ganze so lange, bis der Hund auf den Befehl »Platz« reagiert und sich selbst hinlegt.

Eine andere Methode: Heben Sie beide Pfoten an, beugen Sie sich vor und bringen Sie den Hund behutsam in eine liegende Position.

dem Gegenstand abwärts, loben Sie ihn. Machen Sie sich nichts draus, wenn Sie ein paar Mal auf den Boden klopfen müssen, bevor sich der Hund legt, oder er nicht liegen bleibt: Hier geht es nur um erste Versuche. Falls Ihr Welpe sich gar nicht legen will, üben Sie ein wenig Druck auf die Schultern aus, während Sie den Befehl geben. Sobald er tut, was Sie wollen, geben Sie wieder nach und loben ihn.

Denken Sie daran: Ein Haus ist immer nur so stabil, wie sein Fundament. Sich von Anfang an viel Zeit für den Welpen zu nehmen und die wichtigen Dinge sorgsam und gründlich anzugehen, kommt sowohl dem Tier als auch Ihnen zugute. Auf diese Art legen Sie den Grundstein für eine erfolgreiche Erziehung, die in den kommenden Wochen und Monaten aus Ihrem niedlichen tapsigen Welpen einen großartigen Begleithund und Gefährten machen wird.

12. KAPITEL

Die Grundlagen der Ausbildung

Die ersten Monate mit einem Welpen verstreichen schnell – ehe Sie sich versehen, ist er praktisch ausgewachsen. Bis Ihr Hund ein halbes Jahr alt ist, hat er ungefähr drei Viertel seiner vollen Größe erreicht und eine ganze Reihe von Entwicklungsstadien durchlebt, die starken Einfluss auf sein späteres Verhalten haben. Auf dieses Wachstum sollten Sie unbedingt vorbereitet sein, damit Sie Ihr Verhalten dem Tier gegenüber auf seinen jeweiligen Entwicklungsstand abstimmen und ihn in seinem Reifeprozess optimal unterstützen zu können.

Die Endphase der Sozialisation

Die meisten Menschen holen Ihren Welpen zwischen der siebten und zehnten Lebenswoche, also mitten in der Sozialisationsphase, zu sich. Dass viele frischgebackene Hundehalter bei ihrem Welpen im Zusammenhang mit der Anpassung an ihr Zuhause und den vielen neuen Erfahrungen ängstliche Reaktionen feststellen, ist zum größten Teil darauf zurückzuführen. Diese Angstphase – das Fremdeln – (achte bis zehnte Woche) ist ein ganz normaler Teil der Sozialisation und indirekt dafür verantwortlich, dass sich der Welpe rasch an seinen Menschen bindet: In dieser Phase der Unsicherheit ist ein Welpe nur allzu froh, sich dem Menschen, der Zuversicht und Schutz ausstrahlt, anschließen zu können und ihm zu folgen.

Durch den engen Kontakt wächst das Selbstvertrauen des Welpen normalerweise rasch, sodass er im letzten Abschnitt dieser Phase (zehnte bis zwölfte Woche) wie ein kleiner erwachsener Hund agiert. Diese Zeit macht meistens besonders großen Spaß, weil der Welpe schnell lernt und dennoch zu Ihnen als Zentrum seiner Welt aufschaut. Furcht zeigt er nur noch selten. Aber obwohl er sich auf Sie eingestellt zu haben und sehr umgänglich zu sein scheint, dürfen Sie gerade jetzt nicht sorglos oder gar nachlässig werden. Setzen Sie die Sozialisation im Rahmen einer sicheren Umgebung fort: Laden Sie Freunde und Nachbarn zu sich ein, damit sie den Welpen kennenlernen, aber nehmen Sie sich die Zeit, diese Menschen vorzubereiten. Vielleicht führen Sie eine Begrüßungszeremonie ein, an die Ihr Hund sich rasch gewöhnen kann. Sobald es klingelt, bringen Sie den Hund an der Leine zur Tür; so haben Sie ihn immer unter Kontrolle. Begrüßen Sie den Besucher und bitten Sie ihn, in die Hocke zu gehen, um den Hund zu streicheln, und ihn freundlich und ruhig anzusprechen. Sorgen Sie dafür, dass Ihr Gast keine abrupte Bewegung macht, die den Hund erschrecken könnte.

Gewöhnen Sie den Hund außerdem ans Autofahren, indem Sie zunächst kurze Fahrten in Ihrer Gegend unternehmen. Setzen Sie eine Transportbox ein oder nehmen Sie eine andere Person mit, die den Hund auf der Rückbank auf dem Schoß festhält. Beschränken Sie sich auf kurze Strecken, damit dem Hund nicht schlecht wird. Lassen Sie jedem Ausflug ausgedehntes Lob und eine Spielstunde folgen, sodass Ihr Hund die Fahrten mit angenehmen Dingen verbindet. Welpen, die früh an ein Auto gewöhnt werden, fühlen sich sehr schnell wohl darin und entwickeln nur selten einen Hang zur Reiseübelkeit.

Wenn Sie Ihren Hund in Gegenden ausführen können, in denen eine geringe Ansteckungsgefahr herrscht (vergessen Sie nicht, dass Ihr Hund gefährdet ist, bis er alle Impfungen erhalten hat), lassen Sie ihn an der Leine in aller Ruhe schnuppern und stellen Sie ihm Leute aus Ihrer Nachbarschaft, vor allem die Kinder vor. Wir können es nicht oft genug sagen: Ihren Hund möglichst vielen unterschiedlichen Erfahrungen auszusetzen, sollte in dieser Phase seines Lebens für Sie Priorität haben. Dazu gehört auch, ihn an diverse Haushaltsgeräte – Mixer,

Welpen müssen viele unterschiedliche Erfahrungen machen und mit unterschiedlichen Menschen in Kontakt kommen. Sorgen Sie dafür, dass Ihr Hund Kinder kennenlernt.

Geschirrspülmaschine, Staubsauger, elektrische Garagentore und so weiter – zu gewöhnen. Wie immer sollten Sie den Hund an eine solche Erfahrung *langsam* heranführen. Schalten Sie das Gerät zunächst ein, wenn der Hund weit genug entfernt ist, sodass er sich vorsichtig nähern kann. Zwingen Sie den Hund zu nichts, sondern lassen Sie ihn sein eigenes Tempo wählen.

Diese täglichen Erlebnisse und Begegnungen stärken das Selbstvertrauen des Hundes und fördern eine gesunde Einstellung zum Leben. Falls Sie noch nicht damit angefangen haben, ist es jetzt auch an der Zeit, mit den Grundlagen der Gehorsamsübungen zu beginnen (siehe Kapitel 15). Obwohl ein Welpe in diesem Alter nur eine kurze Aufmerksamkeitsspanne hat und viel Geduld braucht, ist er durchaus in der Lage zu lernen und profitiert enorm von *kurzen* Trainingseinheiten, sofern sie in positiver und freundlicher Atmosphäre durchgeführt werden.

Was wir eben gesagt haben, bezieht sich natürlich auch auf Großstadtwelpen, obwohl die Sozialisation unter solchen Umständen eine echte Herausforderung sein kann. Da Stadtbewohner ihren Welpen erst ab der sechzehnten Woche sicher in der Öffentlichkeit spazieren führen können, müssen sie sich Alternativen suchen. Leuten, die in Mehrfamilienhäusern ohne eigenen Garten oder Hof wohnen, empfehlen wir verschiedene Vorgehensweisen, um den Welpen zu sozialisieren, ohne seine Gesundheit zu gefährden. Nehmen Sie den Hund anfangs in einer großen Tragetasche mit nach draußen. Kleine und mittlere Rassen passen ihre gesamte Welpenzeit problemlos in eine solche Tasche, große Rassen auf jeden Fall noch in der kritischen Phase. Ein Hund in der Tasche kommt nicht mit gefährlichen Bakterien in Kontakt, sieht und hört aber genug vom Stadtleben, um sich daran gewöhnen zu können. Stadtwelpen werden zwangsweise mit Hupkonzerten, Presslufthämmern, Verkehrschaos, Sirenen und Menschenmengen konfrontiert. Und wenn ein Mensch sich mit einem Welpen auf eine Parkbank setzt, kommen oft neugierige Menschen heran, die sich für das Tier interessieren. Auf diese Weise setzen Sie Ihren Welpen verschiedenen Eindrücken aus und lassen ihn die notwendigen Erfahrungen mit anderen Menschen, Tieren und Situationen machen, sodass er sich normal entwickeln kann.

Eine andere Sozialisationsmöglichkeit für Stadtwelpen ist die Eingangsflur Ihres Wohnhauses. Wandern Sie mit dem angeleinten Hund einfach ein wenig umher und bieten Sie ihm die Chance, die Menschen zu beobachten, die hereinkommen und hinausgehen. Falls jemand zu Ihnen kommt, um Ihren Hund zu begrüßen oder zu bewundern, sorgen Sie dafür, dass Ihr Hund nicht hochspringt. Haben Sie das ein paar Tage lang ausprobiert, sollten Sie damit anfangen, Leute zu sich einzuladen, damit sie Ihren Hund kennenlernen. Es ist wichtig, dass auch Ihr Großstadthund ausreichend Erfahrungen mit sozialen Kontakten machen kann.

Der Hund in der Pubertät
(12. Woche bis zur Geschlechtsreife)

Die Jugend des Haushundes entspricht der Zeit im Leben eines jungen Wolfs, in der er seine ersten Ausflüge fort vom heimischen Bau unternimmt und mit wachsender Unabhängigkeit den Radius vergrößert. Bereits existierende Verhaltensmuster werden verfeinert, während das Tier immer kräftiger und immer selbstständiger wird. Zuvor sind die Wolfwelpen mehr oder weniger im Dunstkreis ihres Geburtsorts geblieben; Zentrum ihrer Welt war die Mutter. Nun ändert sich das: Das Nest wird verlassen, und die Welpen verbringen ihre Zeit außerhalb auf einem bestimmten Platz, dem sogenannten »Welpenhort«, während der Rest des Wolfsrudels auf Jagd ist. In diesem Bereich, der bis zu zwei Quadratkilometer groß sein kann, werden sie abenteuerlustig und beginnen zu jagen, indem sie zunächst an Feldmäusen und anderen kleinen Tieren üben. Ihr Laufvermögen verbessert sich mit

167

jedem Tag, und aus dem tapsigen Hoppeln wird ein lockerer, koordinierter Trab, aus dem sich eine größere Ausdauer und ein höheres Aktivitätsniveau ergibt. Auch das Sozialverhalten entwickelt sich: Bis zur vierzehnten Lebenswoche ist die Rangordnung im Wurf festgelegt, und die Wolfswelpen wissen sehr genau, wo sie innerhalb des Familienverbandes stehen. In den folgenden Monaten kommen die bleibenden Zähne durch, und mit ungefähr zehn Monaten, sobald ihr Körper kräftig genug geworden ist, gehen sie mit dem Rudel jagen.

Dieselben Veränderungen vollziehen sich auch bei unserem Welpen, und das kann im häuslichen Umfeld ziemlich anstrengend werden, zumal viele Besitzer nicht darauf vorbereitet sind. Ab der dreizehnten Woche werden Sie eine verstärkte Tendenz zur Unabhängigkeit feststellen. Der Welpe, der Ihnen gestern noch wie ein Schatten gefolgt ist, ignoriert Sie jetzt gerne, wenn Sie ihn rufen, und beim Spielen und Üben müssen Sie sich schon einiges einfallen lassen, um seine Aufmerksamkeit zu fesseln. Sein rasantes Wachstum geht mit gesteigertem Bewegungsdrang einher und macht den Welpen reizbar und schwer zu kontrollieren. Spaziergänge bestehen aus viel Leinengezerre und abrupten Richtungswechseln, schlechte Angewohnheiten schleichen sich ein. Sobald Gäste ins Haus kommen, verwandelt sich der jugendliche Hund in einen jugendlichen Rüpel, der an jedem hochspringt und allen auf die Nerven fällt, weil er permanent um Aufmerksamkeit bettelt, und wenn im Alter von vier bis sechs Monaten die bleibenden Zähne durchkommen, kaut er auf allem herum, Menschen eingeschlossen. Und um dem Ganzen die Krone aufzusetzen, wird Ihr Welpe wahrscheinlich zwar erst (12. bis 14. Woche) frech und zickig sein, dann aber plötzlich wieder verschreckt und schüchtern (16. bis 24. Woche): Die meisten Welpen machen in dieser Zeit eine zweite Angstphase durch, in der sie sich auch vor Dingen fürchten, die sie bereits als harmlos erkannt haben.

Mit Geduld allein kommen Sie durch diese Phase nicht. Ihr Welpe braucht nun mehr denn je die Anleitung und die Sicherheit eines kompetenten Rudelführers (siehe 14. Kapitel). Spielen Sie in diesem Prozess eine aktive Rolle. Erste Gehorsamsübungen, eine angemessene Disziplin und eine positive und verständnisvolle Atmosphäre sind die Schlüsselelemente, mit denen Sie Ihrem Welpen durch diese anspruchsvolle Zeit helfen. Machen Sie nur nicht den Fehler, mit dem Training und der Erziehung des Hundes zu warten, weil Sie denken, dass er dazu älter als sechs Monate sein muss. Das ist ein weit verbreiteter Irrtum, der zu allen möglichen Verhaltensproblemen führt. Wenn ein Halter seinen Hund zu erziehen beginnt, sobald er ihn zu sich nach Hause holt, erzieht sich der Hund irgendwann praktisch von allein. Darf der Hund dagegen die ersten Monate machen, was er will, muss das »Umerziehen« meistens mit einer Strenge durchgeführt werden, die im Grunde unnötig ist.

Wie es bei Rory der Fall war.

Rory

Ein sechs Monate alter Schäferhundwelpe schoss durch die Tür unseres Andenkenladens und zerrte seine Besitzerin, eine junge Studentin, hinter sich her. Unbeeindruckt von ihren Versuchen, ihn mit der Leine und »Bei-Fuß«-Rufen zurückzuhalten, sah sich der Hund im Geschäft um und beschnupperte Teppich und Möbel. Als sie ihn endlich ansatzweise unter Kontrolle und sich selbst ein wenig gesammelt hatte, blickte sie zu dem Mönch auf, der Dienst im Laden hatte, und sagte nervös: »Hallo. Ich habe einen Termin. Ich wollte meinen Hund Rory zum … zum Training bringen …«

Die Frau hatte uns einige Tage zuvor angerufen und uns ihr Dilemma beschrieben: Sie hatte unerwartet einen wichtigen Forschungsauftrag bekommen, für den sie zwei Monate in Europa studieren sollte, konnte aber ihren Hund nicht mitnehmen und musste ihn für diese Zeit anderswo unterbringen. Da Rory bisher keine Aus-

169

bildungserfahrung hatte, suchte die Frau einen Zwinger, indem der Hund nicht nur bleiben konnte, sondern auch »auf gutherzige, sanfte Art« erzogen werden würde. Sie gestand uns, dass ihr vor dem Konzept des »Gehorsams« graute, musste aber außerdem zugeben, dass sie echte Schwierigkeiten mit Rory hatte.

Wir erklärten ihr, was wir ihr anbieten konnten und beschönigten nicht, was unserer Meinung nach notwendig werden würde. Von dem, was sie uns erzählte, schlossen wir, dass Rory zwar ursprünglich einen freundlichen und umgänglichen Charakter gehabt hatte, sich inzwischen aber für den Chef des Rudels hielt, weil er stets seinen Willen bekam, und tat, was immer er wollte. Wenn sich wirklich etwas in Rorys Verhalten ändern solle, so erklärten wir ihr, dann müsse Rory lernen, sich nach seinem Menschen zu richten, und nicht umgekehrt. Und aller Wahrscheinlichkeit nach würde das, gerade zu Anfang, nicht einfach sein.

Diese Antwort gefiel ihr gar nicht; der Gedanke daran, dass Rory etwas »durch Zwang« lernen sollte, war ihr mehr als unangenehm. Behutsam versuchten wir ihr klarzumachen, dass sie diese Wahl versehentlich selbst getroffen hatte, indem sie in den ersten Wochen mit ihrem Welpen, in denen Erziehung spielerisch und zwanglos vonstatten geht, passiv und tatenlos geblieben war. Rory war ohne Anleitung und Grenzen aufgewachsen, und ihm diese Grenzen nun aufzuzeigen, würde schwierig werden. Sie erwiderte, dass sie immer gehört habe, man könne einen Hund ohnehin erst nach dem sechsten Monat erziehen, und wir klärten sie über ihren Irrtum auf. Beinahe widerstrebend hatte sie schließlich in unser Angebot eingewilligt, und hier war sie nun.

Während der Bruder versuchte, die beiden zu begrüßen, sprang Rory immer wieder hoch, und die junge Frau musste alle Kraft einsetzen, um ihn zurückzuhalten. Mit leisen, höflichen Worten bat sie den Hund, doch aufzuhören, was Rory natürlich vollkommen ignorierte. Stattdessen sprang er hierhin und dorthin und stieß röchelnde Laute aus, wenn das Halsband ihm die Kehle zuzog. Irgendwann hatte er die Leine mehrmals um ihre Beine gewickelt, und als sie versuchte, sich zu befreien, schnappte er fröhlich nach ihren Händen. Ihr Flehen schien ihm zu gefallen, und schließlich bellte er laut, um sich ihre Aufmerksamkeit zu sichern.

Der Bruder schlug vor, Rory in seinen Zwinger zu bringen, damit er ein wenig zur Ruhe kommen konnte. Die Frau willigte ein, aber bevor sie dem Mönch die Leine übergab, bat sie ihn, einen Moment zu warten. Sie ging in die Knie, zog Rory an sich und herzte und küsste ihn ein letztes Mal. Der emotionale Abschied war zuviel für den Welpen. Hilflos hockte er sich hin und produzierte eine mittlere Flut, die die Studentin mit einem frustrierten Stöhnen kommentierte. »Oh, Rory …«

Der Mönch brachte den Hund zu den Zwingergehegen, und als er zurückkam, war die Studentin in Tränen aufgelöst. Peinlich berührt sah sie zu ihm auf und sagte: »Ich weiß, das alles kommt Ihnen sicher sehr albern vor, aber ich finde es wirklich schrecklich, ihn abzugeben. Wir haben eine sehr enge Beziehung, und der Gedanke, ihn hier ausbilden zu lassen … Sind Sie sicher, dass das Training nicht seinen Willen brechen wird?«

Statt einer Antwort führte der Mönch sie zum Fenster und deutete auf den Hof hinaus, auf dem ein Mitbruder gerade mit einem sieben Monate alten Labrador übte. Während Hund und Mensch den Hof durchquerten, waren ihre Bewegungen so aufeinander abgestimmt, so harmonisch, dass es fast wie eine Choreographie, wie ein Ballett aussah. Der wache, aufmerksame Blick des Hundes, der freundlich wedelnde Schwanz und der beherrschte Gang waren faszinierend anzusehen. Er reagierte prompt und präzise, aber nicht mechanisch auf die leisen Befehle, und das aufmunternde Lob des Mönches schien seine Energie und den Enthusiasmus immer noch ein wenig zu steigern.

Die Studentin sah zehn Minuten schweigend zu. Als die Übungsstunde zu Ende war, wandte sich der Bruder zu ihr um. »Vor drei

Wochen war die Hündin noch wie Rory. Sehen Sie sie sich jetzt an. Sieht so ein Hund aus, dessen Willen gebrochen ist?«

Was heißt Ausbildung?

Als Rory nach New Skete kam, war er ungebärdig und dominant, er konnte sich immer nur wenige Sekunden auf etwas konzentrieren. Seine Besitzerin hatte geglaubt, dass man einen Hund, falls überhaupt, erst mit sechs Monaten ausbilden durfte. Dadurch hatte sich ein Welpe entwickelt, der nicht nur anstrengend war, sondern seine Besitzerin regelrecht terrorisierte. Während seiner ersten Übungsstunde bei uns versuchte er hartnäckig und ganz wie erwartet, seinen Willen durchzusetzen, wehrte sich gegen den Trainer und die Leine und zerrte immer wieder in verschiedene Richtungen. Hätte die Studentin diese erste Stunde miterlebt, hätte sie mit ihrem Hund wohl das Weite gesucht. Dabei waren wir lediglich unnachgiebig, so wie Rory. Leinenkorrekturen, leichte Klapse unters Kinn und Griffe ins Nackenfell, haben seinen Dominanzbestrebungen entgegengewirkt.

Wahrscheinlich hätte sie aber auch nicht erwartet, dass Rory sich in zwei Monaten von einem verzogenen, dickköpfigen Welpen zu einem gut gelaunten, ruhigen und gehorsamen Hund entwickeln würde. Als sie ihn abholte und sah, wie er aufmerksam und fröhlich tat, was der Mönch von ihm verlangte, konnte sie kaum glauben, dass es sich um ihren Hund handelte.

Rory reagierte rasch und gut auf unsere Ausbildung, und die Studentin wusste es bald zu schätzen, dass sie nun einen Hund besaß, der die Grundbefehles beherrschte. Dennoch hätte der ganze Prozess sehr viel einfacher ablaufen können. Eine Ausbildung muss keinesfalls durch Strenge gekennzeichnet sein, und es ist wichtig zu verstehen, dass es sich nicht um eine Sammlung formeller Übungen handelt, die der Hund im Alter von sechs Monaten absolvieren sollte. Richtig ist, dass ein Hund mit sechs Monaten das richtige Alter hat, bestimmte »formelle« Übungen auf täglicher Basis zu lernen, doch dieses Gehorsamstraining hat einen sehr viel größeren Effekt, wenn es sich natürlich aus der Sozialisation, den ersten einfachen Befehlen und dem spielerischen täglichen Umgang entwickelt – Elemente des Alltags, die *von Anfang an* zum Leben Ihres Welpen gehören sollten. Diese Vorbereitung führt dazu, dass der Hund die menschliche Führung akzeptiert, was wiederum notwenig für die weitere Ausbildung ist.

Bitte missverstehen Sie das nicht: Eine Ausbildung ist keine *Option*. Auf die eine oder andere Art wird Ihr Hund in jedem Fall ausgebildet: Entweder zu einem unerzogenem, anstrengenden Tier, das sich selbst und Sie immer wieder in Schwierigkeiten bringt, oder zu einem Gefährten, der freundlich und folgsam ist und der große Freiheiten hat, weil Sie sich auf ihn verlassen können. Es hängt allein von Ihnen ab. Hätte Rorys Halterin dieses Wissen von Anfang an gehabt, hätte sich seine Ausbildung aus einer gesunden Rudelführer-Rudelmitglied-Beziehung entwickeln können. Wie wir in *Wie Sie der beste Freund Ihres Hundes werden* erklären, verstehen wir Hundeerziehung als dynamischen Prozess, der in den ersten Lebenswochen des Welpen beginnt und sich sein ganzes Leben lang fortsetzt. Dieser Prozess befähigt den Hund, sein natürliches Potenzial im Einklang mit seiner hündischen Natur voll auszuschöpfen.

Training, Ausbildung, Erziehung. Es ist kein Zufall, dass das lateinische Wort *educare*, auf dem die Äquivalente für Erziehung in romanischen Sprachen sowie im Englischen basieren, »hervorziehen«, »herausholen, was als Möglichkeit bereits vorhanden ist« bedeutet. Auf Ihren Hund angewandt heißt das wiederum, dass es nicht damit getan ist, ihm die fünf grundlegenden Befehles beizubringen – es setzt sich fort, und im Laufe der vielen Jahre, die wir bei uns im Kloster Wurf um Wurf haben aufwachsen sehen, hat sich dieses Verständnis der Welpenentwicklung und unserer eigene Rolle darin immer wieder bestätigt. Aus dem Blickwinkel von Theorie und Erfahrung bedeu-

173

tet die Ausbildung ein Mittel, sich zu Ihrem Hund in Beziehung zu setzen, und zwar nicht nur zehn Minuten am Morgen oder Abend, sondern im kompletten Alltag. Viele frischgebackene Halter erkennen nicht, dass ihre Welpen die Ausbildung beginnen, sobald sie im neuen Heim ankommen und nicht erst drei oder vier Monate später, wenn die magische Altersgrenze von einem halben Jahr erreicht ist. Der Hund wächst und entwickelt sich. Er lernt, reagiert, agiert und bildet Gewohnheiten aus, – und die können Sie auf sanfte Weise beeinflussen, von Anfang an.

Ich? Hundeausbilder?

Da Ihr Hund kontinuierlich lernt, ist es nur zu Ihrem eigenen Vorteil, ihm die Richtung für gemeinsames Leben aufzuzeigen. Nur wenn Sie bewusst eine aktive Rolle in der Erziehung Ihres Welpen spielen, haben Sie die Chance, eine schöne und erfreuliche Beziehung aufzubauen.

Wir möchten dennoch betonen, dass Sie das mit Sinn, Verstand und Rücksicht tun müssen. Alle guten Absichten dieser Welt sind nichts wert, wenn Sie Ihren Welpen auf eine Art behandeln, die weder seinem Alter noch seiner Reife entspricht. Es gibt viele Besitzer, die in dem Wissen, dass sie in der Hund-Mensch-Beziehung der Boss sein müssen, ein anderes Extrem bedienen als Rorys Frauchen und bei der Erziehung eine unangemessene Strenge an den Tag legen. Doch ein kleiner Welpe ist nicht in der Lage, dem Druck eines auf Zwang basierenden Gehorsamstrainings standzuhalten. Wenn jeder Fehler bestraft, jeder Fehltritt geahndet wird, kann sich daraus ein Hund entwickeln, dem jedes Selbstvertrauen fehlt und der unterwürfig und ängstlich reagiert. Sehr viel effektiver ist ein Training, das hauptsächlich mit Lob und Ermunterung, mit positiver Verstärkung arbeitet. Vergessen Sie nicht: Ein Welpe braucht unbedingt Selbstvertrauen, wenn er zu einem gesunden, normalen Hund heranwachsen soll.

Daher beruht das Welpentraining auf einer ganz anderen Grundstimmung als ein formelles Gehorsamsprogramm. Sehr junge Welpen (im Alter von sieben bis zehn Wochen) haben noch keine Ahnung von Erziehung und Ausbildung: Sie sind buchstäblich ein unbeschriebenes Blatt. Ihre Hirnwellen sind nahezu identisch mit denen erwachsener Hunde, aber es fehlt ihnen die Erfahrung – ein idealer Nährboden für positive Lebenseinstellungen und erste Übungen, da es keine schlechten Angewohnheiten gibt. Welpentraining legt den Schwerpunkt nicht auf die exakte Befolgung von Befehlen, sondern will grundlegende Charakterzüge stärken und fördern: Respekt für das Leittier, Neugier, Aufmerksamkeit, Experimentierlust und Begeisterung für die Beziehung zu seinem Menschen. Das Gewicht liegt auf Spaß und Leichtigkeit. Welpen lernen genau wie kleine Wölfe und Kinder am besten spielerisch. Indem Sie die ersten »Lektionen« locker und leicht und gut gelaunt gestalten, legen Sie den Grundstein für eine positive Einstellung und ein Verhalten, das dem Welpen bei der späteren Ausbildung nützt. Es ist immer wieder erstaunlich mitzuerleben, wie leicht man Hunde ausbilden kann, die schon in ihrer Welpenzeit mit Spaß und Enthusiasmus gelernt haben.

Auch Sie können Ihrem Hund diese Grundlage geben. Aber zunächst müssen Sie sich bewusst machen, wie Hunde lernen, wie sie kommunizieren und welche Einstellung von Ihrer Seite das Beste aus Ihrem Hund hervorbringt.

Wir können uns noch gut an einen Kunden erinnern, der uns um Hilfe bat, weil sein vier Monate alter Rottweilerwelpe sich angewöhnt hatte, Fremde anzuknurren. Der Mann saß auf einer Bank und wartete auf uns, als wie herauskamen, um ihn zu begrüßen, und sobald wir uns näherten, begann der Hund zu seinen Füßen ein tiefes Grollen auszustoßen. Sofort versuchte der Besitzer, ihn mit sanfter Stimme zu beruhigen und auf ihn einzureden, während er ihm zur Verstärkung das Fell rieb. Selbstverständlich wurde das Knurren noch lauter, noch bedrohlicher, und der Mann sah hilflos zu uns auf, während er weitersprach: »Ist ja alles gut, ja, braver Junge, gaaanz ruhig ...« Wir schafften es relativ rasch, den Hund mit einem kurzen Spaziergang zu beruhigen, und nach wenigen Minuten zeigte er sich als freundliches, aufgeschlossenes Tier. »Ich verstehe das einfach nicht«, sagte der Besitzer. »Er ist ein lieber, netter Kerl, und doch knurrt er drohend, sobald jemand kommt!« Verdattert hörte er uns zu, als wir ihm erklärten, dass das Tier eigentlich nur tat, was von ihm verlangt wurde, weil er seinen Hund unabsichtlich mit Streicheleinheiten und vermeintlichem Lob belohnte. Der Hund erhielt die Botschaft: »Du machst es richtig – weiter so.«

Der Hund war also, im Gegensatz zur Ansicht seines Halters, ausgesprochen gehorsam und willig, seinem Herrn zu gefallen. Das Problem war hier die Fehlinterpretation des Halters. Er war sich nicht im Klaren, welche Botschaft er dem Hund vermittelte, und konnte ihm daher auch nicht deutlich machen, was er tatsächlich wollte.

Gehorchen kommt von »horchen«

In der Hundeausbildung begreifen die meisten Menschen den Ausdruck *gehorchen* schlicht als etwas, das der Hund als Reaktion auf ein Befehl tut: Der Hund ist derjenige, der gehorsam ist – oder eben nicht. Aber das ist nur die Hälfte des »Gehorsams«. »Gehorsam« als Adjektiv ist eine Wiedergabe des lateinischen Wortes *oboediens*, das wiederum verwandt ist mit *ob-audire* – zuhören, lauschen –, und meistens implizieren diese Wörter, das man auf das Gehörte hin handelt. Im Gegensatz zur landläufigen Meinung ist Gehorsam aber genauso *Ihre* Verantwortung wie die des Hundes – vor allem deshalb, da Sie die Person sind, die das Verhalten des Hundes so steuern kann, dass er sich Ihren Lebensumständen anpasst. Das Problem vieler Hundehalter ist jedoch, dass sie nicht auf die wahren Bedürfnisse ihres Hundes hören und dementsprechend falsch agieren: Unwissentlich sind sie ungehorsam.

Um Ihrem Hund ein guter Gefährte zu sein, müssen auch Sie gehorchen, das heißt, Sie müssen sich auf Ihren Hund konzentrieren, aufmerksam sein und flexibel genug regieren können, um sich sofort auf seine Bedürfnisse einstellen zu können. So seltsam es klingen mag: Ihr Hund weiß nicht, was das Beste für ihn ist. Sie schon, aber nur, wenn Sie wirklich »horchen«.

Bruder Thomas, der die treibende Kraft bei der Entwicklung unseres Trainingsprogramms war, bis er bei einem tragischen Autounfall ums Leben kam, hatte eine ganz eigene Auffassung von Gehorsam:

Den Wert der Stille zu erfahren, heißt der Wirklichkeit zu lauschen, anstatt sie anzubrüllen, das eigene Bewusstsein weit genug zu öffnen, um herauszufinden, wie sich das Ende eines Satzes anhört, oder einem Hund zu lauschen, bis man erkennt, was nötig ist, anstatt sich ihm im Namen der Ausbildung aufzudrängen.

Diese Art des Gehorsams erreicht nur, wer sich lange und ausdauernd mit verschiedenen Techniken und Methoden der Ausbildung beschäftigt, sie auf möglichst verschiedene Hunde anwendet und sich außerdem die Mühe macht, immer weiter zu lernen. Da Hunde Individuen sind, spricht nicht jeder gleich auf eine Methode an. Denken Sie an Ankas Wurf: Würden wir Yola genauso auszubilden versuchen wie Sunny, würden wir ihre Neigung zur Unterwürfigkeit wahrscheinlich nur verstärken. In der Schulbildung erkennen Lehrer im besten Fall die Stärken und Schwächen ihrer Schüler und fördern sie dementsprechend. Ein starres, durchstrukturiertes Programm, das bei dem einen Schüler gute Ergebnisse erzielt, kann einem anderen auf ewig den Spaß am Lernen verderben, und dasselbe gilt auch bei der Hundeausbildung. Als guter Ausbilder müssen Sie Schüler Ihres Hundes werden und ihm die Methode aussuchen, die seiner Persönlichkeit am besten entspricht.

Wenn wir Ihnen unser Trainingsprogramm vorstellen, wollen wir Ihnen nicht die eine einzige, absolut stimmige Methode für Ihren

Welpen ans Herz legen. Wir möchten Ihnen stattdessen einige allgemeingültige Grundlagen aufzeigen, die die Eckpfeiler jeder vernünftigen Ausbildung darstellen, und Ihnen anschließend erklären, wie sich diese auf die verschiedenen Typen von Hunden anwenden lassen. Lernen Sie zu erkennen, was Ihr Hund braucht, und handeln Sie entsprechend. Wir haben festgestellt, dass es ein Fehler ist, sich auf eine Trainingsmethode zu beschränken. Ausbilder, die darauf bestehen, dass die eine Methode (nämlich die, die sie lehren) die einzig vernünftige ist, sind in ihrem Beruf fehl am Platz. Ein derart beschränkter Horizont kann Ihrem Hund nicht gerecht werden.

Eine letzte Bemerkung vor allem für all jene, die nie zuvor einen Hund besessen haben. Sie kommen sich in der Rolle des Alphatiers oft albern und merkwürdig vor, und manch einer gibt auf, bevor er noch begonnen hat. Gehemmt durch einen Mangel an Wissen über hündisches Verhalten, fürchten viele, dass ihre Bemühungen höchstens die eigene Inkompetenz zu Tage treten lässt, während der Welpe dadurch immer gestörter wird. Sie werden jedoch überrascht sein, welche verborgenen Talente sich offenbaren, wenn Sie sich ernsthaft mit der Ausbildung Ihres Hundes auseinandersetzen. Wichtig ist vor allem *Ihre* Einstellung. Nutzen Sie die Chance, so viel wie möglich darüber in Erfahrung zu bringen und üben Sie mit Ihrem Welpen regelmäßig. Fangen Sie mit kurzen Einheiten an und steigern Sie sich langsam. Melden Sie sich bei Hundevereinen an und besuchen Sie Hundeschulen. Nehmen Sie Ihren Hund mit zu Welpenspielgruppen. Profitieren Sie von den Erfahrungen, die andere gemacht haben, und scheuen Sie sich nicht, Fragen zu stellen. Gute Ausbilder gehen mit ihrem Wissen normalerweise sehr großzügig um. Und ihr Rat und ihre Zustimmung kann eine große Erleichterung sein, wenn man vor lauter Informationen und verschiedenen Ansätzen nicht weiter weiß.

Und vielleicht noch wichtiger: Geben Sie sich niemals mit Mittelmäßigkeit zufrieden. Tun Sie alles, um das Beste aus Ihrem Hund hervorzubringen, indem Sie jeden Tag aufs Neue versuchen, die Lern-

zeit noch lebendiger, noch spannender zu machen und es nicht einfach bei der Absolvierung eines Programms belassen. Unsere Gesellschaft ist besessen von Techniken, und ganz sicher ist Technik und
Methode bei der Ausbildung wichtig. Wenn Sie jedoch die Beziehung
zu Ihrem Hund vertiefen wollen, dann muss die Technik mit Intuition
vermählt sein. Die Empfehlung, regelmäßig und täglich zu üben, zielt
nicht darauf ab, einen Roboter heranzuzüchten. Sie will Ihnen helfen,
eine Ebene zu erreichen, auf der Verständnis und Freiheit zu wirkli-
cher Kameradschaft führt. Und wenn das gelingt, hat die Ausbildung
die Grenzen der Kunst erreicht.

13. KAPITEL

Sprechen Sie Hund?

Auch wenn Hunde nicht mit Worten kommunizieren können, haben Sie doch eine reiche Sprache, mit der sie Absichten und Gefühlslagen ausdrücken können. Dass Sie diese Sprache verstehen, ist absolut unerlässlich, wenn Sie mit Ihrem Hund eine gute Beziehung eingehen wollen. Und zu diesem Verständnis gehört auch, dass Sie wirklich übersetzen, was er Ihnen sagt, anstatt die Bedeutung aus Mangel an echtem Wissen einfach nur *anzunehmen*. Indem Sie sich mit der hündischen Körpersprache und den verschiedenen Variationen und Kombinationen vertraut machen, vermeiden Sie Fehler in der Interpretation, die Ihrem Verhältnis ernsthaft schaden können.

Ein Beispiel: Viele unerfahrene Hundehalter beschweren sich, dass ihre Welpen bei der begeisterten Begrüßung Ihrer Besitzer Wasser lassen. Dieses Verhalten ist für Welpen nicht ungewöhnlich und ein Überrest aus der Zeit im Wurf, wenn die Mutter den Welpen bei der Begrüßung auf den Rücken rollt und die Genitalien säubert. Mit der Zeit wird dieses Verhalten zu einem Reflex, mit dem Überlegenheit anerkannt wird. Wenn ein Welpe einen ranghöheren Hund auf diese Art begrüßt (er duckt sich, wedelt mit eingezogenem Schwanz, leckt dem anderen die Lefzen und uriniert), wird man niemals beobachten, dass der stärkere Hund den anderen dafür zurechtweist. Im Gegenteil: Der dominante Hund nimmt die Geste würdevoll und gutmütig zur Kenntnis. Denn er begreift die Aussage.

Viele Halter dagegen leider nicht.

Stattdessen betrachten sie die Geste als Verhaltensstörung oder Verstoß gegen die Stubenreinheit. Wir erinnern uns an einen besonders frustrierten Mann, der uns verzweifelt fragte: »Will mein Hund mich vielleicht einfach nur ärgern? Jedes Mal, wenn ich nach Hause komme, pinkelt sie mir vor die Füße. Ich gebe ihr einen Klaps und schimpfe mit ihr und bringe sie sofort raus, aber es wird immer schlimmer. Jetzt pinkelt sie schon, sobald ich nur das Haus betrete. Warum begreift sie nur nicht?«

Nur war *er* es, der nicht verstand, was der Welpe mit seinem Verhalten ausdrückte. Und indem er die Demutsgebärde als feiges, neurotisches Verhalten falsch interpretierte und die junge Hündin dafür bestrafte, legte er den Grundstein für ernsthafte Störungen, die nur schwer wieder zu beseitigen waren. Strafe war die schlechteste von allen möglichen Reaktionen. Sie verstärkte das Problem, weil sie den Welpen nur noch unterwürfiger machte, denn mit ihrer Körpersprache hatte sie den Halter ja bereits als ranghöher akzeptiert. Wie man mit einer solchen Geste korrekt umgeht, wird in Kapitel 16 umrissen.

Zu erwarten, dass Ihr Hund menschliche Sprache versteht und imitiert, wäre wohl zu viel erwartet. Interpretieren Sie stattdessen auf der Grundlage heutigen Wissens, was Ihr Hund Ihnen zu sagen hat, und versuchen Sie, die Welt aus *seiner* Perspektive zu sehen. Dazu müssen Sie ein wenig umdenken.

Versuchen Sie ein simples Experiment. Stellen Sie sich vor, Sie sähen durch die Augen eines zehn Wochen alten Welpen. Versuchen Sie nicht, Ihre Erfahrung in Worte zu fassen; stellen Sie sich einfach nur vor, der Welpe zu sein. Und nun blicken Sie zu dem großen Menschen (zu Ihnen) neben Ihnen auf. Was erkennen Sie mit den eingeschränkten Fähigkeiten eines Welpen, menschliches Verhalten zu deuten? Was können Sie »lesen«, wie reagieren Sie? Schauen Sie sich die Augen, das Gesicht, die Körperhaltung des Menschen an. Wie wirkt die Gestalt auf Sie? Einladend? Drohend? Und die Stimme – die Worte verstehen Sie ja nicht: Klingt sie weinerlich? Ärgerlich? Freundlich? Streng oder barsch? Und nun sehen Sie sich aus dieser Welpenaugenhöhe im Raum um. Sehen Sie die Schuhe an der Tür? Die Topfpflanze?

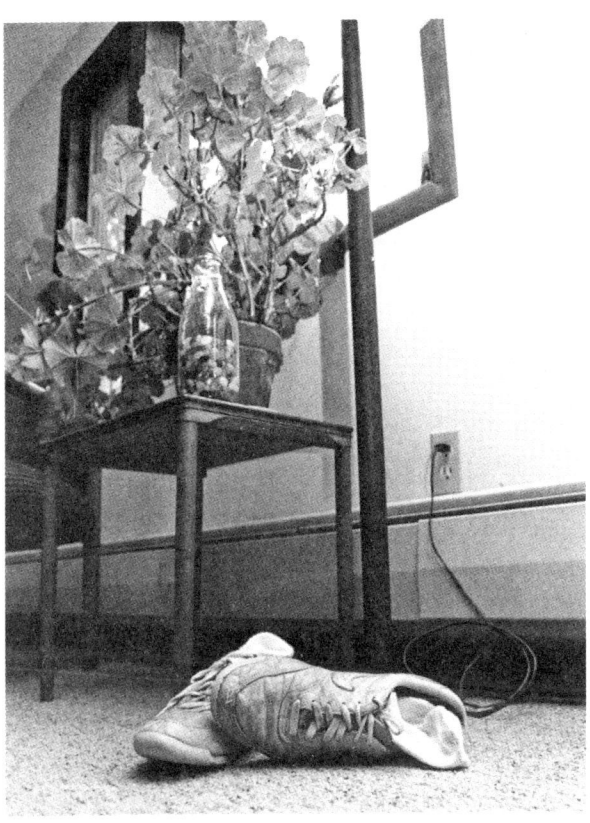

Häusliches Stillleben? Für Ihren Welpen eher die Aufforderung,
alles ganz genau und zur Not mit den Zähnen zu erkunden.
Schaffen Sie Schuhe, giftige Pflanzen, Kabel und alles, was Ihrem Hund
schaden kann, außer Reichweite.

Die verschiedenen seltsamen Möbel und die einladenden Kabel, die
aus den Wänden ragen? Was genau ist olfaktorisch wohl für ein kleines
Wesen mit höchst empfindsamer Nase am interessantesten?

Zweck dieser »Welpen-Perspektive«-Übung ist natürlich, zumindest ansatzweise zu spüren, wie die Dinge aus der Sicht Ihres neuen

Mitbewohners aussehen könnten. Ein guter Ausbilder und ein erfahrener Halter kann sich gedanklich in die Realität eines Hundes versetzen, sein Verhalten richtig interpretieren und bestimmte Vorgehensweisen und den Umgang mit diesem Hund entsprechend anpassen. Rittmeister Max von Stephanitz, Begründer der Rasse Deutscher Schäferhund, sah das bereits vor gut hundert Jahren ähnlich.

Der Ausbilder muss ein Psychologe sein. Er muss lernen, in der Hundeseele und auch in seiner eigenen zu lesen. Er muss sich selbst ganz genau beobachten, sodass er nicht nur davor bewahrt wird, den Hund in typisch menschlicher Arroganz zu unterschätzen, sondern dass er möglicherweise auch in der Lage ist, dem Hund Anstöße zu geben und ihm auf kluge Art zu helfen. Wer die Antwort auf die Frage »Wie sage ich es meinem Hund?« kennt, hat das Spiel gewonnen und kann aus seinem Tier herausholen, was immer er will.

Wenn Sie sich Ihrem Hund mit dieser Einstellung nähern, dann ist die Erfahrung erstaunlich mehrdimensional. Auf diese Art erziehen Sie nicht nur ihren Hund, sondern *Sie* entwickeln sich ebenfalls, und was Sie im Zusammenhang mit dem Verhalten Ihres Hundes erfahren, kann Ihnen auch sehr viel über sich selbst sagen. Ihr Hund wird zu einem Spiegel, der Ihnen zeigt, wer Sie sind, und Ihnen hilft, sich selbst besser kennenzulernen, indem er Ihnen beibringt, geduldiger, einfühlsamer, selbstbeherrschter zu werden.

In *Wie Sie der beste Freund Ihres Hundes werden* sprechen wir von »Einsehen« und der Bedeutung in Ihrer Beziehung mit dem Hund. Mit »Einsehen« meinen wir, sich in die Psyche des Hundes zu begeben, in die Bereiche vorzudringen, die ihn einzigartig machen, und ihn aus diesem Blickwinkel zu verstehen. Das ist aber nur möglich, wenn Sie begreifen wollen, was Ihr Hund Ihnen wirklich sagt. Und um in seinen Kopf, in seine Psyche zu gelangen, um ihn aus seinem Blickwinkel zu begreifen, müssen Sie ihn andauernd beobachten und ihm zuhö-

Machen Sie sich bewusst, wie Ihr Welpe die Welt sieht. Menschliche Hände und Füße zum Beispiel müssen einem Welpen sehr, sehr groß vorkommen ... und machen ihm vielleicht sogar Angst.

ren, denn ein Hund kommuniziert durch Körpersprache und Lautgebung. Was wir mit »Einsehen« meinen ist keine romantische Projektion von menschlichen Gedanken und Gefühlen. Es bezieht den Hund als Ganzheit, als komplettes Wesen mit ein, indem es die Signale zusammenfasst und miteinander in Beziehung setzt: Augen, Schnauze, Stellung der Ohren, der Rute, Körperhaltung.

In den nächsten Abschnitten schauen wir uns die Bedeutung und Deutung dieser verschiedenen Kommunikationsmöglichkeiten an. Lernen Sie, Intuition mit wissenschaftlichen Erkenntnissen zu verbinden, und versuchen Sie, das allgemeine Wissen über hündische Kommunikation und das Verhalten Ihres Hundes in Einklang zu bringen.

Hündische Kommunikation

Neben der Beobachtung von Haushunden lässt sich über die Sprache der Hunde viel von einem lernen, der sie perfekt beherrscht und ständig spricht – *dem Wolf im Rudel*. Die Wissenschaft liefert Beweise dafür, dass unser Haushund mit dem Wolf eng verwandt ist, entweder durch eine direkte Blutlinie oder aber als Vetter, der mit dem Wolf einen anderen, gemeinsamen Vorfahren besitzt. Fest steht jedenfalls, dass die genaue Beobachtung von wölfischem Sozial- und Kommunikationsverhalten im Rudel sehr aufschlussreich für das Verständnis unsere Hunde ist, da die meisten »Vokabeln« in der Sprache aller hundeähnlicher Spezies zu finden sind. Trotz der Tatsache, dass die selektive Zucht und die Domestizierung einige Eigenschaften stärker hervorgebracht und andere unterdrückt hat, finden wir die Verhaltensmuster, die wir bei unseren Hunden beobachten, auch in Wolfsrudeln wieder.

Kommunikation ist, um es einfach darzulegen, die Weitergabe von Informationen zwischen zwei oder mehr Individuen. Bei Hunden und Hundeartigen wird dazu Gehör, Sicht und Geruchssinn mit einbezogen. Wie wir gesehen haben, werden die Welpen bereits mit Reflexen und Instinkten geboren, die in natürliche Verhaltensmuster, mit denen kommuniziert wird, münden. In der ersten Lebensphase ist ein Welpe in seinen Kommunikationsmöglichkeiten noch sehr eingeschränkt. Mit der Zeit jedoch entwickelt sich das Gehirn, und der Welpe lernt im Zusammenleben mit Mutter und Geschwistern verschiedene Stimmungen und Emotionen auszudrücken. Diese Fähigkeiten werden über Monate bis weit ins Erwachsenenalter hinein weiter entwickelt.

Stimmliche Kommunikation

Ein Hund verfügt wie der Wolf über stimmliche Ausdrucksformen, die offenbar alle an eine bestimmte Körperhaltung gebunden sind, und alle bedeuten etwas anderes: Winseln, Jaulen, Knurren, Bellen, Japsen und Heulen.

Die ersten Laute, die Welpen ausstoßen, klingen nach einem Maunzen und drücken ein Bedürfnis aus: Wärme oder Nahrung zum Beispiel. Außerdem quieken Welpen, während sie trinken. Mit zunehmendem Alter wird das Maunzen zu einem Winseln, das Gruß, Unterwerfung oder Begierde ausdrückt. Winseln ist typischer für Hunde als für Wölfe (die es nur als Begleitung zur Unterwerfung tun), und wahrscheinlich ist die unbeabsichtigte Verstärkung durch Hundehalter verantwortlich dafür. Welpen lernen rasch, was sie mit Winseln erreichen. Ein klassisches Beispiel ist die erste Nacht, die der Welpe im neuen Zuhause verbringt: Da er zum ersten Mal von seinen Wurfgeschwistern getrennt ist, winselt er aus Einsamkeit. Der Halter holt das kleine Tier voller Mitgefühl zu sich ins Bett. Der Welpe hat nun eine wichtige Kommunikationsregel gelernt und winselt bald verstärkt, wenn er etwas haben oder erreichen will.

Ein Knurren drückt eine Drohung oder Widerwillen aus. Es ist eine Warnung und kann durch Zähnefletschen begleitet sein. Welpen knur-

Wachsende Furcht ⟶

Wachsende Aggression

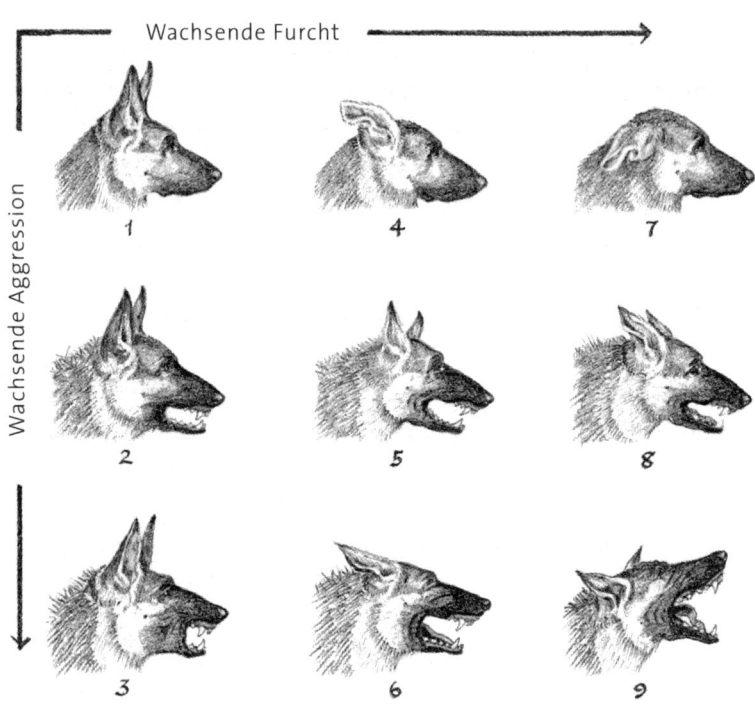

Situationsbedingte Veränderungen im Gesichtsausdruck eines erwachsenen Deutschen Schäferhunds. Bei Nummer 1, 4 und 7 zeigt sich die wachsende Angst oder Unterwürfigkeit durch die Ohren, die flach an den Kopf gepresst werden, und die zu einem Grinsen verzogenen Lefzen. 1, 2 und 3 stellt die Entwicklung zur Aggression dar: Gespitzte Ohren, aufgestellte Nackenhaare, die Lefzen zurückgezogen. Bei 3, 6 und 9 mischt sich Angst mit Aggression, sodass unterschiedliche Signale gesendet werden. Obwohl die Ohren unterwürfig an den Kopf gelegt werden, sind die Zähne gefletscht. Nummer 9 ist die klassische Darstellung eines Angstbeißers.

(beide Seiten:
nach Zeichnungen in
Versteh deinen Hund
von Michael Fox)

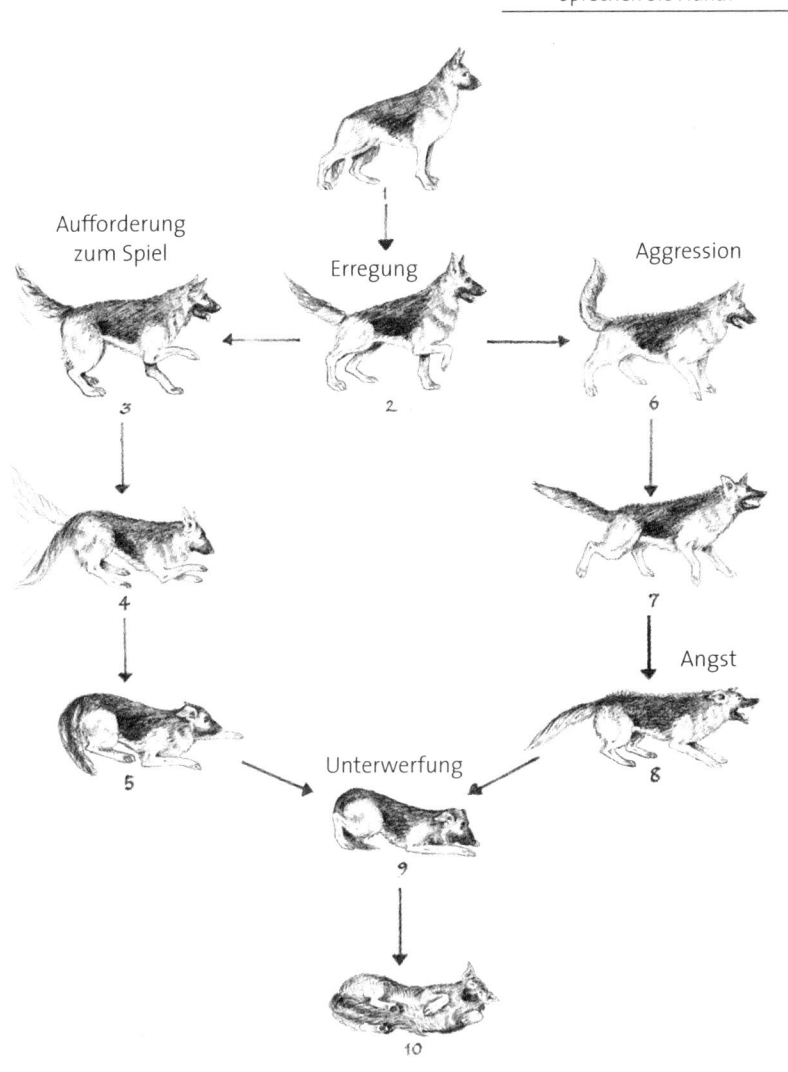

Aufforderung zum Spiel

Erregung

Aggression

Angst

Unterwerfung

Verschiedene Aussagen der hündischen Körpersprache. Bei 1 und 2 ist der Hund aufmerksam, wachsam. Die »Spiel-mit-mir«-Geste (3) wird gefolgt von Begrüßungsritualen aktiver und passiver Unterwerfung, die damit endet, dass der Hund (Zeichnung 10) sich auf den Rücken rollt und dem dominanterem Tier seine Genitalien präsentiert. Die schrittweise Veränderung von Aggression zum Angstbeißer wird mit den Zeichnungen 6 bis 8 dargestellt.

ren auch beim Spielen und lernen dabei die richtige Hundeetikette; das Knurren wird erst ernst, wenn sie größer werden. Bei Wölfen wird das Knurren auch eingesetzt, um rangniedere Tiere auf ihren Platz zu verweisen, und wenn ein Hund seinen Halter anknurrt, bedeutet das, dass er dessen Alphastatus in Zweifel zieht. Ein Beispiel: Der Halter nähert sich dem fressenden Welpen. Der Hund knurrt und sagt damit recht eindeutig, »Geh weg von meinem Futter.« Tut der Halter dies jetzt aber, wird der Welpe vermutlich das Knurren auch in anderen Situationen einsetzen, um Sie, den Rudelführer, herauszufordern.

Die meisten Haushunde bellen viel öfter als Wölfe, wahrscheinlich als Ergebnis einer Zuchtauswahl, die verständlich wird, wenn man sich vor Augen hält, dass der Hund in der Geschichte der Mensch-Hund-Beziehung anfangs vor allem zum Bewachen und Warnen gehalten wurde. Wölfe, die als Jäger eher stumm sind, um potenzielle Beutetiere nicht zu warnen, bellen nur in besonderen Situationen, zum Beispiel, um andere Rudelmitglieder zu informieren, dass sich ein Fremdling nähert. Und selbst dann besteht das Bellen meist aus einem kurzen, trockenen »Wuff« und wird nicht wiederholt.

Haushunde bellen, wann immer sie aufgeregt sind. Das Bellen besteht aus kurzen, scharfen Lauten, deren tonale Qualität Bedeutung hat. Eine höhere Tonlage klingt im Allgemeinen bei der Begrüßung durch; wird das Bellen aber panisch und eher schrill, ist es Ausdruck von Schmerz oder Stress. Warnendes Gebell ist tiefer, drohender dazu durchzogen mit Grollen, das eine unmissverständliche Botschaft schickt.

Heulen wiederum ist typischer für Wölfe als für Hunde; es ist sogar das wichtigste stimmliche Kommunikationsmittel der Wölfe. Der lang gezogene Ton dauert zwischen zwei und elf Sekunden und kann eine ganze Bandbreite unterschiedlicher Noten abdecken. Jeder Wolf heult anders, was die Vermutung nahelegt, dass Wölfe sich auch über die Stimme erkennen. Fachleute sind sich einig, dass Wölfe aus unterschiedlichen Gründen heulen: Um das Rudel nach einer Jagd zu sammeln, um Revieransprüche kenntlich zu machen und als eine Art Ritus, um die Zugehörigkeit zum Rudel zu festigen. Wölfe heulen allein und gemeinsam, und wenn sie im Chor heulen, dann nicht ein- sondern mehrstimmig.

Hunde heulen sehr viel seltener als Wölfe, wenn es auch bei den Schlittenhunderassen wie Huskys und Malamutes und einigen ande- ren Rassen üblich ist. In unserer Arbeit mit verschiedenen Hunden haben wir festgestellt, dass Huskys und Malamutes kurz nach Weg- gang ihrer Halter heulen, was vermutlich Einsamkeit ausdrückt. Auch unsere Schäferhunde heulen manchmal, gerne wenn wir singen. Es ist, als ob der Gesang und die Harmonien sie dazu ermuntern, einzustim- men.

Visuelle Kommunikation

Als Begleitung der Vokalkommunikation, aber doch unabhängig davon, steht eine große Vielfalt an posturalen Ausdrucksmöglich- keiten, die uns verraten, in welchem inneren Zustand der Hund sich befindet. Ein Hund kann sehr viel sagen, ohne einen Laut von sich zu geben. Zur hündischen Körpersprache gehören Gesichtsausdruck, Ohren- und Rutenstellung und die gesamte Körperhaltung. Um einen Hund zu verstehen, müssen Sie daher alle Signale gleichzeitig wahr- nehmen und interpretieren.

Ist der Hund friedlich und entspannt, sind die Ohren leicht seitlich ausgerichtet, während die Rute locker herabhängt. Vorder- und Hin- terkörper befinden sich in einer Linie, und die Muskulatur im Gesicht ist glatt. Manchmal steht die Schnauze ein Stück offen und der Hund hechelt leicht. Die Augen sind klar.

Sobald der Hund aufmerksamer wird, drehen sich die Ohren nach vorne: Er »spitzt« sie. Die Rute hebt und bewegt sich leicht. Manche Hunde heben eine Vorderpfote an, Neugier wird häufig durch einen

Ein sehr deutliches Beispiel für hündische Körpersprache.
Die Welpen sind fünf Monate alt.

schief gelegten Kopf signalisiert. Konzentration zeigt sich durch leichte Hautfältchen im Augenbereich.

Wenn ein Hund versucht, jemanden zum Spielen aufzufordern, senkt er den Vorderkörper ab, Pfoten, Ellenbogen und Brust drücken sich auf den Boden. Das Hinterteil ragt in die Luft, die Rute wedelt heftig. Die Ohren stehen aufrecht und sind nach vorne gerichtet, die Schnauze steht ein Stück auf, der Hund bellt vielleicht einladend. Eine solche Lebendigkeit steht immer für Enthusiasmus und Lebensfreude.

Taucht eine Bedrohung auf, verändert sich die Körperhaltung je nach Persönlichkeit des Hundes und Einschätzung der Lage. Ein selbstbewusster, dominanter Hund reagiert auf eine Bedrohung aggressiv: Die Ohren deuten nach vorne, die Schnauze steht leicht offen, die Lefzen sind hochgezogen, um die Zähne zu entblößen. Um die Nase und auf der Stirn kräuselt sich die Haut, und der Blick wird stechend und scharf. Die Rute steht waagerecht ab oder befindet sich etwas über Rückenhöhe, und die Spitze beschreibt möglicherweise kleine Kreise. Die Nackenhaare sind ebenfalls aufgerichtet, sodass der Hund größer und breiter erscheint; diese Geste hat Ähnlichkeit mit der

Jüngere Welpen zeigen älteren Hunden Respekt,
indem sie die Lefzen lecken.

eines Mannes, der den Bauch einzieht, die Brust rausdrückt und den
Bizeps anspannt. Die Hundebeine sind steif – manch ein Hund geht
sogar auf Zehenspitzen. Die ganze Haltung drückt neben Größe und
Kraft vor allem mühsame Zurückhaltung aus. Ohren, Augen, Schwanz
und Muskeln sprechen von Mut und Zuversicht.

Wenn ein Hund misstrauisch und ängstlich wird, verändern sich
die Zeichen deutlich. Der Vorderkörper senkt sich ab, die Ohren werden angelegt oder nach hinten gezogen, der Schwanz eingeklemmt.
Die Lefzen sind hochgezogen, und die Augen wirken glasig; der Hund
sieht die Bedrohung nicht direkt an. Auch hier stehen die Nackenhaare hoch, doch der Körper ist geduckt, und der Hund bewegt sich
von dem gefürchteten Objekt weg. Das ist die Haltung eines Angstbeißers, der eine verwirrende Mischung aus unterwürfigen und aggressiven Signalen sendet.

Unterwerfung kann sich aktiv oder passiv ausdrücken – je nach
Umstand. In einer nicht durch Furcht geprägten Situation deuten die

193

Ein Welpe unterwirft sich einem erwachsenen Hund.

Ohren rückwärts, die Lefzen werden zu einem Grinsen zurückgezogen und der Körper duckt sich tief. Der Schwanz ist eingezogen und wedelt wahrscheinlich nervös. Aktive Unterwerfung zeigt sich häufig zur Begrüßung und wird manchmal von dem kompletten Rudel durchgeführt, zum Beispiel wenn der Leitwolf nach längerer Abwesenheit zurückkehrt. Es ist wie eine Zeremonie, bei der die Rudelmitglieder sich um den Anführer scharen und ihm die Lefzen lecken. Dies vermittelt Freundlichkeit, Loyalität und Zusammenhalt.

Passive Unterwerfung ist eine extremere Form, die vor allem von Hilflosigkeit und Verletzlichkeit spricht. Sie wird von einem rangniederen Wolf oder Hund im Angesicht einer Bedrohung oder eines dominanteren Tieres durchgeführt. Dabei legt sich der unterwürfige Hund auf den Boden und rollt sich auf den Rücken, um Bauch und Genitalien zu entblößen. Die Vorderpfoten sind am Gelenk abgeknickt, der Schwanz ist einklemmt und wedelt verhalten, wenn überhaupt. Die Ohren kleben am Kopf, und Augenkontakt wird vermieden. Mit dieser

194

Haltung, die den Hund kleiner wirken lässt, drückt er totales Vertrauen in den anderen aus, dessen dominanter Rang damit bestätigt wird.

Olfaktorische Kommunikation

Da der menschliche Geruchssinn im Vergleich zum hündischen sehr begrenzt ist, ist es für uns natürlich schwierig zu sagen, wie genau Hunde oder Wölfe über den Geruchssinn kommunizieren. Obwohl Biologen und Verhaltensforscher überzeugt sind, dass dieser Sinn dem Hund mehr Informationen als jeder andere verschafft, ist es die am wenigsten erforschte Komponente der Hundesprache. Wir können nur verschiedene Verhaltensweisen beobachten, die mit Geruchssinn und Duftmarken assoziiert werden, und daraus die Bedeutung ableiten.

In der freien Natur uriniert der Leitwolf auf Pflanzen, Steine und Gegenstände oberhalb des Bodens. Das scheint mehrere Gründe zu haben: Erstens markiert er damit eindeutig die Grenzen des Rudelterritoriums, wodurch jüngere, unerfahrene Wölfe sich mentale Landkarten erstellen können. Zweitens macht es benachbarten Rudeln klar, dass sie sich fernhalten sollen. Duftmarken sind außerdem wichtig, um einander wiederzufinden, wenn das Rudel bei einer Jagd getrennt wurde; es sagt dem einzelnen Wolf, dass andere kürzlich hier durchgekommen sind.

Innerhalb des Rudels selbst scheint der Geruch unmittelbar mit dem hündischen Gesellschaftsleben zusammenzuhängen. Dominante männliche Wölfe präsentieren den Rangniederen ihre Analregion zum Beschnüffeln wie um sich anzupreisen, während die Rangniederen sich zurücknehmen, als wollten sie damit sagen »Ich bin ja nicht wirklich hier.«

Im Urin kann ein Wolf auch sexuelle Bereitschaft von Hündinnen wahrnehmen, die, wenn läufig, häufig markieren, als wollten sie diesen Zustand für potenzielle Verehrer (bevorzugt der Leitwolf) öffentlich machen.

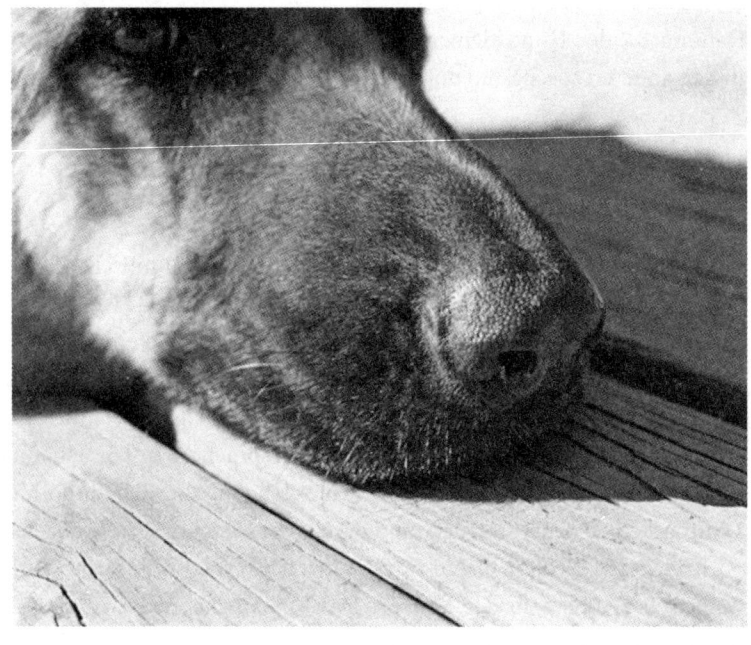

Ein Hund besitzt ungefähr 200 Millionen Riechzellen, ein Mensch fünf Millionen. Die Kraft der Witterung wird auf hundertmal stärker als die des menschlichen Geruchssinn geschätzt.

Die Bedeutung von Duftmarken zur Reviererkennung haben wir bereits angesprochen (siehe Kapitel 11). Hunde versuchen außerdem, die Markierung anderer, die in ihr Revier eindringen, zu überdecken. Der Duft besagt: »Das bin ich, das kenne ich.« Dadurch lässt sich auch erklären, warum Hunde, die mit ihren Menschen umziehen, zur Verzweiflung ihrer Halter häufig überall im neuen Zuhause markieren. Offenbar ist das die hündische Methode, sich in einem neuen Heim einzurichten, um sich wohl zu fühlen.

Jeder, der einen Hund hat, bemerkt schnell, dass Hunde an Urin und Kot ausgesprochen interessiert sind. Verhaltensforscher glauben, dass ein Hund aus einem Tropfen Urin oder einer geringen Kotmenge herausliest, ob ein Rüde oder eine Hündin vorbeigekommen ist, ob das Tier kastriert war, wie frisch die Duftmarke ist, in welche Richtung der Hund gegangen ist und, falls es eine Hündin war, ob sie läufig ist oder es bald sein wird.

Ein anderes interessantes Verhalten des Hundes ist das kräftige Aufscharren der Erde mit den Hinterpfoten, nachdem das Geschäft erledigt ist. Ursprünglich hat man angenommen, dass der Hund den Geruch überdecken will, aber tatsächlich scheint genau das Gegenteil der Fall: Der Hund will den individuellen Geruch weiter streuen.

Wenn sich Hunde in der Öffentlichkeit begegnen, ähnelt ihr Schnupperritual dem der Wölfe, und weil die Begegnung nicht innerhalb eines Rudels stattfindet, geht sie oft über die Zurschaustellung von Dominanz beziehungsweise Unterwerfung hinaus. Wenn sich zum Beispiel zwei Rüden zum ersten Mal begegnen, kommt es vor, dass *beide* eine Dominanzhaltung einnehmen, die zunehmend drohender wird, weil jeder den anderen zum Nachgeben zwingen will. Beide drehen dem anderen zum Schnuppern den Analbereich zu, ein Zeichen von Selbstbewusstsein und Mut, und wenn die Halter nicht rechtzeitig eingreifen, kann es schnell zu einem Kampf kommen.

Hunde, die sich gut kennen und eine gewisse Rangordnung untereinander akzeptiert haben, begrüßen sich entspannter, wobei der dominantere Hund den anderen gründlich beschnüffelt und sich anschließend selbst zum Beschnüffeln präsentiert, wodurch er sich über den anderen »erhebt«.

Eine läufige Hündin markiert wie alle Hundeartigen öfter als üblich, um ihren Zustand bekannt zu geben. Hunde in unmittelbarer Nähe reagieren meist höchst aufgeregt auf einen solchen Duft. Manchmal sieht man sogar, wie sich Rüden vor dem Haus einer heißen Hündin versammeln. Aus diesem Grund ist es keine schlechte Idee, die Hündin schon vor der ersten Hitze kastrieren zu lassen. Rüden können unglaublich hartnäckig in ihren Versuchen sein, eine läufige Hündin zu besteigen.

197

Rudeldynamik

»Hundesprache« lässt sich am leichtesten im natürlichen Kontext interpretieren. Hunde sind Rudeltiere wie Wölfe, und sie reagieren ebenfalls
ganz natürlich auf die Gesetze der Rudelexistenz. Da wir hier im Kloster immer mit einer großen Gruppe Deutscher Schäferhunde zusammen leben, können wir aus eigenen Beobachtungen und nächster Nähe
immer wieder vergleichen und die Ähnlichkeiten bestätigen. Vor allem
im alltäglichen Umgang: Ein Welpe begegnet einer älteren Hündin –
Unterwerfung und Dominanz. Oder eine Mutter, die ihren Welpen auf
dem Rasen mit Disziplinarmaßnahmen Respekt vor den Erfahreneren
beibringt. So viele Verhaltensweisen reichen zurück in die Zeit eines
gemeinsamen Vorfahren von Hund und Wolf, und der Hund legt sie
nicht einfach ab, nur weil er nicht mehr in freier Wildbahn lebt; im
Gegenteil – er wird sie auf das häusliche Umfeld übertragen. Und wenn
Sie die grundlegenden Strukturen in einem Rudel kennen und verstehen, dann wird Ihr Leben mit dem Welpen sehr viel angenehmer, das
Verhältnis zu ihm sehr viel intensiver werden.

Ein Rudel hält nicht automatisch zusammen. Da Wölfe Fleischfres-
ser sind und zum Überleben auf Jagd gehen müssen, ist für ihre Nah-
rungsbeschaffung ein hohes Maß an Kooperation nötig. Die Beutetiere
der Wölfe (Elch, Rentier, Karibou etc.) sind in der Regel zu groß, als
dass ein einzelner sie reißen könnte, sodass ein strategisch ausgefeilter
Angriffsplan für eine Gruppe von Jägern erforderlich ist. Ein solcher
Plan wiederum funktioniert aber nur innerhalb eines straff organisier-
ten Rudels, in dem jeder seinen Platz und seine Aufgabe kennt.

Das erklärt auch, warum die Vormachtstellung eines Anführers für
Wölfe so notwendig ist. Jedes Rudel hat ein Leitpaar, eine Wölfin und
einen Wolfsrüden. Diese Wölfe sind den anderen Wölfen ihres eigenen
Geschlechts überlegen. Im Allgemeinen, wenn auch nicht immer, ist
der Rüde das oberste Leittier im ganzen Rudel und verantwortlich für
die »Regierung« und Leitung der Rudelaktivitäten wie Wanderungen,

Eine Mutter bringt ihren Welpen bei, Respekt vor ihrer Autorität zu zeigen. Sie wird ihn gleich auf den Boden drücken.

Jagd, Ruhezeiten und Reviersuche. Seine Dominanz bewahrt die Ordnung, indem sie Unterwerfung und Respekt von den anderen Rudelmitgliedern fordert, die mit entsprechender Körpersprache reagieren.

Unterhalb der Leitwölfe besteht eine lockere Rudelhierarchie, in der jeder Wolf eine bestimmte Funktion und Rolle innehat. Diese soziale Struktur ist dynamisch und verändert sich, wenn jüngere Wölfe heranwachsen, ältere krank oder verletzt werden, vor der Paarungszeit und so weiter. Wölfe scheinen stets instinktiv nach der höchsten Position im Rudel zu streben und fordern kontinuierlich höherrangige heraus, bis die hierarchische Ordnung wieder zweifellsfrei feststeht. Um den Stand im Rudel zu bewahren oder sogar zu verbessern, muss ein einzelner sich also ständig bestätigen, Emporkömmlinge abwehren oder in der Rangordnung aufzusteigen versuchen. Man könnte vermuten, dass es durch diese soziale Spannung zu starken Aggressionen kommt, aber erstaunlicherweise finden im Rudel nur selten Kämpfe statt. Auf Herausforderungen wird rituell und kampflos reagiert, da eine unterwürfige Körperhaltung meistens ausreicht, um die Unstimmigkeit zu beenden. Fordert ein niederrangiger Wolf den Leitwolf heraus, reagiert dieser zunächst mit aggressiver Körperhaltung, Knurren und einem starren Blick und ist damit meistens in der Lage, sich ohne Kampf zu behaupten.

Interessanterweise scheint ein Wolfsrudel umso stärker und gefestigter im Zusammenhalt, je selbstbewusster und sicherer ein Leitwolf in seiner Führerschaft ist, da er weniger Herausforderungen provoziert. Erst wenn die Autorität im Rudel zweifelhaft ist – in Zeiten des Führungswechsels zum Beispiel – wird die Rudelstruktur instabil, sodass die Gruppe manchmal sogar auseinander bricht. In der Wildnis funktioniert ein Rudel am besten, wenn absolut klar ist, wer es führt – und in Ihrer Beziehung zu Ihrem Hund gilt das ebenso.

Dominanz und Unterwerfung sind zentrale Struktureinheiten im Rudelleben, und Wolfswelpen lernen das bereits in den ersten Tagen ihres Lebens. Und wie wir durch Anka und ihren Wurf gesehen haben, beginnt die Erziehung mit dem Entwöhnen, wenn die Mutter beginnt, aufdringliche Welpen mit Knurren oder Schnappen zur Ordnung zu rufen. Die Welpen lernen, Unterlegenheit durch Körperhaltung zu demonstrieren und das Maul der Mutter zu lecken, was ein Herauswürgen des Futters zur Folge hat. Diese »Angewohnheit« entwickelt sich später zu einer aktiven Unterwerfungsgeste bei Begrüßungen. Die älteren Wölfe helfen bei der Welpenaufzucht sowohl durch Fütterung als auch durch Disziplinierungen, und die sind grundsätzlich gutmütig. Die Welpen fürchten sich keinesfalls vor den älteren Wölfen und bleiben, so weit möglich, immer in ihrer Nähe.

Diese ausgeglichene Haltung, eine *Mischung aus Nachsicht, Mahnung und Korrektur*, ist ganz typisch für die Kinderstube der Wölfe. Welpen sind frech und dürfen sich Dinge herausnehmen, die bei einem Erwachsenen niemals geduldet würden. Sie attackieren ältere Wölfe spielerisch, beißen sie und packen sie um die Schnauze. Hin und wieder provoziert das eine Reaktion, mit der der ältere Wolf den Welpen an wölfische Etikette erinnert und ihm eine lebenswichtige Lektion in der Kunst der Unterwerfung erteilt: Der Wolf »umfasst« mit den Fängen die Schnauze des Welpen und drückt ihn zu Boden.

Erziehung im Rudel

In der wölfischen Pubertät (von der zwölften Woche bis zur Geschlechtsreife) lernen die Jungtiere nicht nur die Grundlagen der Kommunikation und das soziale Gefüge kennen, sondern werden auch in der Kunst des Überlebens ausgebildet. Obwohl man nicht genau weiß, wie die großen den kleinen Wölfen das Jagen beibringen, scheint das Spiel eine wichtige Funktion zu haben. Weil der körperliche Reifeprozess der Wolfswelpen langsam vonstatten geht, die Tiere schnell ermüden und ihre Milchzähne erst ab dem sechsten Monat ausfallen, beginnen sie frühestens mit neun Monaten zu jagen. Sie bleiben im Lager oder im »Welpenhort«, oft mit einem erwachsenen Wolf als Babysitter, der gewöhnlich das rangniedrigste Rudelmitglied ist. Die Welpen spielen miteinander und üben die Jagd an Feldmäusen. So entwickeln sich ihre Fähigkeiten, sich anzuschleichen, sich auf die Beute zu stürzen und sie zu verfolgen, schrittweise. Wenn das Rudel nicht jagt, kommt es vor, dass ein älterer Wolf mit den Kleinen Fangen spielt und sie neckt und hin und her hetzt. Auch durch diese Jagdsimulation lernen die Wölfe viele Fähigkeiten im Spiel, die sie später brauchen.

Unsere Schäferhunde veranstalten oft ähnliche Spiele. Die Hündin Uli nähert sich zum Beispiel einem frühreifen fünf Monate alten Welpen namens Kali. Uli sieht die kleine Hündin schwanzwedelnd einige Augenblicke an, dann schweift ihr Blick ein wenig ab. Kali wirft sich mit dem Vorderkörper zu Boden und blickt gespannt zu Uli auf. Plötzlich schießt die ältere in die entgegengesetzte Richtung davon, und Kali stürmt ihr begeistert hinterher, folgt ihr bei jedem Haken, jeder Wende, bis sie schließlich neben ihr hertollt und übermütig nach ihr schnappt. Ein solches Spiel kann sich über eine Stunde lang fortsetzen, und es ist ein sehr wichtiges Element in Kalis Entwicklung.

Welpen, ob wild oder domestiziert, lieben das Spiel. Nutzen Sie also die Spielstunden mit Ihrem Welpen für die Ausbildung. Das Spiel vermittelt Ihrem Hund mit Begeisterung zu lernen und das Beisammensein mit Ihnen zu genießen, was ihm und Ihnen später in der weiteren Ausbildung sehr nützlich sein wird.

Große Bereiche der Hundesprache und des Verhaltens bleiben uns ein Rätsel, und das Wenige, was wir wissen, scheint auf tiefere Ebenen der Kommunikation hinzuweisen, die wohl noch jenseits unseres Vorstellungsvermögens liegen. Deswegen ist es faszinierend, Hunde zu beobachten: Man entdeckt immer wieder Neues. Lernen Sie, Ihren Hund zu verstehen und bleiben Sie während Ihrer gemeinsamen Zeit offen für neue Erkenntnisse. Je sensibler Sie für die Ausdrucksweise Ihres Hundes werden, umso inniger wird Ihre Verbindung werden.

14. KAPITEL

Vom Rudel lernen:
Wie man ein Leittier wird

Jetzt können wir ein paar Grundregeln aus dem Wolfsrudeldasein auf Ihre Situation mit dem Welpen übertragen. Mit bestimmten Übungen können wir die ganz selbstverständlich stattfindende Integration des Welpen ins Rudel imitieren. Denken Sie daran, dass Welpen ihren Platz im Rudel durch den beständigen Kontakt mit der Mutter und den anderen Rudelmitgliedern lernen. Körpersprache, physische Überlegenheit und Augenkontakt bringen Welpen bei, was es heißt, einen Anführer zu haben und sich nach ihm zu richten. Hunde und Hundeartige leben vor allem dann zufrieden und glücklich, wenn die Rangordnung klar ist. Und da jeder Welpe einen Anführer braucht, kann Ihre Beziehung zu ihm nur dann erfolgreich sein, wenn Sie für das Tier den wohlmeinenden Alpha-Wolf darstellen. Beginnen Sie damit sofort: Es ist viel leichter, sich einem zwölf Wochen alten verspielten Welpen gegenüber als Anführer zu etablieren, als einen vierzig Kilo schweren erwachsenen Hund nachträglich davon zu überzeugen, dass Sie das Sagen haben.

Zuerst wollen wir uns auf körperlichen Kontakt konzentrieren. Frisch gebackene Hundebesitzer versuchen häufig, dem Hund gutes Benehmen beizubringen, indem sie ihnen *erklären*, was von ihnen erwartet wird. Eigentlich sollte es sich von selbst verstehen, dass der Hund darauf nicht reagieren kann, da er unserer Sprache nicht mächtig ist. Aber manche Halter vermenschlichen ihre Hunde zu sehr und werden in der Folge ungeduldig oder verzweifeln sogar, weil der Welpe nicht tut, was sie sagen. Erst sehr viel später unterscheidet der Hund verschiedene Wörter als Weisungen, die er zu befolgen lernt. Anfangs werden Sie sehr viel besser mit ihm arbeiten, wenn Sie den Schwerpunkt weniger auf Worte, sondern vielmehr auf Taten legen.

Zunächst sollten Sie mit Ihrem Welpen üben, ruhig und entspannt zu bleiben, wenn Sie ihn anfassen und hochnehmen. Bevor das Tier irgendetwas lernen kann, muss es sich auf Sie konzentrieren können. Das mag Ihnen selbstverständlich vorkommen, aber der Mehrzahl der Hunde, die man uns zum Training anvertraut, fehlt es an der Fähigkeit, sich über eine längere Zeitdauer einer bestimmten Sache zu widmen; ihre Halter schaffen es nicht, die Aufmerksamkeit auf sich zu lenken. Eine solche Mensch-Hund-Beziehung ist ein Garant für Unzufriedenheit auf beiden Seiten. Üben Sie mit dem Welpen von Anfang an, sich auf Sie zu konzentrieren. Anführen kann nur, wer sich der Aufmerksamkeit seiner »Gefolgschaft« sicher sein kann.

Die folgenden Übungen sollen Sie in den Augen Ihres Welpen als Alpha-Wolf etablieren. Beginnen Sie damit ruhig schon eine Woche nach dem Einzug Ihres Hundes in Ihrem Heim. Indem Sie ihm beibringen, ruhig zu bleiben und still zu halten, wenn Sie ihn anfassen, zeigen Sie ihm, dass Sie ranghöher sind, diese Position aber niemals ausnutzen werden und sein Vertrauen verdienen.*

Übung 1: Festhalten

Lassen Sie sich auf dem Boden nieder und setzen Sie sich Ihren Welpen so zwischen die Beine, dass er Sie *nicht* ansieht. Legen Sie jetzt eine Hand auf seine Brust, die andere unter die Schnauze. Wenn der Hund sich auf diese sanfte Art festhalten lässt, loben und massieren Sie ihn. Falls er sich windet und sich befreien will, halten Sie ihn fest, bringen

---

* Die Erkenntnisse, die wir in den folgenden Abschnitten beschreiben, verdanken wir Jeanne Carlson, Hundeausbilderin und Verhaltensforscherin aus Seattle und verantwortlich für das kluge Video »Good Puppy!«

Die Grundübung »Festhalten«: Eine Hand liegt auf der Brust, die andere unter der Schnauze. Beginnen Sie mit einer leichten Massage.

Wenn Sie spüren, dass Ihr Hund sich dabei wohl fühlt, massieren Sie seinen Kopf und bewegen sie ihn ganz leicht hin und her.

ihn wieder in Position und sagen freundlich, aber bestimmt: »Nein, bleib!« (Weitere Befreiungsversuche kann man auch mit einem kurzen Schütteln begegnen, das ihn verblüfft, ihm aber nicht wehtut.) Sobald er zur Ruhe kommt, massieren Sie ihn wieder und streicheln ihn von Kopf bis Schwanz.

Achten Sie darauf, dass Ihr Griff wirklich fest ist, denn Sie sollen ihm *Kontrolle* vermitteln, nicht das Gefühl von Unsicherheit. Halten Sie den Hund ein paar Minuten lang auf diese Art. Die meisten Welpen haben sich bereits beim zweiten Mal daran gewöhnt und scheinen die Massage als sehr angenehm zu empfinden. Gleichzeitig haben Sie den Grundstein für den Befehl »Bleib!« gelegt, das der Hund später lernen wird.

Übung 2: Schnauze und Ohren untersuchen

Wenn Sie Ihren Welpen entspannt halten können, gehen Sie zur zweiten Übung über: Untersuchen Sie Ohren und Schnauze. Immer wieder wird es im Leben des Hundes vorkommen, dass Sie ihm Medizin geben, Gegenstände aus dem Maul entfernen, die Zähne überprüfen und die Ohren reinigen müssen. Welpen, die nicht schon früh daran gewöhnt werden, können später heftige Abwehrreaktionen entwickeln und vielleicht sogar beißen. Das bekommt weder Ihnen, dem Tierarzt noch dem Hund, weswegen Sie ihn damit vertraut machen sollten, solange er noch klein und problemlos im Umgang ist.

Beruhigen Sie ihn zunächst, wie in der vorherigen Übung beschrieben. Erlauben Sie Ihrem Welpen, den Kopf in Ihrer Hand ruhen zu lassen, während Sie ihn massieren, dann legen Sie behutsam Ihre rechte Hand von unten um die Schnauze. Gewöhnen Sie ihn daran, indem Sie es immer wieder versuchen. Das kann ein Weilchen dauern, aber Sie haben es nicht eilig. Wenn er es sich gefallen lässt, loben Sie ihn und bewegen seinen Kopf vorsichtig hin und her. Falls er unruhig zu werden beginnt, kehren Sie zu der Beruhigungsübung zurück, bis er sich erneut entspannt.

Sobald er Ihre Hand um seine Schnauze akzeptiert und Sie den Kopf auf ruhige Art bewegen können, sind Sie so weit, dass Sie seine Schnauze öffnen und einen raschen Blick hineinwerfen können. Legen Sie die rechte Hand unter das Maul, die linke drüber und ziehen Sie kurz die Lefzen hoch. Loben Sie ihn. Um die Schnauze nun ganz zu öffnen, legen Sie die Finger beider Hände zwischen die Kiefer und ziehen Sie sie auseinander. Machen Sie es anfangs nur ganz kurz, las-

Legen Sie eine Hand um den Unterkiefer, die andere um den Oberkiefer und ziehen Sie sie leicht auseinander, um einen Blick in die Schnauze zu werfen.

sen Sie sofort wieder los und loben Sie ihn. Wahrscheinlich mag Ihr Hund diese Prozedur anfangs nicht, aber wenn Sie es immer wieder versuchen, wird er es sich bald ohne Protest gefallen lassen. Wenn Sie feststellen, dass der Welpe versucht, an Ihrer Hand zu knabbern, halten Sie ihm die Schnauze zu und schütteln sie einmal kurz, wobei Sie »Nein« oder »Aus« sagen. Bieten Sie ihm die Handfläche, damit er sie ablecken kann, und wenn er es tut, loben Sie ihn fröhlich. Diese Übung hilft Ihnen übrigens dabei, die Kau- und Knabberneigung, die gerade in diesem Alter stark ausgeprägt ist, unter Kontrolle zu bringen.

Solange ihr Welpe noch entspannt ist, können Sie sich nun die Ohren ansehen. Beginnen Sie, sie mit den Fingern an der Basis zu massieren und streichen Sie dann über die ganze Länge. Denken Sie daran, dass die Ohren des Hundes einmal wöchentlich gereinigt werden sollten. Es macht also Ihnen beiden das Leben leichter, wenn Ihr Welpe sich früh daran gewöhnt.

Übung 3: Ganzkörpermassage und Umbetten

Die dritte Übung ist die logische Erweiterung der ersten beiden und soll Ihren Welpen daran gewöhnen, sich am ganzen Körper untersuchen und abtasten zu lassen. Außerdem ist es wichtig, dass Sie den Hund, wenn er sich in einer Ruheposition befindet, bewegen können, falls er zum Beispiel verletzt ist oder schläft. Wir haben schon öfter von Haltern gehört, die in einer solchen Situation von ihrem Hund gebissen wurden. Deshalb sollten Sie Ihren Welpen frühzeitig daran gewöhnen, damit er Ihnen jederzeit vertraut.

Beginnen Sie in der entspannten Haltung von Übung 1. Damit Ihr Welpe sich hinlegt, nehmen Sie seine Vorderbeine, ziehen sie behutsam nach vorne und loben ihn dabei. Jetzt streichen Sie mit den Händen über Nacken und Rücken und massieren ihn, bis er wieder ganz entspannt ist.

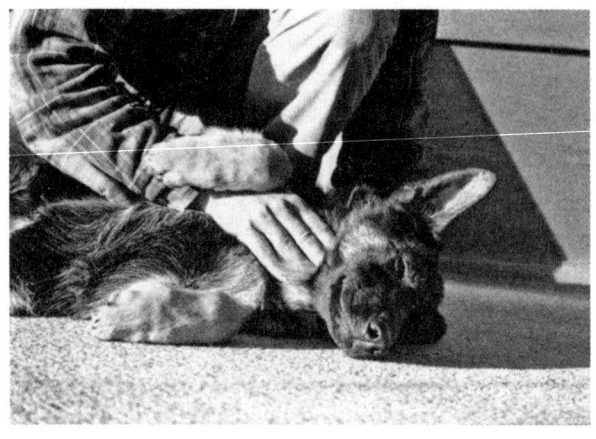

Wenn der Welpe auf der Seite liegt, streichen Sie ihm beruhigend über das Fell. Beziehen Sie den ganzen Körper mit ein.

Wenn Sie spüren, dass Ihr Hund sich wieder ganz wohl fühlt, knien Sie sich neben ihn, rollen ihn auf die Seite und setzen Ihre Massage fort. Reden Sie beruhigend mit Ihrem Hund. Wenn er versucht, aufzustehen, drücken Sie ihn an der Schulter nieder, sagen mit fester Stimme »Nein, bleib!« und loben ihn sofort, wenn er sich wieder beruhigt. Falls überhaupt, darf eine Korrektur nur unmittelbar und ganz leicht stattfinden; am besten greifen Sie ihn kurz ins Nackenfell, gerade ausreichend, um ihm klarzumachen, dass Sie alles unter Kontrolle haben. Fahren Sie mit dem Streicheln fort, massieren Sie den Hund sanft und widmen Sie sich besonders den Pfoten und der Rute, damit Sie dem Hund später leichter die Krallen schneiden oder Temperatur messen können. Verstärken Sie mit Augenkontakt die Verbindung zu Ihrem Hund, indem Sie ihn fest ansehen, falls er unruhig wird, freundlich und liebevoll dagegen, sobald er zur Ruhe kommt.

Greifen Sie dann beide Hinter- und Vorderpfoten gleichzeitig und rollen Sie ihn herum, streicheln und liebkosen Sie ihn und rollen Sie ihn wieder zurück. Schieben Sie ihn anschließend herum, als wollten

Wenn Ihr Hund entspannt ist, können Sie ihn an den Pfoten greifen und vorsichtig herumrollen.

Sie ihn aus dem Weg räumen. Zum Schluss sagen sie »okay« und seinen Namen und loben ihn wieder ausgiebig.

Wir wissen schon lange um die wohltuende Wirkung von Massage bei Hunden, und wir haben unsere Methode in *Wie Sie der beste Freund Ihres Hundes werde*n genau beschrieben. Massage verstärkt das Band zwischen Mensch und Hund, weil sowohl Hund als auch Halter sich in Gegenwart des anderen entspannen können. Aber neben dieser Funktion, die besonders älteren Hunden zugute kommt, setzen wir die Massage hier ein, um dem Welpen zu zeigen, dass Sie Vertrauen

211

in ihren menschlichen Rudelführer haben können. Ein Welpe, der es Ihnen erlaubt, ihn zu betasten, zu untersuchen, zu bürsten und hin und her zu bewegen, akzeptiert Sie als Alphatier und vertraut Ihnen. Er erkennt Ihre Vormachtstellung an und fühlt sich unter Ihren Händen wohl.

Diese einleitenden Übungen sind für die späteren Trainingseinheiten von unschätzbarem Wert. Sie können damit bald nach Ankunft des Welpen bei Ihnen zu Hause anfangen und damit fortfahren, solange Sie wollen, da diese Übungen schnell zu gemeinsamer Zeit werden, auf die der Hund und Sie sich freuen werden.

Eine letzte Bemerkung: Diese Übungen sind für alle Welpen geeignet. Es kann allerdings vorkommen, dass ein Welpe *extrem* berührungssensibel ist und auf eine solche Erfahrung mit Widerstand reagiert. Das ist sehr selten der Fall, wenn es bei Ihrem Welpen so sein sollte, hören Sie sofort auf und fragen Sie den Züchter oder einen Fachmann um Rat.

15. KAPITEL

Grundausbildung für Welpen

Von unseren Klostergästen hören wir oft, wie beeindruckt sie vom Verhalten unserer Hunde sind und wie freundlich und ruhig die Hunde selbst auf Fremde reagieren. Da wir unsere Schäferhunde in möglichst viele Alltagsaktivitäten einbinden, sind sie natürlich ständig präsent, und unsere Besucher begegnen ihnen den ganzen Tag über häufig. Bei so viel Kontakt mit unterschiedlichen Menschen ist es unbedingt notwendig, dass sie freundlich, ruhig und berechenbar sind und nicht zu Nervosität neigen. Um das zu erreichen, setzt man den Welpen möglichst früh einer Vielzahl an Alltagssituationen aus, die man kontrollieren kann, und beginnt so früh wie möglich mit den Grundlagen der Ausbildung.

Ein typisches Beispiel: Beim Abendessen liegen oft ein halbes Dutzend Hunde gelassen unter dem Tisch. Sie winseln nicht, sie betteln nicht, sie sind einfach gern in unserer Gesellschaft. Sie sehen uns zu oder schlafen, und häufig vergisst man sogar, dass sie überhaupt da sind. Falls einer der Hunde trotz Befehl »Bleib« aufsteht, weil »sein« Bruder etwas holt oder wegbringt, wird er ermahnt und dorthin zurückgebracht, wo er bleiben sollte, und meistens ist das vollkommen ausreichend.

In einer solchen Atmosphäre kann sogar ein Welpe schon lernen, für die Zeitspanne einer Mahlzeit ruhig liegen zu bleiben. Am Anfang nimmt man den Hund einfach an die Leine und lässt ihn neben sich liegen. Sollte er aufzustehen versuchen, drückt man ihn mit einem kurzen »Nein!« wieder zu Boden. Ein Welpe, der das ein paar Tage lang erlebt hat, passt sich gewöhnlich rasch an. In den folgenden Monaten kann man ihm dann beibringen, auch an anderen Plätzen im Raum liegen zu bleiben.

Wenn wir mit dem Essen fertig sind und unser Gebet gesungen haben, warten die Hunde auf ein »Okay«, das ihnen erlaubt aufzustehen, und gehen dann zu »ihren« Brüdern und holen sich ihre Streicheleinheiten ab.

Unsere Klosterurlauber finden das bemerkenswert. Ein Gast sagte kürzlich:»Brüder, wie macht ihr das? Was ist euer Geheimnis? Ich habe nur einen einzigen Hund, und der würde nie für die Dauer einer Mahlzeit ruhig liegen bleiben ...«

Das Welpentraining in New Skete im Überblick

Hinter der Ruhe und Gelassenheit unserer Hunde steckt kein Geheimnis. Wir bringen es ihnen einfach mit viel Geduld und Rücksicht auf ihre jeweiligen Fähigkeiten bei. Da Klöster von ihrem Wesen her ruhige, besinnliche Orte sein sollen, würde ein chaotisches Hunderudel alles durcheinanderbringen. Damit eine Gruppe Hunde sich dieser Umgebung anpasst, muss sie richtig ausgebildet werden. Und am schnellsten erzielt man dabei Erfolge, wenn man so früh wie möglich damit beginnt: Ein acht Wochen alter Welpe hat schließlich noch kaum Chancen gehabt, schlechte Angewohnheiten zu entwickeln.

Neben der Erziehung zur Stubenreinheit und der Gewöhnung an die Hände des Halters fangen wir bereits mit Übungen der grundlegenden Befehle – Sitz, Bleib, Komm, Bei Fuß und Platz (siehe Kapitel elf und vierzehn) – an, die im Laufe der folgenden Monate immer strukturierter und anspruchsvoller gestaltet werden. Zu Anfang der Arbeit mit einem Welpen beschränken wir die Übungsdauer auf maximal fünf Minuten, führen jede einzelne Übung aber zwei- bis dreimal pro Tag durch. Die Stimmung ist entspannt und gut gelaunt, und es gibt weder für den Halter noch für den Hund einen festen »Termin«,

Anka und zwei ihrer viereinhalb Monate alten Welpen
während des Mittagessens.

an dem etwas erreicht, etwas gekonnt werden muss. Unser Ziel ist es,
den Hund so natürlich und stressfrei wie möglich an die Übungen her-
anzuführen. Um unnötigen Druck zu vermeiden nutzen wir die Instinkte und Reflexe des Welpen. »Sitz« lernt er zum Beispiel, indem wir
den erhobenen Zeigefinger über seinen Kopf führen, »Platz« indem
wir sein Lieblingsspielzeug von seiner Augenhöhe zu Boden vor seine
Füße bewegen (siehe 11. Kapitel). Diese Übungen häufig zu wiederholen und das richtige Verhalten mit viel Lob zu belohnen, führt schnell
dazu, dass der Welpe die Positionen ganz selbstverständlich einnimmt,
sodass es ihm später leicht fällt, die straffer strukturierten Übungen

durchzuführen. Unsere Stimmen und Gesten in den Übungseinheiten sind lebhaft, damit das Interesse des Welpen nicht erlahmt, und zwischendurch suchen wir immer wieder Augenkontakt mit dem Hund. Am Schluss jeder Übung steht eine kurze Spielzeit, in der der Welpe herumtollen darf.

Im Laufe der Monate bereiten diese täglichen Übungen den Welpen auf das disziplinertere Training vor, mit dem wir in der Phase beginnen, in der der Hund seine Grenzen zu testen beginnt. Nun reagiert der Welpe positiv auf kurze Leinenkorrekturen, die seine Aufmerksamkeit einfordern sollen. Obwohl wir immer dafür sorgen, dass der Hund hoch motiviert und mit Spaß bei der Sache ist, lassen wir keinen Zweifel daran, wer das Alphatier in der Beziehung Hund-Halter ist. Falls Korrekturen sein müssen, dann sind sie gerade eben so streng, wie nötig, um das Verhalten zu ändern, während wir richtiges Verhalten mit viel Lob verstärken. Die Übungseinheiten dauern zehn bis fünfzehn Minuten, in denen wir jeweils alle fünf Grundbefehle durcharbeiten, was uns garantiert, dass der Hund aufmerksam bleibt und nicht durch Langeweile abgelenkt wird. Langeweile ist nämlich der schlimmste Störfaktor im Gehorsamstraining.

Je besser der Welpe die Übungen begreift und durchführt, umso häufiger setzen wir sie in Alltagssituationen ein. Er macht »Platz/ Bleib da« im Wohnzimmer und im Speisesaal, setzt sich, um Gäste zu begrüßen, legt sich am Abend auf sein Hundebett, auf dem er über Nacht bleibt, und so weiter. Schließlich ist die Ausbildung für die Praxis gemacht, und diese Komponente früh einzuführen, macht es außerdem möglich, dass der Welpe täglich eine längere Zeitspanne mit dem Mönch, der für ihn sorgt, zusammen sein kann.

Wenn das Welpentraining mit den richtigen Rahmenbedingungen zusammenfällt – das heißt tägliches Üben, fortgesetzte Sozialisation, ausgewogene Ernährung und regelmäßige Pflege – fügt sich der Welpe normalerweise glatt in unsere Gemeinschaft ein. Wenn ein Welpe sich nicht zu benehmen weiß, wird er unweigerlich zu einer Belastung, die

Nerven und Energie kostet, und in den meisten Fällen versucht der Halter deshalb, weniger Zeit mit dem Hund zu verbringen. Der wahre Zweck des Gehorsamstrainings und einer vernünftigen Ausbildung ist aber doch die Möglichkeit, den Hund so oft es geht mitzunehmen und am Alltag teilhaben zu lassen. Welpen sind dann am glücklichsten, wenn sie mit denen zusammen sein können, die für sie verantwortlich sind.

Das Grundlagentraining

Ein Programm wie unseres lässt sich ganz selbstverständlich in jeden Haushalt integrieren, und obwohl Sie die Ausbildung Ihres Hundes nicht auf die leichte Schulter nehmen sollten, müssen Sie kein professioneller Trainer sein, um Ihrem Welpen die Grundlagen beizubringen. Ausreichende Kenntnisse über hündisches Verhalten und Regelmäßigkeit sind zwei wichtige Stützpfeiler, und im besten Fall trainieren Sie täglich zu Hause und wöchentlich in einer Welpenspielgruppe. Falls Sie ein solches Angebot in der Nähe haben, sollten Sie es unbedingt wahrnehmen. Unsere Methoden stimmen mit denen der meisten Spielgruppen überein, und die Zeit und die Kosten, die man investieren muss, sind es wirklich wert. Neben den ersten Gehorsamsübungen und notwendigen Sozialisationserfahrungen für Ihren Welpen, stellen Sie selbst schnell fest, ob Ihr Umgang mit dem Hund der richtige ist, und Sie können sich mit den anderen Teilnehmern austauschen und Vergleiche ziehen, und gehen gewöhnlich mit vielen wertvollen Tipps nach Hause. Welpenspielgruppen sind sehr aufbauend.

Beginnen Sie mit Ihrem Hund zweimal täglich jeweils zehn bis fünfzehn Minuten zu arbeiten. Lesen Sie sich die Beschreibung der Übungen mehrmals durch und stellen Sie sie sich die Abfolge bildlich vor. Sie können Ihren Welpen schlecht mit der Leine in der einen und dem Buch in der anderen Hand trainieren. Visualisieren Sie die Szene, hören Sie sich selbst mit lebhafter Stimme mit Ihrem Welpen sprechen, planen Sie die Szenen durch. Wenn Sie nicht schon vor der Übung zuversichtlich wissen, was Sie tun müssen, strahlen Sie Unsicherheit aus, auf die Ihr Welpe wahrscheinlich mit Unruhe und Unaufmerksamkeit reagiert. Ist Ihnen aber schon vorher bewusst, was Sie tun wollen und wie Sie auf mögliche Fehler des Hundes reagieren, vermitteln Sie eine Autorität, die Ihrem Hund hilft, sich auf Sie zu konzentrieren.

Für das Programm, das wir in den folgenden Abschnitten erklären, setzen wir voraus, dass Sie die vorbereitenden Übungen (siehe Kapitel 11 und 14) bereits gemacht haben und Ihr Welpe entspannt an der Leine geht. Die in diesem Kapitel erklärten Übungen sind für Welpen im Alter von drei bis fünf Monaten gedacht. Sie sollen den Hund auf das spätere Gehorsamstraining vorbereiten.

Ausbildung als Kunst betrachtet

Gutes Training ist etwas ganz anderes als schlichter Gehorsamsdrill. Dreh- und Angelpunkt des Welpentrainings sollte das Bestreben sein, dem Hund die verschiedenen Befehle so beizubringen, dass die besten Elemente seiner Persönlichkeit zu Tage treten. Und deshalb ist die Ausbildung eine Kunst: Sie holt aus dem Welpen die Eigenschaften hervor, die es ihm erlauben, an Ihrer Seite ein friedliches und erfülltes Leben zu führen. Dass ein Welpe die Grundbefehle »Sitz«, Bleib«, »Komm«, »Bei Fuß« und »Platz« kennt, ist keine Garantie dafür, dass das Training erfolgreich verlaufen ist. Ein sechs Monate alter Welpe mag die Befehle durchaus befolgen, aber falls er dabei zittert oder sich angstvoll duckt oder keinerlei Freude zeigt – um welchen Preis hat er sie dann gelernt?

Gutes Training bedeutet neben einer tadellosen Ausführung auch die richtige Arbeitshaltung. Ein Hund, der den Aufforderungen freudig und gut gelaunt folgt, ist nicht nur schön anzusehen, weil er majestätisch und selbstbewusst wirkt, sondern verrät auch ein Bestreben zu gefallen, das keinesfalls selbstverständlich, sondern allein durch Erfahrung gelernt ist. Dass der Wunsch des Hundes, es dem Menschen recht zu machen, in seinen Genen liegt, ist ein Klischee; ein Hund ist – wie jedes Lebewesen – vor allem darauf aus, sich selbst angenehme Empfindungen zu verschaffen, und er ist durchaus in der Lage, das zu tun. Verbindet er also mit der Erfahrung, zu tun, was *Sie* möchten, etwas Angenehmes wie Lob oder Streicheln, dann wird er sich für diese Belohnung, zum Beispiel im Gehorsamstraining, anstrengen.

Aber der Umkehrschluss ist ebenfalls richtig. Wenn Ihr Hund erfährt, dass eine Tat etwas Unangenehmes nach sich zieht, wird er versuchen, die unangenehme Erfahrung zu vermeiden, indem er sein Verhalten ändert. Beim Welpentraining ist ein leichtes Leinenschnappen begleitet von einem festen »Nein!« unangenehm genug, um diese Wirkung zu haben, ohne dem Hund auch nur den geringsten Schaden zuzufügen.

Auf dieser Grundlage funktioniert die Ausbildung für jeden Hund, wie alt er auch sein mag; bei Welpen werden die unangenehmen Erfahrungen auf ein Minimum reduziert. Tut der Hund das Erwünschte, muss sofort ausgiebig und mit munterer Stimme gelobt werden. Unmittelbares Lob ist absolut notwendig, damit Ihr Welpe sein Verhalten mit der angenehmen Erfahrung assoziiert.

Dasselbe gilt selbstverständlich für Korrekturen. Macht der Welpe einen Fehler, sichern Sie sich mit einem sofortigen »Nein« die Aufmerksamkeit des Hundes. Dadurch haben Sie die Chance, den Befehl zu wiederholen und mit Lob die richtige Ausführung zu bestärken. Korrekturen sind keine Strafe, sondern eine Form der Kommunikation zwischen Ihnen und Ihrem Hund. Sie sollen nicht im Zorn ausgeführt werden, sondern nur unattraktiv genug sein, um den Welpen dazu zu bewegen, sein Verhalten zu ändern. Geschieht das, ist die Korrektur vorbei, vergessen. Sie sind der Initiator, der Anführer, und Ihr »Rang« bestätigt sich, indem Sie den Rhythmus aus Korrektur und

Lob konsequent und beständig einhalten, sodass der Welpe zweifelsfrei erkennen kann, was Sie von ihm wollen und was nicht.

Möglicherweise müssen Sie sich selbst erst daran gewöhnen, auch Korrekturen anzuwenden. Betrachten Sie sie als hilfreiche Leitlinie, als Information für den Welpen, mit dem Sie sein Leben einfacher gestalten wollen. Dass Ihr Welpe Fehler macht ist ganz normal. Welpen lernen durch Versuch und Irrtum, und bei jedem Fehler haben Sie die Chance, ihm zu zeigen, wie es richtig geht. Der Hund wird die Verbindung zwischen Fehler und Korrektur herstellen – sofern die Korrektur, wie schon erwähnt, sofort geschieht, und Sie das veränderte Verhalten mit Lob und Ermunterung verstärken.

Korrekturen – So machen Sie es richtig

Um der guten Beziehung zu Ihrem Welpen willen sollten Sie lernen, die Leinenkorrekturen richtig auszuführen. Halter, die nicht wissen, wie man die Leine richtig einsetzt, haben unweigerlich Probleme bei der Ausbildung ihres Hundes. Eine richtig eingesetzte Leine sichert Ihnen die ungeteilte Aufmerksamkeit Ihres Welpen, sodass er auf Ihre Anweisungen reagieren kann. Aber Vorsicht! An der Leine zu zerren, ist der falsche Weg. Gewöhnlich führt das zu einem Tauziehen, durch das Ihr Alphastatus in Frage gestellt wird. Wichtig ist das Zusammenspiel einer Reihe von Elementen:

- Ein Trainingshalsband, das passt und korrekt umgelegt ist.
- Eine Leine, die so gehalten wird, dass sie stets zwischen Ihnen und Ihrem Welpen ein wenig durchhängt.
- Eine Korrektur, die in drei Schritten durchgeführt wird: Ein Leinenschnappen und gleichzeitiges »Nein!« oder »Aus!«, die Wiederholung des ursprünglichen Befehls und promptes Lob, wenn der Welpe tut, was Sie möchten. Sehen wir uns die Elemente genauer an.

Das Trainingshalsband

Wenn Ihr Welpe von dem normalen flachen Halsband aus Kunststoff oder Leder im ersten Monat bei Ihnen zu Hause zu einem Trainings-Halsband wechselt, muss dieses unbedingt richtig passen. Häufig werden zu große Halsbänder gekauft, die dem Hund dann lose um den Hals baumeln. Daraus ergeben sich zwei Probleme. Erstens kann die Leinenkorrektur nicht mehr augenblicklich erfolgen, da es länger dauert, bis der Welpe davon etwas merkt. Zweitens liegt das Halsband an einer Stelle, an der der Hundehals am wenigstens empfindlich ist, da dort die Muskeln in die des Rückens übergehen. Damit der Hund also etwas von der Korrektur spürt, muss der Halter mehr Kraft anwenden, wodurch die Korrektur meist zu stark wird.

Wir empfehlen für die meisten Rassen ein weiches, geflochtenes Kunststoffhalsband, das sich über den Kopf streifen lässt und an den oberen Hals schmiegt. Da es leicht und flexibel ist, rutscht es nicht wie eines aus Metall von allein abwärts und geht womöglich sogar verloren. Eine Ausnahme machen wir allerdings immer bei langhaarigen Rassen wie Bobtail oder Bearded Collie, deren Fell sich oft in den geflochtenen Halsbändern verheddert. Für diese Hunde empfehlen wir Metallbänder mit kleinen Gliedern, die flach gehämmert sind. Bei den meisten Welpen bleibt um die fünf Zentimeter Überhang, wenn das Halsband fest angezogen ist.

So legen Sie Ihrem Hund das Halsband richtig an:

1. Halten Sie es jeweils mit Daumen und Zeigefinger einer Hand an den Ringen horizontal vor sich.
2. Fädeln sie das Halsband durch den linken (inaktiven) Ring und ziehen es mit der Linken durch. Lassen Sie die entstandene Schlaufe locker herabfallen. Sie bildet automatisch ein liegendes P.
3. Lassen Sie den Hund zur Linken sitzen (Sie blicken beide in dieselbe Richtung) und schieben Sie es ihm über den Kopf.

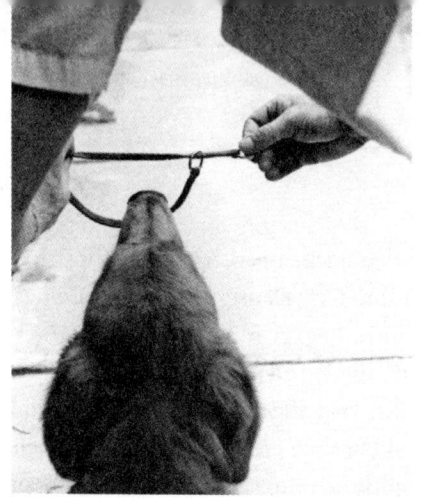

So streift man das Trainingshalsband über. Das Halsband bildet, locker gehalten, ein liegendes P.

Die Ausgangsposition. Achten Sie darauf, wie die Leine gehalten wird.

4. Befestigen Sie die Leine an den Ring, der nun durch den inaktiven Ring über dem Nacken des Hundes auf Ihre Seite fällt. Ziehen Sie die Leine an und lassen Sie wieder nach: Das Halsband sollte sich sofort lockern.

Sehen Sie sich das Bild in diesem Abschnitt genau an, um sich zu vergewissern, dass das Halsband richtig angelegt ist. Wenn Sie feststellen, dass es sich nach einer Korrektur nicht sofort wieder lockert, überprüfen Sie es noch einmal. Vielleicht haben Sie es versehentlich verkehrt umgelegt.

Die Leine

Wenn Sie mit dem angeleinten Welpen arbeiten, halten Sie die Leine so locker, dass der Welpe genug Raum hat, um seine Fehler zu machen. Das wird Ihnen vermutlich am Anfang nicht leicht fallen, da die meisten Menschen instinktiv den Welpen kurz halten, um eine gewisse Kontrolle über ihn zu haben. Tatsächlich erreichen Sie damit aber nur das Gegenteil. Ist die Leine straff, bewirkt der konstante Druck um den Hals des Welpen, dass er Widerstand leistet, wodurch Sie mehr ziehen müssen. Der Hund an der Leine hat etwas Zen-artiges: Ein Mehr an Kontrolle durch weniger Kontrolle.

Wir empfehlen, die Leine folgendermaßen zu halten.
1. Schieben Sie den rechten Daumen durch die Schlaufe der Leine, die in Ihrer offenen Hand liegt.
2. Machen Sie mit der Hand eine Faust.
3. Greifen Sie die Leine mit zwei Fingern ein Viertel der Länge abwärts, sodass Ihre Hand auf dem rechten Bein ruht.
4. Nehmen Sie das andere Ende der Leine mit der Linken, sodass die Knöchel nach vorne zeigen, und lassen Sie die Hand auf dem linken Bein ruhen.

5. Das ist Ihre Ausgangsposition. Wenn Sie mit Ihrem Hund gehen, halten Sie die Hände möglichst unterhalb der Taille und lassen Sie dem Hund Spiel.

Die Drei-Stufen-Korrektur

Effektive Korrektur vermittelt Ihrem Hund eine Information und zeigt ihm, was Sie von ihm wollen. Je schneller Sie lernen, die Leinenkorrektur auszuführen, umso erfolgreicher werden Sie mit Ihrem Hund arbeiten können, was letztendlich bedeutet, dass er selbst zufrieden ist und sich schneller und besser an Sie anpasst.

Die Leinenkorrektur, von der wir sprechen, hat nichts mit Ziehen, Zerren oder Schlagen zu tun – zweifelhafte Mittel, mit denen manch ein Halter seinen Hund zum Gehorsam zwingen will. Wird ein Welpe aus der falschen Haltung in die richtige gerissen, wird er vielleicht tun, was Sie von ihm wollen, doch es wird nur unter Zwang geschehen und dem gesamten Trainingsprozess Schaden zufügen.

Eine konstruktive Korrektur dagegen macht deutlich, was Sie wollen, und motiviert Ihren Welpen, das Richtige zu tun.

Zu Anfang sichern Sie sich die Aufmerksamkeit des Hundes, indem Sie die Leine kurz »schnappen« lassen und gleichzeitig klar und bestimmt »Nein« oder »Aus« sagen. Der Hund sollte niemals permanenten Zug um den Hals spüren, weil er sich nur gegen Sie sträuben würde. Das rasche Schnappen in Kombination mit dem »Nein« ist nur dazu gedacht, das falsche Verhalten des Hundes zu unterbrechen und den Welpen dazu zu bringen, sich auf *Sie* zu konzentrieren. Tut er das, geben Sie den richtigen Befehl und loben sofort, wenn er ihn befolgt.

Vielleicht kommt es Ihnen anfangs seltsam vor, die Leine schnappen zu lassen. Man gewöhnt sich jedoch schnell daran und macht es mit einiger Übung fast automatisch. Probieren Sie die Sequenz vorher aus, damit Sie sich damit vertraut machen können. Am einfachsten ist es, wenn Ihnen jemand dabei hilft. Dabei gehen Sie folgendermaßen vor:

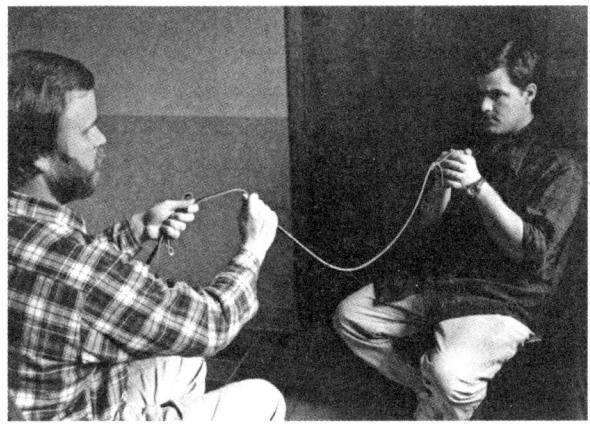

Üben Sie die Korrektur mit der Leine mit einem menschlichen Helfer.

1. Ihr Helfer setzt sich, in Leinenlänge entfernt, Ihnen gegenüber.
2. Nun schlingt er sich die Schlaufe der Leine ums Handgelenk und verschränkt die Hände fest miteinander.
3. Nehmen Sie das andere Ende der Leine mit der linken Hand etwa dreißig Zentimeter vom Karabiner entfernt und halten Sie sie so, dass die Knöchel nach oben weisen. Die Rechte hält den Karabiner. Wenden Sie sich eine viertel Drehung nach rechts.
4. Geben Sie Ihrem Helfer Anweisungen, gegen den Zug zu halten. Versuchen Sie nun mit der Linken seine Hände zu sich zu ziehen, ohne zu rucken. Spüren Sie den Widerstand? Je fester sie ziehen, umso stärker hält Ihr Helfer dagegen. Damit soll er demonstrieren, was eine straffe Leine bewirkt und wie *sinnlos* es ist, einen Hund zum Gehorsam zwingen zu wollen. Entspannen Sie sich.
5. Nun strafft Ihr Helfer die Leine erneut. Versuchen Sie diesmal, *nicht* zurückzuziehen, sondern locker und sie einmal kurz schnappen zu lassen und dann augenblicklich wieder nachzugeben: Die Hände des Helfers sollten in Ihre Richtung rucken. Denken Sie daran, dass Sie nur *Aufmerksamkeit* wollen. Sie brauchen *keine Kraft*. Kombi-

nieren Sie den Leinenruck mit einem »Nein« oder »Aus« und üben Sie die Durchführung mehrmals.

Der Einsatz der Stimme

Bevor Sie mit den Trainingseinheiten selbst beginnen, sollten Sie sich noch eines klarmachen: Eine klare Kommunikation mit ihrem Welpen kann nur stattfinden, wenn Sie Ihre Stimme richtig einsetzen. Besonders in der ersten Zeit mit und bei Ihnen wird Ihr Welpe sich eher an Ihrem Tonfall orientieren. Deswegen müssen Sie lernen, Ihre Stimme je nach Bedeutung zu modulieren. Denken Sie an die Geräusche, an die Ihr Welpe im Wurf gewöhnt war. Wenn nötig, setzte die Mutter ihre Autorität mit tiefem, gutturalem Knurren durch, das alle Welpen rasch zu respektieren lernen. Die höheren Töne werden mit Wurfgeschwistern, Spiel und Begeisterung assoziiert. Senken auch Sie Ihre Stimme, sobald Sie Disziplin einfordern (Sitz, Platz und Bleib), und heben Sie sie an, sobald Sie loben und Begeisterung wecken wollen und die »aufmunternden« Befehle »Komm« und »Bei Fuß« geben. Wenn der Hund einen deutlichen Unterschied der Stimmlagen wahrnimmt, reagiert er prompter.

Bei dieser allgemeinen Aussage zu Tonfall und Stimmlage möchten wir ein anderes Thema der Hund/Mensch-Kommunikation anschneiden, aus dem sich oft Probleme ergeben: Das Quengeln nämlich. Vermeiden Sie im Alltag mit Ihrem Hund und in den Übungsstunden bitte unbedingt jedes Gejammer und Gemecker. Damit vermitteln Sie dem Hund bloß Unsicherheit und Unentschlossenheit, wodurch Ihr Alphastatus unterminiert wird und Ihr Welpe vor allem lernt, Sie zu ignorieren. Der Befehl lautet nicht: »Sitz. Sitz! *Sitz*!!!!« und auch nicht »Komm schon, setzt dich endlich«, sondern »Sitz.« Sagen Sie *einmal* klar und deutlich, was Sie wollen, und korrigieren Sie den Welpen wie beschrieben, falls er nicht reagiert. Auf diese Art lernt das Tier rasch, dass Sie meinen, was Sie sagen, und sich, wie jedes Alphatier, selbstverständlich durchsetzen werden.

Sprechen Sie außerdem ruhig und beherrscht und widerstehen Sie der Versuchung, Ihren Welpen anzuschreien. Wichtigste Regel in der Welpenerziehung ist Beherrschung: Lassen Sie sich nicht gehen, verlieren Sie niemals die Kontrolle über sich. Abgesehen davon, dass auch Sie sich damit nicht wohlfühlen, können Sie bei Ihrem Welpen großen Schaden anrichten. Im Übrigen ist es vollkommen unnötig. Ihr Welpe hat ein gut funktionierendes Gehör und kann auf ein bestimmtes »Nein!« sehr wohl reagieren. Sparen Sie sich die Lautstärke für einen echten Notfall.

Die Grundübungen

Wenn Sie sich ungefähr an die Angaben in diesem Buch halten, sollte Ihr Welpe, wenn Sie mit ihm zu arbeiten beginnen (er muss mindestens drei Monate alt sein), einigermaßen entspannt an der Leine gehen können und an das Trainingshalsband gewöhnt sein. Außerdem haben Sie ihn bereits mit Sitz, Platz und Komm vertraut gemacht und ihn daran gewöhnt, sich von Ihnen anfassen, tragen und bewegen zu lassen. Auf dieser Grundlage können nun die etwas stärker strukturierten Übungen folgen, ohne dass Ihr Welpe einem Übermaß an Stress ausgesetzt wird.

Leckerchen

Unsere Leser werden zweifellos schon bemerkt haben, dass wir in unserem Welpentraining keinerlei Leckerbissen als Belohnung einsetzen. Unsere Erfahrung hat uns gezeigt, dass Leckerchen weder notwendig noch – langfristig betrachtet – hilfreicher sind als eine Belohnung, die ausschließlich aus Lob besteht. Obwohl es natürlich möglich ist, einen Welpen mit Leckerbissen als Verstärker zu erziehen, wird der Einsatz oft missbraucht, und genauso oft konzentrieren sich die

Hunde letztlich nur noch auf das Futter statt auf den Halter. Aufrichtiges Lob dagegen richtet die Aufmerksamkeit des Welpen ausschließlich auf den Ausbilder und motiviert den Hund darüber hinaus, eine engere Beziehung aufzubauen.

Name

Da unser Schwerpunkt auch bei der Ausbildung darin liegt, die Kameradschaft zwischen Hund und Halter zu stärken, setzen wir immer den Namen des Hundes zu den Befehlen, was bei anderen Methoden häufig bewusst nicht getan wird. Wir haben aber festgestellt, dass die Nennung des Namens die Aufmerksamkeit des Hundes weckt und er bald weiß, dass etwas folgen wird. Der einzige Befehl, bei dem wir seinen Namen aussparen, ist »Bleib«, weil der Hund dabei nichts tun soll.

Erstes Training

Wenn die erste offizielle Ausbildungseinheit für unsere Welpen beginnt, starten wir zunächst mit einem lockeren »Gehen wir« an der Leine und enden den kurzen Marsch mit einem »Sitz«. Damit wollen wir eine Brücke schlagen zwischen den vorbereitenden Übungen und dem jetzigen Training, denn der Hund soll zunächst lernen, nicht mehr nur einfach nebenher zu laufen, sondern im korrekten »Bei Fuß« zu gehen. Doch dies bereits zu Anfang zu fordern, würde zu viele Korrekturen nach sich ziehen. Daher gehen wir erst ein paar Tage mit dem Hund an der Leine, bis das Tier sich stärker auf den Ausbilder konzentriert und automatisch dichter an seiner Seite geht. Nun können wir richtig anfangen. Keine Einheit sollte mehr als fünfzehn Minuten dauern.

Einer unserer Welpen, der vorbildlich »Bei Fuß« geht.

Bei Fuß

Mit »Bei Fuß« bringen Sie Ihrem Hund bei, mit lockerer Leine dicht an Ihrer linken Seite zu gehen. Dabei geht es nicht nur darum, dass Sie mit Ihrem Hund einen angenehmen Spaziergang machen können. Wenn ein Welpe vorauslaufen, an der Leine zerren und das Tempo bestimmen darf, vermitteln Sie ihm unbewusst die Botschaft, dass *er* der Chef ist. Das wird langfristig Ihre gesamte Beziehung beeinflussen, da der Welpe irgendwann nicht mehr einsehen kann, warum er Ihnen Aufmerksamkeit schenken oder gar gehorchen sollte. Anders

229

Leichtes Vorpreschen kann man korrigieren, indem man eine abrupte Wende zum Hund hin macht und gleichzeitig die linke Hand über seinen Kopf hinaus führt.

der Welpe, der sich Ihrem Tempo anpasst und genau aufpasst, in welche Richtung Sie gehen wollen.

Suchen Sie sich eine ruhige Gegend zum Üben aus, in der es möglichst wenig Ablenkung gibt. Gärten sind gewöhnlich gut geeignet, sofern sie groß genug sind. Wenn Sie in einer Großstadt leben, beginnen Sie in Ihrer Wohnung, da Sie dort nicht mit dem Lärm und den aufregenden Anblicken des urbanen Alltags konkurrieren müssen. Lassen Sie Ihren Welpen neben sich stehen oder sitzen. Vergewissern Sie sich, dass das Halsband korrekt umgelegt ist und nehmen

Sie die Leine in die Hand, wie zuvor beschrieben; sie sollte durchhängen. Verleihen Sie Ihrer Stimme einen angenehmen Klang, nennen Sie den Hund beim Namen und sagen Sie im Anschluss »Bei Fuß«, wobei Sie gleichzeitig mit dem linken Fuß vorangehen. Warten Sie nicht auf Ihren Welpen, sondern gehen Sie einfach und klopfen Sie sich einladend auf den linken Schenkel. Da der Hund bereits an die Leine gewöhnt ist, wird er mitkommen. Loben Sie ihn sofort. Falls nicht, lassen Sie die Leine kurz schnappen, sagen »Nein«, wiederholen den Befehl und loben ihn, sobald er sich in Bewegung setzt. Geben Sie sich lebhaft. Es ist wichtig, dass der Hund Ihren Enthusiasmus spürt.

Wenn Sie mit dem Hund eine Weile unterwegs sind, wird er Sie wahrscheinlich irgendwann überholen und beginnen, an der Leine zu ziehen. Zerren und reißen Sie den Hund nun unter keinen Umständen zurück. Korrigieren Sie ihn stattdessen wie gehabt und wechseln Sie augenblicklich die Richtung, wobei sie einladend auf Ihr Bein klopfen und freundlich »Bei Fuß« rufen. Loben Sie ihn, wenn er Ihnen folgt. Denken Sie daran, dass das Schnappen der Leine Ihnen nur die *Aufmerksamkeit* des Welpen sichern soll und das »Nein« fest, aber neutral und *keinesfalls* verärgert ausgesprochen wird. Halten Sie die Hände unten und die Leine locker. Indem Sie hin und her gehen und die Richtung wechseln, wird der Hund bald anfangen, zu Ihnen aufzuschauen, um herauszufinden, wann Sie wenden werden. Loben Sie ihn begeistert und aufrichtig, und Sie werden die ganze Übungseinheit über einen aufmerksamen Hund haben.

Sobald das Gehen an der Leine reibungsloser verläuft, verändern Sie die Routine: Biegen Sie nach hierhin und dorthin ab, beschreiben Sie Achten, gehen Sie eine Weile in engen Kreisen. Auf Kehrtwendungen müssen Welpen allerdings vorbereitet werden. Sagen Sie einige Schritte, bevor Sie die Richtung wechseln wollen, seinen Namen und klopfen Sie sich aufs Bein, damit er sich Ihnen zuwendet. Dann sagen Sie »Bei Fuß« und wenden gleichzeitig. Falls der Hund in eine andere Richtung geht, setzten Sie die Korrektursequenz ein, klopfen sich aufmunternd aufs Bein und wiederholen den Befehl. Wenn Sie konsequent über mehrere Wochen weitermachen, werden Sie feststellen, dass Ihr Hund nicht nur rasch lernt, ihnen freudig zu folgen, sondern Sie auch immer selbstverständlicher als Anführer akzeptiert. Üben Sie mit dem Hund auch einen Tempowechsel, um Monotonie im Training zu vermeiden.

Sitz

Ihr Welpe ist mit »Sitz« ja bereits vertraut (siehe Kapitel 11). Nun verbinden Sie »Sitz« mit dem Gehen an der Leine und bringen ihm bei, sich aus dem Bei-Fuß-Gehen zu setzen. Ihr endgültiges Ziel ist es, dass sich Ihr Hund automatisch setzt, sobald Sie stehen bleiben, doch im Augenblick interessiert uns das noch nicht. Jetzt konzentrieren Sie sich allein darauf, den Welpen an der Leine zum Sitzen zu bringen.

Manche Welpen haben überhaupt keine Schwierigkeiten, das zwanglos gelernte »Sitz« auf das Gehen an der Leine zu übertragen, während andere sehr viel mehr Hilfe und Vorbereitung bedürfen. Es hängt vom jeweiligen Welpen ab. Im Folgenden stellen wir Ihnen zwei Methoden vor, die sich bewährt haben. Die eine geht von einer stehenden Position aus, die andere wird direkt aus dem Bei-Fuß-Gehen gelernt.

1. Lassen Sie Ihren Welpen an Ihrer Linken stehen. Sie beide blicken in dieselbe Richtung. Ob Sie dabei stehen oder sich neben den Hund hocken, hängt davon ab, wie groß und wie unruhig Ihr Hund ist. Schieben Sie die rechte Hand zwischen Halsband und Fell, legen Sie die Linke auf den Widerrist und streicheln Sie sanft abwärts. Drücken Sie das Hinterteil leicht nieder, ziehen Sie die Hand unterm Halsband hoch und sagen Sie »Sitz«. Loben Sie den Hund, während Sie ihn ein paar Sekunden in dieser Position halten, dann lassen Sie ihn mit einem »Gut« wieder los. Wiederholen Sie

Die Hilfen bei »Sitz« aus stehender Position.

diese Übung im Verlauf mehrerer Einheiten, bis Ihr Welpe es ganz selbstverständlich tut.

2. Welpen, die bereits »Sitz« gelernt haben, brauchen diese Zusatzübung meistens nicht. Während Sie mit Ihrem Hund gehen, führen Sie Ihre rechte Hand nach vorne, sodass der Hund sie sehen kann; dazu müssen Sie sich während des Gehens ein wenig vorbeugen. Nun heben Sie die Hand vor seinen Augen hoch und sagen seinen Namen und »Sitz!«, während sie gleichzeitig zum Stehen kommen. Ihr Hund wird der Bewegung Ihrer Hand folgen und sich fast automatisch setzen. Loben Sie ihn überschwänglich und gehen Sie sofort weiter. Wiederholen Sie die Übung mehrmals während der Trainingseinheit. Damit der Welpe wirklich neben Ihnen sitzt und geradeaus blickt, kann es anfangs hilfreich sein, den Welpen

Sitzen aus der Bewegung heraus. Lassen Sie den Hund bei Fuß gehen, führen Sie die Hand vor seine Augen und heben Sie sie direkt vor ihm an, während Sie den Namen und »Sitz!« sagen und gleichzeitig zum Stehen kommen.

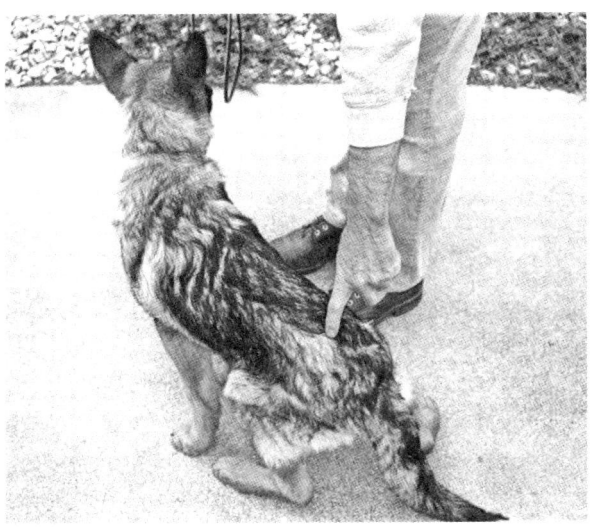

Wenn der Welpe sich auch nach der ersten Korrektur nicht setzen will, lassen Sie die Leine noch einmal kurz schnappen und drücken Sie Ihren Finger sanft auf das Hinterteil.

nach einer 180°-Wende in die Sitzposition zu bringen. Wenn der Welpe um Sie herumgeht, um Ihnen zu folgen, setzt er sich praktisch ganz selbstverständlich nach vorne ausgerichtet. Doch da Welpen noch sehr ungeschickt sein können, sollte man zu diesem Zeitpunkt nicht darauf beharren, dass Haltung und Position perfekt sind. Im Augenblick kommt es nur darauf an, dass Ihr Hund sich setzt, wenn Sie es wollen.

Falls Ihr Hund Sie ignoriert, wenn Sie anhalten, korrigieren Sie ihn und loben Sie anschließend. Reißen Sie *nicht* an der Leine, während Sie erneut »Sitz« sagen. Das Wort zur Korrektur heißt »Nein« (oder »Aus«, falls Sie das gewählt haben – wichtig ist, dass Sie bei *einem* Wort bleiben). Wenn Sie sich nicht daran halten, assoziiert Ihr Hund »Sitz« mit der Korrektur, und das kann nicht in Ihrem Sinne sein. Hört

Ihr Hund nach der ersten Korrektur immer noch nicht, wiederholen Sie zuerst die Korrektur, dann geben Sie ihm den Befehl ein weiteres Mal, während Sie mit dem Zeigefinger sein Hinterteil berühren und die Leine sacht mit der Rechten nach oben ziehen. Warten Sie einen Moment, wiederholen Sie »Bei Fuß« und führen Sie die »Sitz«-Sequenz ein weiteres Mal durch.

Das Ziel ist es, dass Ihr Hund von Anfang an lernt, bei Ihnen zu bleiben und sich Ihrer Führung unterzuordnen. Welpen brauchen meistens Bewegung, um aufmerksam zu bleiben. Indem Sie in den ersten Unterrichtseinheiten »Sitz« und »Bei Fuß« abwechseln und das Training fröhlich und lebhaft gestalten, wird Ihr Welpe bald lernen, Ihnen zu folgen, wodurch alle weiteren Übungen einfacher werden. Außerdem gestalten sich von nun an Ihre Spaziergänge sehr viel angenehmer. Ihr Welpe weiß, was Sie möchten, und das möchte er auch.

Bleib

»Bleib« verwenden Sie entweder mit »Sitz« oder mit »Platz«. Im Welpentraining üben wir es, sobald der Welpe sich auf Aufforderung verlässlich setzt. Das Ziel der Übung ist klar: Der Welpe bleibt so lange in der Position, bis man ihn zum Beispiel mit »Komm« heranruft.

Beginnen Sie wie zuvor mit dem Hund zur Linken. Nehmen Sie die Leine in die linke Hand und halten Sie sie vertikal über den Kopf des Hundes, wobei Sie einen sanften Zug aufs Halsband ausüben. Zeigen Sie dem Hund nun die Handfläche der rechten Hand und sagen Sie »Bleib« mit tiefer, fester Stimme. Vergewissern Sie sich, dass er wirklich sitzt und nicht auf dem Sprung ist, dann verlassen Sie seine Seite und treten vor ihn. Die Leine sollte straff bleiben. Wenn der Hund aufzustehen beginnt, korrigieren Sie rasch mit kurzem Leinenschnappen und »Nein« und kehren zur Ausgangsposition zurück, um das Ganze zu wiederholen. Halten Sie anfangs die Zeit, die Ihr Welpen sitzen bleiben soll, sehr kurz – höchstens fünf bis zehn Sekunden –, und kehren

Das Handsignal für »Bleib«. Hier muss die Leine nicht über den Kopf des Hundes gehalten werden. Sorgen Sie aber dafür, dass Ihre rechte Hand das Zeichen auf Augenhöhe des Welpen macht.

dann zu ihm zurück. Warten Sie noch ein paar Sekunden und loben Sie ihn dann.

Sobald Ihr Welpe verstanden hat, was Sie von ihm wollen, können Sie die Übung ein wenig spannender machen. Während Sie vor ihm stehen, verstärken Sie den Befehl mit dem Handzeichen und gehen dann halb um Ihren Hund herum. Kehren Sie zum Startpunkt zurück und wandern Sie in die andere Richtung. Üben Sie das, bis Sie einen vollständigen Kreis um ihn herum gehen können. Wenn der Welpe sich aus der Position bewegen will, korrigieren Sie ihn sofort und wiederholen Sie »Bleib« mit dem Handsignal.

Der Schlüssel zum raschen Verständnis ist die Berechenbarkeit. Beobachten Sie Ihren Hund mit Argusaugen. Sobald der Hund Anstalten macht, seine Position zu verlassen, müssen Sie korrigieren und »Nein« sagen. Falls die Korrektur nicht auf dem Fuß folgt, beginnen Sie noch einmal von Neuem und passen Sie beim nächsten Mal noch besser auf. Wenn Sie aufmerksam sind, wird es nicht lange dauern, und Sie können mehr Leine nachgeben und weiter weggehen, ohne dass Ihr Welpe aufsteht und Ihnen folgen will.

Sobald Ihr Hund Sitz/Bleib verstanden hat, wenden Sie es sofort in Alltagssituationen an. Hunde lieben es, durch sich öffnende Türen zu stürmen. Um die sich daraus ergebenden möglichen Probleme zu verhindern, üben Sie mit Ihrem Hund, sich vor einer geschlossenen Tür zu setzen und zu warten. Nun öffnen Sie die Tür, lassen ihn noch ein paar Sekunden warten und geben ihm dann die Erlaubnis, die Schwelle zu überqueren. Machen Sie es zu Ihrer Gewohnheit, vor dem Öffnen von Türen den Hund erst sitzen zu lassen. Wer das für übertrieben hält, mag daran denken, dass nicht wenige Hunde schon vor lauter Freude und Begeisterung durch Haustüren geschossen und direkt vor ein Auto gerannt sind.

Eine weitere praktische Anwendungsmöglichkeit für Sitz/Bleib ist die Begrüßung von Gästen oder von Bekannten, die man unterwegs trifft. Hunde entwickeln leicht die Angewohnheit, an den Menschen hochzuspringen, und das führt besonders draußen zu viel Ärger, wobei schmutzige Hosenbeine noch fast das geringste Problem sind. Wir gehen später noch näher darauf ein, möchten Ihnen aber hier schon nahelegen, es mit dem Sitz/Bleib von vornherein zu vermeiden. Beginnen Sie, indem Sie Ihren Welpen an der Leine zu Mitgliedern Ihres Haushalts führen und ihn sitzen lassen, während man den anderen Menschen begrüßt. Steigern Sie den Schwierigkeitsgrad der Übung langsam, bis Sie Ihrem Welpen zeigen können, wie man Fremden begegnet.

Augenkontakt

Wir haben schon mehrfach darauf hingewiesen, wie wichtig es ist, dass der Welpe Sie als sein Leittier ansieht. Regelmäßige Übungen zum Augenkontakt sind ein wichtiger Verstärker. So wie der Leitwolf in verschiedenen Situationen allein mit Blicken die Ordnung

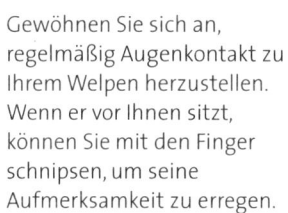

Gewöhnen Sie sich an, regelmäßig Augenkontakt zu Ihrem Welpen herzustellen. Wenn er vor Ihnen sitzt, können Sie mit den Finger schnipsen, um seine Aufmerksamkeit zu erregen.

239

im Rudel aufrechterhält, so müssen auch Sie lernen, dem Hund nur durch Augenkontakt bestimmte Botschaften zu übermitteln. Wenn Ihr Hund Ihnen gegenübersitzt, schnippen Sie mit den Fingern, um seine Aufmerksamkeit zu wecken. Sprechen Sie den Hund mit lebhafter Stimme an: »Kali, sieh mich an, sieh her.« Beugen Sie sich nicht vor, um auf sich aufmerksam zu machen, und fangen Sie auch nicht an, alle möglichen Geräusche zu machen. Der Hund soll *Sie* ansehen, nicht umgekehrt. Falls er abgelenkt ist, lassen Sie die Leine leicht schnappen. Wenn er Sie endlich ansieht, sollten Sie den Blickkontakt jedoch zu Anfang nicht mehr als einige Sekunden aufrecht erhalten, da sich manch ein Welpe davon einschüchtern lässt. Wenn er also zu Ihnen aufschaut, loben Sie ihn einige Sekunden lang und kehren dann an seine Seite zurück.

Tun Sie es im normalen Alltag immer wieder: Nehmen Sie sowohl beim Training als auch in entspannten Augenblicken Blickkontakt mit Ihrem Hund auf. Unweigerlich stellt sich mit der Zeit eine wunderschöne Vertrautheit ein, die Ihr weiteres Zusammenleben prägt.

Komm

In der Hundeausbildung hängen alle Übungen zusammen, bauen aufeinander auf und wirken gemeinsam. Ihr Welpe muss alle fünf grundlegenden Befehle kennen und nicht nur einen oder zwei.

Leider sind viele Halter anderer Meinung und konzentrieren sich auf den Rückruf als wichtigstes und manchmal auch einzigen Befehl. Hilfesuchende Hundebesitzer, die sich an uns wenden, beklagen sich mit Abstand am häufigsten darüber, dass ihre Tiere nicht hören, wenn sie gerufen werden. Doch die Lösung für dieses Problem lässt sich nicht über eine Abkürzung erreichen. Man kann dem Hund nicht nur das »Komm« beibringen, denn er hört nur verlässlich, wenn in einem längeren Trainingsprozess die Grundlagen dafür geschaffen worden sind. Hundehalter die behaupten, ihr Hund bräuchte keine Ausbil-

Einen sehr jungen Welpen kann man mit einem Schlüsselbund »Komm«
beibringen. Klingeln Sie mit dem Schlüssel, während Sie sich rückwärts
bewegen.

dung, er solle einfach nur kommen, wenn man ihn ruft, versuchen, es
sich leicht zu machen, um sich die Zeit und die Mühe zu ersparen, die
man zwangsläufig in eine gute Erziehung investieren muss. Aber letztendlich stehlen sie sich aus der Verantwortung und erreichen nichts.

Vermeidbare Fehler

Ziel des Rückrufs ist es, sich darauf verlassen zu können, dass der Hund
ausnahmslos in jeder Situation zu Ihnen kommt, wenn Sie ihn rufen.
Falls Ihnen das unmöglich erscheint, liegt das nur daran, dass so viele
Halter bei der Ausbildung Fehler machen, die genau den umgekehrten
Effekt haben: Sie bringen ihrem Hund bei, *nicht* zu kommen. Bevor wir
uns einem positiven Ansatz zuwenden, werfen wir also einen Blick auf

241

diese üblichen Fehler, um Ihnen zu erklären, wie sie sich auf den Hund und sein Verhalten auswirken.

Der wohl größte Fehler, den Halter machen können, ist Voreiligkeit: Lassen Sie den Hund unter keinen Umständen zu früh frei laufen. Grundregel Nummer eins in der Hundeausbildung lautet: *Sei stets in der Lage, den Fehler des Hundes zu vermeiden oder augenblicklich zu korrigieren.* Welpen begreifen sehr schnell, dass sie in Situationen, in denen der Halter nicht eingreifen kann, *nicht* sofort kommen müssen – zum Beispiel, weil sie zu weit weg sind. Hundehalter, die meinen, es sei anstrengend und unangenehm, mit ihrem Tier an der Leine spazieren zu gehen, da ein Hund schließlich von Natur aus dazu geschaffen sei, frei umherzulaufen, handeln sich zwangsläufig Ärger ein. Zumal sie dem Hund die freie Entscheidung überlassen, ob er kommen will oder nicht und ihn dadurch zum Anführer erheben. Dass das für das Training kontraproduktiv ist, versteht sich von selbst.

Ein zweiter Fehler, der häufig aus dem ersten entsteht, ist die endlose Wiederholung des Befehls, damit der Hund kommt. »Jetzt komm doch endlich« oder »Hörst du denn nicht?« zu brüllen, ohne dem ersten Befehl eine Konsequenz folgen zu lassen, bringt dem Hund nur bei, Sie zu ignorieren.

Und schließlich machen viele Halter den fatalen Fehler, den Hund, der – verzögert – gekommen ist, zu bestrafen. Rufen Sie Ihren Hund niemals zu sich, um ihn zu maßregeln – *niemals* und für keine noch so große »Verfehlung«! Ihr Hund wird nicht den Fehler, den er begangen hat, sondern unweigerlich das Kommen mit der Strafe verbinden und sich beim nächsten Mal erst recht weigern, Folge zu leisten, um eben dieser Strafe aus dem Weg zu gehen. Wenn Sie Ihren Hund zum Beispiel einer unangenehmen Prozedur aussetzen müssen (wie Medizin einflößen oder eine Spritze geben), dann holen Sie ihn, statt »Komm« zu rufen. Nur so sorgen Sie dafür, dass mit dem Rückruf ein positives Erlebnis verbunden bleibt.

Der Rückruf – die positive Methode

Falls Sie sich grundsätzlich an unsere Methode, wie wir sie in diesem Buch beschreiben, gehalten haben, hat Ihr Hund vermutlich gelernt, auf das Klingeln von Schlüsseln zu kommen, hat spielerisch einfache Apportierübungen absolviert und den Rückruf an der Leine geübt. Beginnen Sie nun den Rückruf in drei Schritten, die eine gut gelaunte und lockere Atmosphäre beibehalten, während sie gleichzeitig dafür sorgen, dass Ihr Hund immer und überall zu Ihnen zurückkehrt.

1. Schritt: Rückruf an der Leine

Im ersten Schritt vergewissern Sie sich, dass Ihr Hund auch wirklich weiß, was Sie mit »Komm« meinen. Lassen Sie ihn sitzen, sagen Sie »Bleib« und entfernen Sie sich auf Leinenlänge von ihm. Warten Sie ein paar Sekunden, dann sagen Sie fröhlich, »Kali, komm« beugen sich vor und breiten die Arme aus. Ihre Körpersprache sollte einladend und aufmunternd sein. Loben Sie den Hund, wenn er kommt und bringen Sie ihn sanft in eine Sitzposition, während Sie Ihr Lob ausklingen lassen. Richten Sie sich nach Ihrem gesunden Menschenverstand: Zuviel Lob kann Ihren Hund ablenken und zum Spielen ermuntern, aber noch soll er sich auf die Übung konzentrieren. Wenn der Hund auf das »Komm« nicht reagiert, zupfen Sie kurz an der Leine und wiederholen Sie den Befehl. Bei dieser kurzen Entfernung lernen die meisten Welpen sehr schnell, was »Komm« bedeutet.

2. Schritt: Rückwärts gehen

Durch diese Übung soll der Hund lernen, die Person, zu der er kommen soll, stets vor sich zu haben. Nichts ist frustrierender für einen Hundehalter, als zu erleben, wie der Hund auf Ruf in vollem Galopp zurückkommt, nur um im letzten Moment abzubiegen, davonzustürmen und außer Reichweite zu bleiben. Hunde finden dieses Spiel ganz großartig und können es lange, lange Zeit spielen, ohne zu ermüden. Deshalb trainieren Sie Ihren Welpen so, dass er immer *frontal* auf Sie zukommt.

»Sitz/Bleib« ist die Ausgangsposition. Sie stehen vor dem Hund und rufen ihn wie in Schritt eins, beginnen nun aber, rückwärts zu gehen. Die Leine sollte immer leicht durchhängen, der Hund immer ein wenig Abstand zu Ihnen behalten. Loben Sie den Hund, damit er sich weiterhin auf Sie konzentriert. Weicht er aus, als wollte er Sie überholen, wechseln Sie einfach die Richtung, zupfen Sie an der Leine und gehen Sie weiter rückwärts. Das können Sie eine ganze Weile fortführen, bis Sie Ihren Hund schließlich langsam bremsen und in die Sitzposition bringen. Welpen finden diese Übung normalerweise ganz großartig und machen begeistert mit.

3. Schritt: Rückruf mit langer Leine

Befestigen Sie eine lange Leine am Halsband des Hundes und lassen Sie ihn umherwandern. Tun Sie so, als würden Sie nicht auf ihn achten. Wenn er auf Leinenlänge von Ihnen entfernt ist und gerade damit beschäftigt ist, etwas zu beschnuppern, gehen Sie in die Hocke, breiten Sie die Arme weit aus und rufen fröhlich, »Kali, komm!« Klatschen Sie ein paar Mal in die Hände. Falls er nicht sofort reagiert, lassen Sie die Leine schnappen und ermuntern Sie ihn weiter, aber holen Sie Ihren Hund *nicht* wie einen Fisch an der Angel ein. Zupfen Sie kurz, lassen Sie wieder locker. Das Zupfen soll nur die Aufmerksamkeit des Tiers wieder auf Sie richten, sodass er sich von allein auf Sie zu bewegt. Ihre Stimme und Körpersprache wird dem Hund dabei helfen, nur Gutes mit dem Rückruf zu assoziieren: »Komm« heißt, ich bekomme Lob und Zuneigung!

Während der Trainingseinheiten können Sie diese Übungen variieren. Lassen Sie den Hund sitzen und befestigen Sie die Leine an einem langen, auf dem Boden liegenden Seil. Verstärken Sie »Bleib« mit dem Handzeichen und gehen Sie bis zum Ende des Seils, wobei Sie sich immer wieder umsehen sollten, ob Ihr Hund auch wirklich sitzenbleibt. Falls ja, drehen Sie sich am Ende des Seils endgültig um und rufen ihn wie oben beschrieben, indem Sie die Arme ausbreiten und in die Hocke gehen. Richten Sie sich auf, wenn der Hund die Hälfte der Strecke hinter sich gebracht hat und lassen Sie ihn sitzen, während Sie ihn eifrig loben. Falls er aufsteht, während Sie sich von ihm wegbewegen, kehren Sie zurück, bringen Sie ihn erneut zum Sitzen und versuchen Sie es mit einer kürzeren Distanz.

In jeder dieser Übungen hat Ihr Hund anfangs die Möglichkeit, nicht zu reagieren. Gewöhnlich aber korrigiert er sich rasch, wenn seine Aufmerksamkeit durch das Leinenschnappen eingefordert wird und dem überschwängliches Lob folgt. Wenn Sie konsequent üben, wird der Rückruf in Ihrem Hund so fest verankert, dass sich für Sie nie die Frage stellt, ob er kommt oder nicht kommt.

Fehler passieren

Natürlich kann es immer ein Missgeschick geben: Der Hund entwischt durch die versehentlich offen gelassene Wohnungstür, Ihre Tochter lässt die Leine los oder Sie sind voreilig zuversichtlich gewesen, dass Ihr Hund im Park schon auf Sie hören wird … Jedenfalls hat sich der Hund Ihrer Kontrolle durch die Leine entzogen und ignoriert Ihren Ruf jetzt. Was tun?

Sie haben nun mehrere Möglichkeiten. Vor allem aber sollten Sie, falls es nicht absolut nötig ist, unbedingt vermeiden, hinter dem Tier herzurennen, um es einzufangen. Im Alter von vier Monaten sind Welpen schon ziemlich schnell und können ihrem Menschen mit Leichtigkeit und viel Spaß an der Freude davonlaufen. Bewegen Sie sich stattdessen rasch in die entgegengesetzte Richtung. Hunde haben einen Verfolgungsinstinkt, der zu Tage tritt, wenn etwas vor ihnen davonläuft, und oft können Sie ihn auslösen, indem Sie so tun, als wollten Sie vor Ihrem Welpen »fliehen«. Wenn er sie dann einholt, halten Sie ihn einfach am Halsband fest. Bestrafen Sie ihn auf keinen Fall! Knien Sie neben ihm nieder und beruhigen Sie ihn, dann befestigen Sie die Leine am Halsband und arbeiten eine Weile mit ihm, indem Sie rasch alle Übungen durchgehen.

Wenn Sie mit dem Weglaufen keinen Erfolg haben, versuchen Sie etwas anderes. Setzen Sie sich mit dem Rücken zu Ihrem Welpen und tun Sie, als seien Sie beschäftigt. Manchmal hilft es auch, sich flach auf dem Boden auszustrecken. In vielen Fällen wird der Welpe neugierig und kommt herbei, um zu sehen, was es gibt. Nähert er sich, loben Sie ihn ruhig, bleiben aber, wo und wie Sie sind. Ist er bei Ihnen, legen Sie ihm die Hand aufs Halsband, befestigen die Leine und führen auch hier anschließend unaufgeregt und in aller Kürze die Übungen durch.

Um in den ersten sechs Monaten im Leben Ihres Welpen Unfälle zu vermeiden, empfehlen wir, den Gedanken vom Rückruf des frei umherlaufenden Hundes im Park oder im Wald erst einmal zu vergessen. Arbeiten Sie lieber an einem sicheren Fundament und simulieren Sie Leinenfreiheit mit langen Seilen, die Ihnen jederzeit Kontrolle und Korrektur erlauben. Sobald Ihr Hund älter und reifer geworden ist und Sie die richtige Basis geschaffen haben, dürfen Sie mehr von ihm erwarten.

Platz

Diese letzte Übung, »Platz«, bereitet vielen Halter Schwierigkeiten, weil der Welpe sich damit kontrolliert in eine unterwürfige Position bringen muss, durch die er Ihren Alphastatus anerkennt. Falls Sie einen eigensinnigen Welpen besitzen, kann das zu Machtkämpfen und Widerstand führen. Das ist der Grund, warum wir schon in den ersten Lebenswochen mit unseren Welpen zwanglos üben. Wenn der Hund es schon so früh lernt, kommt Widerstand meist gar nicht auf, und man hat es sehr viel leichter, ihm das formelle »Platz« oder »Leg ab« beizubringen. Aber selbst, wenn Sie neu beginnen müssen, sollten Sie die Geduld und die Zeit aufbringen, um Ihrem Hund »Platz« beizubringen, denn ein Welpe, der das beherrscht, kann zu viel mehr Gelegenheiten mitgenommen werden und daher sehr viel mehr Zeit mit Ihnen verbringen.

Am besten üben Sie »Platz« auf einer bequemen Unterlage, auf Gras oder auf einem Teppich vielleicht. Gehen Sie neben Ihrem sitzenden Welpen in die Knie. Legen Sie die linke Hand unterhalb seiner Schultern und schieben Sie die Rechte unter den Vorderbeinen durch, um das linke Bein unter dem Ellenbogen zu umfassen. Während Sie die Beine des Hundes anheben und nach vorne ablegen, sagen Sie, »Kali, Platz« und üben gleichzeitig leichten Druck auf die Schultern aus. Loben Sie ihn, wenn er sich widerstandslos in die Position bringen lässt. Achten Sie darauf, dem Hund nicht die Beine unter dem Körper wegzuziehen, da ihm das Angst machen könnte, und streicheln Sie seinen Rücken, damit er nicht sofort wieder aufspringt. Mit einem »Okay« können Sie ihn aufstehen lassen. Halten Sie die Zeitspanne, die der Hund liegen soll, anfangs sehr kurz – fünf bis zehn Sekunden reichen. Wenn er aufzustehen versucht, sagen Sie »Nein, Platz« und drücken den Hund sanft wieder herab. Loben Sie ihn, wenn er bleibt.

Sie können diese Übung variieren. Lassen Sie Ihren Hund sitzen und gehen Sie, wie bei der anderen Übung auch, neben ihm in die Hocke. Legen Sie nun Ihre rechte Hand unter das rechte Vorderbein, während Sie gleichzeitig den linken Arm um den Hund schlingen und sein linkes Vorderbein greifen. Heben Sie beide Läufe an und legen Sie sie vor dem Hund ab, während Sie »Kali, Platz« sagen und sofort loben, wenn das Tier liegt.

Regelmäßige Übung – mehrmals am Tag – wird Ihrem Hund schnell beibringen, was Sie von ihm wollen, sodass Sie ihn nicht mehr in die liegende Position führen müssen und die Übung erweitern können. Dazu bringen Sie den Welpen im »Bei Fuß« zum Sitzen. Falten

Umfassen Sie die Vorderläufe, heben Sie sie behutsam an
und legen Sie den Hund nieder.

Sie die Leine in der Linken und halten sie dorthin, wo Leine und
Halsband zusammentreffen, also unterhalb des Hundeohres. Nun
machen Sie eine viertel Drehung nach links, sodass Sie vor der rechten
Seite Ihres Hundes stehen. Setzen Sie die Bewegung flüssig fort, indem
Sie die rechte Handfläche vor das Gesicht Ihres Hundes führen, mit
fester, tiefer Stimme »Kali, Platz« sagen und sich gleichzeitig vorbeugen. Viele Welpen werden der Bewegung der Hand automatisch folgen
und sich legen. Falls Ihr Hund das tut, sagen Sie augenblicklich »Bleib«,

geben ihm das Handsignal und loben ihn, wenn er es richtig macht. Nach einigen Sekunden erlösen Sie ihn mit einem »Okay«.

Wenn Ihr Welpe der Abwärtsbewegung Ihrer Hand nicht folgt, befindet sich Ihre linke Hand in der idealen Position, um einen leichten Abwärtsruck an der Leine zu vollführen, dem Sie ein »Nein, Platz« folgen lassen. Zwingen Sie den Hund nicht; lassen Sie nur kurz die Leine schnappen, um seine Aufmerksamkeit zu gewinnen. Wenn der Hund sich selbst korrigiert, loben Sie ihn. Falls nicht, bringen Sie ihn mit Ihren Händen in die gewünschte Position und versuchen Sie es beim nächsten Mal wieder.

Manche Welpen rollen sich aus dem »Platz« gerne auf den Rücken, um ein Spiel anzufangen. Wenn das geschieht, richten Sie sich sofort auf. Indem Sie der Aufforderung des Hundes zum Spiel nicht nachgeben, machen Sie auf gutmütige Art Ihren Alphastatus deutlich, und die meisten Hunde reagieren, indem sie ebenfalls wieder auf die Füße kommen und sich auf den Halter konzentrieren.

Platz und Bleib

Sobald Ihr Hund weiß, was Sie mit »Platz« von ihm wollen, und sich von allein legt, können Sie die Zeit, die er in der Position bleiben soll, schrittweise verlängern. Das endgültige Ziel von »Platz« ist dann erreicht, wenn Ihr Hund für eine lange Zeit ruhig in Ihrer Nähe bleiben kann, ohne ein Ärgernis aus unkontrollierter Energie zu werden.

Haben Sie aber Geduld. Welpen haben eine kurze Aufmerksamkeitsspanne und können einfach noch nicht lange ruhig liegen bleiben. Verlängern Sie die Dauer schrittweise und üben Sie keinesfalls Druck auf das Tier aus. Wir empfehlen zwei Methoden.

1. Während der Trainingseinheiten können Sie die Zeit von zehn auf zwanzig auf dreißig Sekunden und länger ausdehnen, während sie Ihre Hand auf dem Rücken des Hundes lassen, sodass Sie sofort korrigieren können, falls er sich erheben will.

oben: In einer flüssigen Bewegung führen Sie Ihre rechte Hand von oben am Gesicht des Hundes vorbei zu Boden. Beugen Sie sich dabei herunter und geben Sie den Befehl mit tiefer, fester Stimme.

unten: Platz und Bleib. Üben Sie am Anfang mit der Hand über dem Rücken des Hundes, sodass Sie zur Not rasch korrigieren können.

Wenn Ihr Hund zuverlässig liegen bleibt, können Sie die Übung erweitern, indem Sie zum Beispiel über ihn springen.

2. Bleibt er zuverlässig liegen, richten Sie sich auf und fangen an, ihn zu umkreisen. Will der Hund aufstehen, korrigieren Sie ihn und beginnen Sie neu.

Mit leichten Ablenkungen und prompten Korrekturen wird Ihr Hund lernen, immer längere Zeitspannen auszuharren, und Sie können sich neue Herausforderungen ausdenken. Steigen Sie zum Beispiel über den Hunderücken, gehen Sie händeklatschend um ihn herum, werfen Sie ihm einen Stein vor die Pfoten etc. Wenn Ihr Hund solchen Versuchungen widerstehen kann, können Sie sich bald auf ihn verlassen.

Gleichzeitig sollten Sie den Hund im Alltag immer öfter »ablegen«, zum Beispiel nach langen Spaziergängen oder Spielstunden, wenn er ohnehin müde ist. Lassen Sie den Hund liegen und setzten Sie sich dann entspannt neben ihn und lesen Sie Zeitung oder sehen Sie fern. Falls der Hund einschläft, ist das nicht weiter schlimm; er soll sich nur daran gewöhnen, eine Weile in einer Position zu bleiben. Will er sich erheben, stehen Sie auf und korrigieren ihn, dann kehren Sie auf Ihren Sessel zurück. Konsequenz und Beharrlichkeit von Ihrer Seite werden Ihren Welpen davon überzeugen, dass Sie es ernst meinen. Wenn Sie ihm dann schließlich erlauben, wieder aufzustehen, vergessen Sie nicht, ihn ausgiebig und aufrichtig zu loben.

Nach getaner Arbeit: Zeit zum Spielen

Wer arbeitet, muss sich auch erholen dürfen. Da erfolgreiches Gehorsamstraining viele, viele Wiederholungen und konstante Übung beinhaltet, ist es umso wichtiger, die Trainingseinheiten mit Spiel und unbeschwertem Umhertollen aufzulockern. Wer eine »Lektion« mit Spielzeit abschließt, sorgt für positive Effekte. Spielen entspannt und macht Freude. Die Arbeit mit einer Runde Ball- oder Frisbeefangen, Verstecken oder Fangen abzuschließen, verbindet das Training mit etwas, das Sie beide mögen. Wenn das Spiel fester Bestandteil des Trainings ist, geben Sie dem Welpen damit ein starke Motivation: Er wird sich auf die Ausbildungszeit freuen, da er weiß, dass er am Ende toben darf.

Zweitens ist Spielen für die geistige und körperliche Entwicklung der Welpen genauso unerlässlich wie für Kinder. Wie wir schon gesehen haben, lernen Welpen bereits bald nach der Geburt im Spiel, wie man mit den Wurfgeschwistern umgeht und was es bedeutet, ein Hund zu sein. Im neuen Rudel sollte das nicht einfach beendet sein. Regelmäßige Spielzeit sorgt für den emotionalen Ausgleich, den ein Welpe braucht, wenn er sich zu einem gesunden, zufriedenen Hund entwickeln soll.

Wichtiger aber noch: Das Spiel verstärkt das Band zwischen Ihrem Hund und Ihnen, denn indem Sie in ihrer gemeinsamen Zeit etwas tun, das Ihnen beiden Spaß macht, lernen Sie einander zu respektieren und wertzuschätzen. Spiel ist ein wesentlicher Bestandteil der Ausbildung, der dazu beiträgt, dass die Hund-Mensch-Beziehung sich entwickeln und Ihrer beider Leben bereichern kann.

Ein Rückblick

Wir haben in jedem Kapitel betont, wie wichtig es ist, dass Sie im Leben Ihres Welpen die Rolle des Alphatiers einnehmen, des Anführers, und wir haben Ihnen aufgezeigt, welche Vorteile das für Sie beide hat. Welpen brauchen Konsequenz und Verlässlichkeit, um sich zu gesunden, fröhlichen, umgänglichen Begleithunden zu entwickeln. Der Trainingsprozess ist ein wichtiger Teil der Mensch-Hund-Beziehung, da Ihre Führungsrolle bestätigt wird, während der Welpe die Fähigkeiten erlernt, die er braucht, um in der Menschengesellschaft leben zu können. Indem der Welpe tut, was Sie von ihm wollen, ordnet er sich Ihnen unter. Dadurch werden sehr viele Probleme vermieden, die Hund und Mensch miteinander haben können – von Anfang an.

16. KAPITEL

Typisch Welpe?

Problemen vorbeugen

Selbst der besterzogene Welpe benimmt sich dann und wann daneben und legt ein Verhalten an den Tag, das eine Reaktion von Ihnen verlangt. Ganz ähnlich wie Kinder durchleben auch Welpen Phasen, in denen sie Grenzen testen müssen und »Machtpositionen« in Frage stellen. Wenn Sie als Rudelführer überzeugend bleiben wollen, müssen Sie richtig reagieren und Ihrem Welpen klarmachen, dass Sie sein Verhalten nicht dulden. Da eine große Unsicherheit herrscht, was man tun darf und was nicht, und aus Furcht, das Tier zu misshandeln, lassen viele neue Hundebesitzer Ihrem Welpen Dinge durchgehen, die sich zu einem ernsthaften Problem auswachsen können. Ergebnis sind dann oft verzogene Hunde, keine Freude für den Halter und für den Hund selbst auch nicht.

Man kann allerdings auch ins andere Extrem verfallen. Wer seinen Hund schlägt oder tritt oder Disziplinarmaßnahmen falsch anwendet – so zum Beispiel, wenn der Halter den Hund, der in seiner Abwesenheit Schuhe zerkaut hat, erst viel später bestraft –, sorgt dafür, dass aus dem Hund ein nervöses, ängstliches Wesen wird.

Gerade bei Welpen muss die Balance zwischen einem Zuviel und einem Zuwenig gehalten werden. Komplizierter wird das Thema, wenn man sich klarmacht, dass unterschiedliche Situationen verschiedene Maßnahmen verlangen. Kein Buch kann Ihnen genau sagen, was in einer beliebigen Situation richtig ist. Wir können nur Empfehlungen aus unserer langjährigen Erfahrung aussprechen und Ihnen allgemeine Richtlinien an die Hand geben, über deren Anwendung Sie individuell entscheiden müssen. Wir haben bereits betont, dass jeder Welpe ein eigenes Wesen hat, und was den einen Hund kaum belastet, kann den anderen traumatisieren. Wenn wir also über das Thema Disziplinierung reden, setzen wir voraus, dass Sie Ihren Hund kennen, seine Körpersprache verstehen und eine Ahnung davon haben, wie er in verschiedenen Situationen reagieren wird. Nur dann können Sie wirklich sein Verhalten ändern, ohne ihm zu schaden und die Kontrolle über sich selbst zu verlieren.

Und das ist auch der Grund, warum wir die Disziplinarmaßnahmen imitieren, die der Welpe – durch seine Mutter oder ein anderes Rudelmitglied – auch in der Natur erfahren würde: Wir wollen unser Missfallen im Einklang mit seinem hündischen Wesen ausdrücken. Wenn Sie sich zum Beispiel darin üben, mit Ihrem Hund Blickkontakt herzustellen, werden Sie bald feststellen, dass er sehr sensibel für die Botschaften wird, die Sie ihm mit den Augen schicken. Gewöhnlich sollen diese Botschaften Freundlichkeit und Ermunterung ausdrücken, aber es wird auch Gelegenheiten geben, bei denen ein verärgertes Starren in Kombination mit einem tiefen barschen »Nein!« Ihren Hund zur Ordnung ruft. Wir ahmen hier den Leitwolf nach, der für Ordnung im Rudel häufig allein durch ein Knurren und einen durchdringenden Blick sorgt.

Manchmal braucht ein Welpe jedoch ein stärkeres Mittel als einen strafenden Blick. Haben Sie zum Beispiel einen sehr dominanten eigensinnigen Hund, dann wird er sich vermutlich weder durch eine barsche Zurechtweisung noch durch Augenkontakt beeindrucken lassen. Damit Sie ihm klarmachen, was Sie wollen, werden Sie Ihre Autorität mit Körpereinsatz unterstreichen müssen, doch auch diese Maßnahmen müssen der Tat direkt auf dem Fuß folgen. Bei Welpen imitieren wir das Verhalten der Mutter im Wurf: Bei jüngeren Welpen greifen wir in das lockere Nackenfell und schütteln einmal kurz in Begleitung eines knappen »Nein!« oder »Aus!«. Bei älteren greifen

256

wir in das Halsfell links und rechts des Kopfes, heben den Hund leicht von den Vorderfüßen, sehen ihm in die Augen und schütteln ihn kurz, während wir »Nein!« sagen. Falls Ihr Hund bereits den Befehl »Platz« beherrscht, legen Sie ihn anschließend ab, denn dadurch stellen Sie Ihre ranghöhere Position heraus, der er sich unterordnen muss.

Gewöhnlich sind diese Maßnahmen bei Welpen, die ähnlich aufgewachsen sind wie unsere in New Skete, völlig ausreichend. Doch ein Wort der Vorsicht. Manchmal benehmen sich fünf oder sechs Monate alte Welpen einer dominanteren Rasse (Deutscher Schäferhund, Rottweiler, Akita oder Dobermann) auf eine Art, die noch strengere Maßnahmen erforderlich macht. Zum Beispiel kann ihr bisher netter kleiner, fünf Monate alter Schäferhund ganz plötzlich aus heiterem Himmel Gäste anknurren, und in einer Situation, in der Ihr Hund eine Drohung oder sogar offene Aggression zeigt, sollten Sie ernsthaft darüber nachdenken, ihm mit der offenen Hand einen Klaps unters Kinn zu verabreichen. Wir halten das deshalb für richtig, weil wir leider schon oft gesehen haben, was geschieht, wenn man ein solches Verhalten nicht ernst genug nimmt: Die Aggression eskaliert und es entstehen echte Probleme.

Damit eine solche Korrektur effektiv ist, muss Ihr Hund sicher sitzen, wofür Sie mit der linken Hand am Halsband sorgen. Während Sie nun Augenkontakt aufnehmen, versetzen Sie ihm mit der Hand ein oder zwei Klapse unters Kinn und begleiten das mit einem scharfen »Nein!« Lassen Sie der Maßnahme möglichst einen Befehl folgen, der Ihre Autorität wiederherstellt. Anschließend sollten Sie im Laufe der folgenden Wochen immer wieder Situationen inszenieren, in denen der Welpe lernen kann, wie man sich richtig verhält. Indem Sie erwünschtes Verhalten mit viel Lob verstärken, können Sie aggressive Elemente meist rasch aus Ihrem Alltag tilgen.

Vergessen Sie jedoch nicht: Diese Maßnahme sollte nur im absoluten *Notfall* angewandt werden und auch nur dann, wenn der – ältere! – Welpe *emotional stabil* genug ist, um damit umgehen zu können.

Typisch Welpe

Wir möchten außerdem darauf hinweisen, dass es eine Reihe Probleme gibt, die typisch für Welpen sind. Welpen begehen »Fehler«; kein Hundebesitzer kann jedes mögliche Problem durch vorausschauendes Handeln entschärfen. Da Ihr Hund noch jung und unreif ist, wird er zwangsläufig manchmal etwas tun, das Sie ärgert. Reagieren Sie mit Verständnis und wägen Sie ab, was zu tun ist. Weder sollten Sie annehmen, dass »es sich schon auswächst«, noch dürfen Sie überzogene Maßnahmen für ganz normale Schwierigkeiten anwenden, denn in beiden Fällen wird das Problem höchstens noch verstärkt. Schlagen Sie stattdessen einen moderaten Kurs ein, bei dem sich Prävention und Korrektur im Gleichgewicht halten, und behalten Sie stets im Auge, was für das jeweilige Alter Ihres Hundes und seine Persönlichkeit das richtige Maß ist.

Hier ist es vor allem wichtig, typische Welpenprobleme von ernsthafteren Schwierigkeiten älterer Hunde zu unterscheiden. Es ist ganz normal, dass Ihr Welpe bellt, beißt, knabbert, gräbt oder auf den Flurboden pinkelt ... ein Hund zu sein, bringt das mit sich. Echte Probleme entstehen daraus nur, wenn diese Aktivitäten nicht so kanalisiert werden, dass sie sich Ihrer häuslichen Situation anpassen. Ihr Welpe hat keine Ahnung, wie er sich bei Ihnen verhalten soll; er tut das, was seine Instinkte ihm sagen. Da Sie es sind, der sich den Hund ins Haus holt, liegt es auch in Ihrer Verantwortung, ihm beizubringen, was das richtige Benehmen ist. Und das gelingt viel leichter, solange er noch klein und formbar ist. In den folgenden Abschnitten stellen wir Ihnen typische Welpenprobleme vor und geben Ihnen Hilfen, wie man diese Probleme lösen kann.

Knabbern

Wie wir schon besprochen haben, untersuchen Welpen alles mit den Zähnen – vor allem ihre Artgenossen. Wenn Sie sechs Wochen alte Welpen beim Spielen beobachten, sehen Sie, dass die Kleinen sich gegenseitig ständig anknabbern und kontinuierlich testen, wie fest sie zubeißen können, bevor ihre Geschwister protestieren. Dieses Verhalten ist eine Form der Kommunikation und vollkommen normal, und vor diesem Hintergrund ist es auch leicht zu verstehen, warum Ihr Welpe dasselbe bei Ihnen macht, wenn Sie ihn zu sich nach Hause holen. Da er von seinen Wurfgeschwistern getrennt ist, werden nun Sie zum Zentrum seiner Aufmerksamkeit. Am Anfang sind die tapsigen Knabbereien sicher niedlich, doch Milchzähne sind spitz, sodass Ihre Begeisterung sicher rasch nachlassen wird. Das Verhalten zu ignorieren ist der falsche Weg, denn dadurch weitet Ihr Hund es nur bald auf Freunde und Gäste aus. Bevor das Knabbern zu einer schlechten Angewohnheit wird, schieben Sie ihm einen Riegel vor:

1. Wenn der Hund beginnt, an Ihnen zu knabbern, schließen Sie Ihre Hand um den Fang und sagen »Nein!« Er wird vermutlich winseln. Öffnen Sie die Hand und lassen Sie ihn sie lecken – das ist in Ordnung. Falls er wieder versucht, Ihre Hand oder Ihren Arm zwischen die Zähne zu nehmen, schließen Sie Ihre Hand wieder um den Fang, den Sie kurz schütteln und dabei »Nein!« sagen.

2. Man kann dem Hund das Beißen auch abgewöhnen, indem man ihn eine unangenehme Erfahrung machen lässt, ohne dass Sie Verärgerung zeigen. Wenn er zu knabbern beginnt.

3. Die Massage- und Dominanzübungen, die wir in Kapitel 13 erklärt haben, gewöhnen den Hund ebenfalls daran, sich anfassen zu lassen, ohne mit Knabbern oder Beißen zu reagieren.

4. Vermeiden Sie grundsätzlich, mit Ihrem Hund Tauziehen zu spielen. Dadurch verliert er das Gefühl dafür, wie fest er mit den Zähnen zupacken darf.

Nagen

Gegenstände zu zernagen ist das unangenehme Extrem der Knabberei. Der Hund dehnt seine orale Aktivität auf Gegenstände aus und zernagt alles, was ihm zwischen die Zähne kommt. Welpen sind in dieser Hinsicht erstaunlich hartnäckig: Was immer zerkaut werden kann, wird auch zerkaut, was wahrscheinlich mit dem Zahnungsprozess zu tun hat, der mit ungefähr drei Monaten beginnt. Die bleibenden Zähne drücken sich unter den Milchzähnen heraus, bis sie zwischen dem sechsten und zehnten Monat fest im Kiefer sitzen. Wenn der Hund in dieser Zeit kein Spielzeug zum Kauen hat, wird er sich etwas suchen. Kauspielzeug verhindert darüber hinaus Langeweile und baut ganz normale Spannungen ab: Ein Welpe kann sich buchstäblich stundenlang mit Kauen beschäftigen. Halten Sie sich an folgende Empfehlungen, damit das Nagen und Beißen nicht zu einem Problem wird:

1. Das wirksamste Mittel gegen Zerbeißen ist Vermeidung. Denken Sie mit. Räumen Sie auf, bevor der Hund zu Ihnen nach Hause kommt. Nehmen Sie Schuhe, Socken, Bücher und andere Gegenstände vom Boden und räumen Sie untere Regalfächer leer. Sorgen Sie dafür, dass der Hund an keine losen Kabel herankommen kann und verschließen Sie Steckdosen mit Kappen.

2. Wenn der Welpe bei Ihnen zu Hause angekommen ist, müssen Sie immer wissen, wo er sich gerade aufhält. Lassen Sie ihn nie unbeobachtet in Räumen, wo es etwas anzustellen gibt oder er sich selbst schaden kann.

3. Wenn Sie Ihren Hund allein lassen müssen, bringen Sie ihn in eine Hundebox oder eine welpensichere Umgebung. Zu erwarten, dass er all die vielen interessanten Gegenstände in Ruhe lassen würde, ist unrealistisch.

4. In der welpensicheren Umgebung sollte nichts umherliegen, an dem der Hund kauen kann. Die Ausnahme bildet ein einziger Gegenstand, der ihm gehört, und auf den sich sein Kaubedürfnis

konzentrieren kann. Um ihn daran zu gewöhnen, verwenden Sie den Gegenstand von Anfang an bei der Spielzeit und als Ersatzobjekt, wenn er an einem nicht erlaubten Gegenstand genagt hat. Die meisten Welpen lieben Kauknochen aus Büffelhaut und quiekendes Spielzeug, aber beide halten nicht lange und können sogar gefährlich werden, wenn der Hund Stücke davon verschluckt. Verzichten Sie auch auf »Klassiker« wie alte Schuhe oder geknotete Socken. Wenn der Hund erst einmal gelernt hat, dass man auf Leder oder Baumwolle kauen darf, dann ist es schwer, ihm den Unterschied zwischen alt und neu beizubringen. Für Ihren Welpen ist Schuh gleich Schuh.

5. Bevor Sie Ihren Welpen für eine längere Dauer allein lassen, reiben Sie den Kauknochen zwischen den Handflächen, sodass Ihr Geruch daran haftet, und geben Sie ihn anschließend Ihrem Hund. Machen Sie kein Drama aus dem Abschied, da Ihr Hund dann Trennungsängste entwickeln könnte und vielleicht mit Zerstörungswut oder exzessivem Bellen reagiert. Ein eingeschaltetes Radio hat häufig einen beruhigenden Effekt.

6. Sie sollten allerdings nicht nur Situationen vermeiden, sondern Ihrem Hund auch aktiv beibringen, verbotene Gegenstände zu ignorieren und sich ausschließlich auf den erlaubten Kauknochen zu konzentrieren. Loben Sie ihn, wenn er ihn nimmt.

7. Fingieren Sie Situationen, in denen er lernen kann, Gegenstände in Frieden zu lassen. Platzieren Sie verschiedene verlockende Dinge auf dem Boden, unter denen sich auch sein Kauknochen befindet. Dann tun Sie so, als läsen Sie Zeitung. Wenn der Hund sich nun langsam auf die Gegenstände zubewegt, warten Sie, bis er eines zwischen die Zähne nimmt. Korrigieren Sie ihn mit einem bestimmten »Nein« und geben Sie ihm stattdessen sein Spielzeug. Bald wird er zuverlässig alles ignorieren, was nicht für ihn gedacht ist, *während Sie sich in ein und demselben Raum befinden.* Nun können Sie anfangen, den Raum zu verlassen, sollten sich aber in

der Nähe aufhalten, und ständig nachsehen, sodass Sie ihn gegebenenfalls auf frischer Tat ertappen können, denn nur dann ergibt eine Korrektur Sinn. Ziel dieses Gewöhnungsprozesses ist es, den Hund schrittweise auf den Tag vorzubereiten, an dem er ganz allein in Ihrer Wohnung ist.

8. Sorgen Sie dafür, dass Ihr Hund viel Bewegung bekommt. Ausreichend Bewegung und Abwechslung verhindern Langeweile und überschüssige Energie, zwei Hauptfaktoren für Zerstörungswut.

9. Und eine letzte praktische Hilfe: Wenn Sie Ihrem Hund jemals einen Gegenstand aus dem Maul nehmen müssen, legen Sie ihm, Daumen auf der einen, die Finger auf der anderen Seite, hinter der Zahnreihe eine Hand über den Fang. Ziehen sie mit der anderen Hand den Unterkiefer herab und loben Sie den Welpen, wenn er den Gegenstand freigibt.

Hochspringen

Die meisten Welpen haben die Angewohnheit, an Besuchern hochzuspringen, um das Gesicht des Menschen zu erreichen. Denken Sie daran, was wir über das Wolfsrudel wissen: Wenn die Welpen entwöhnt werden, springen Sie an anderen Rudelmitgliedern hoch und lecken die Lefzen, um die älteren Tiere dazu zu bewegen, vorverdaute Nahrung auszuwürgen. Sobald Welpen feste Nahrung zu sich nehmen können, wird diese Geste etwas allgemeiner und verändert sich zur normalen Begrüßung, mit der untergeordnete Rudelmitglieder den höherrangigen begegnen.

Aber mag dieses Verhalten noch so normal sein, in der menschlichen Welt kann es rasch zu einem Ärgernis – und sogar zu einem gefährlichen – werden. Wenn ein Welpe hochspringt, kann nicht viel passieren, bei einem ausgewachsenen Hund von vielleicht fünfzig Kilo sieht das aber schon ganz anders aus. Kinder können sich fürch-

Wenn Ihr Hund hochspringt, nehmen Sie beide Vorderpfoten und halten Sie fest.

ten, schwächere Personen umgeworfen werden, und niemand mag schmutzige Abdrücke von Hundepfoten auf sauberer Kleidung. Sie können dieses Verhalten frühzeitig und auf sanfte Weise eindämmen. Gehen Sie dabei wie folgt vor:

1. Dulden Sie das Hochspringen in keinem Fall. Ihr Hund kann nicht begreifen, warum er an Ihnen hochspringen darf, bei anderen aber nicht.

2. Wenn Ihr Hund hochspringt, nehmen Sie einfach beide Vorderpfoten und halten Sie sie fest, bis Ihr Hund beginnt, sich unwohl

zu fühlen. Zeigen Sie keinerlei Verärgerung. Die meisten Welpen finden es nur ein paar Sekunden lang lustig, auf den Hinterbeinen zu stehen, danach wird es unangenehm für sie. Wenn Ihr Hund sich losmachen will, halten Sie noch ein paar weitere Sekunden fest, dann setzen Sie ihn sanft ab und bringen ihn zum Sitzen. Wenn Sie auf jedes Hochspringen konsequent reagieren, wird der Hund unproblematisch verstehen, dass dieses Verhalten unerwünscht ist.

3. Es ist auch möglich, dem Hund die Handfläche entgegenzuhalten, wenn Sie spüren, dass er hochspringen will. Der Sprung wird blockiert, und Sie bereiten den Hund vor, sich zu setzen.

4. Da das Hochspringen meistens bei Begrüßungen geschieht, üben Sie eine alternative »Zeremonie« ein. Wir empfehlen, vor dem Hund in die Hocke zu gehen, wenn er zu Ihnen kommt, ihn sitzen zu lassen und ruhig zu streicheln. Bei Gästen führen Sie ihn an der Leine heran und lassen Sie ihn in einigem Abstand sitzen. Die ankommende Person kann nun hingehen und den Hund begrüßen. Wenn Ihr Hund hochzuspringen versucht, beschreiben Sie mit dem Hund bei Fuß einen Kreis, dann lassen Sie ihn wieder sitzen und versuchen Sie es neu. Wenn er sich streicheln lässt, ohne aufzuspringen, loben Sie ihn fröhlich.

Meins und Deins

Im Alter von ungefähr vier Wochen beginnen Welpen, feste Nahrung zu sich zu nehmen und mit Spielzeugen zu spielen, und es ist nicht ungewöhnlich, dass sie in dieser Zeit eine Art »Besitzdenken« entwickeln. Wenn sich Welpen um einen Napf scharen, kommt es vor, dass ein stärkerer Hund zu knurren und zu schnappen beginnt, um seine Wurfgeschwister zu vertreiben. Oft erwidert der andere das Knurren und lernt so, dass er sich behaupten muss, wenn er seinen Anteil bekommen will. Dieselbe Dynamik durchzieht Spielstunden. Ein Welpe beschäftigt sich vielleicht mit einem besonderen Spielzeug, für das sich ein Geschwister interessiert. Der erste Welpe knurrt drohend, und wenn er damit nun den anderen vertreibt, hat er eine wichtige Lektion gelernt. Wir können also sagen, dass dieses Verhalten erstens bereits früh gelernt wird und zweitens ein ganz normaler Bestandteil der »Kindheit« eines Hundes ist.

Doch wenn der Welpe älter wird, ist die Situation eine ganz andere. Ein Hund, der seinen »Besitz« verteidigt, kann Aggressionen entwickeln und gefährlich werden. Wenn Ihr Welpe Tendenzen dazu zeigt, sollten Sie nicht damit warten, das Problem anzugehen. Es ist kein Scherz, wenn Ihr Hund Sie beim Fressen anknurrt, falls Sie sich dem Napf nähern, oder wenn er sich weigert, Ihnen einen Gegenstand zu geben, den er für seine Beute hält. Lassen Sie es gar nicht erst dazu kommen. Hier sind drei einfache Schritte, mit denen Sie verhindern können, dass irgendwann ein solcher Machtkampf entbrennt:

1. Lassen Sie den Welpen sitzen, bevor es Futter gibt. Stellen Sie den Napf vor ihn hin und lassen Sie ihn fressen. Nehmen Sie ihm den Napf nach wenigen Sekunden weg und befehlen Sie ihm erneut, sich zu setzen. Grollen und Knurren korrigieren Sie mit einem entschiedenen »Nein«. Geben Sie ihm sein Futter erst wieder, wenn er sich auf Ihre Anweisung hin gesetzt hat.

2. Bringen Sie Ihrem Hund bei, Ihnen buchstäblich aus der Hand zu fressen … aber vorsichtig. Lassen Sie ihn zunächst sitzen. Loben Sie ihn, bieten Sie ihm ein kleines Stück Hundekuchen an und sorgen Sie dafür, dass er es sanft von Ihrer Hand oder aus Ihren Fingern nimmt. Diese simple Übung bringt Ihrem Hund bei, sich zu beherrschen.

3. Üben Sie jeden Tag, ihm den Kauknochen zu geben und wieder abzunehmen, was Sie durch viel Lob begleiten. Wenn er nicht will, sagen Sie streng »Nein« oder »Gib her« und loben ihn, sobald er sich das Spielzeug abnehmen lässt. Bleibt Ihr Hund stur, tadeln Sie ihn verbal, dann versuchen Sie es erneut. Zum Abschluss lassen Sie ihm den Knochen, damit er damit spielen kann.

Urinieren als Unterwerfungsgeste

Wir haben bereits darüber gesprochen, dass Welpen, die ursprünglich von der Mutter saubergemacht wurden, ihre Unterlegenheit erwachsenen Hunden auch später zeigen, indem sie sich in eine ähnliche Position begeben und manchmal dabei ein wenig Urin abgeben. Mit diesem reflexartigen und beschwichtigenden Akt erkennt der Hund den höheren Rang des anderen an und verhindert so gegen ihn gerichtete Aggressionen.

Manch ein Welpe nimmt dieses Verhalten mit ins neue Rudel, nämlich zu Ihnen. Auch hier bedeutet das Urinieren eine Unterwerfungsgeste, nur ist sie diesmal auf den menschlichen Leitwolf gerichtet und kann auch in Augenblicken großer Aufregung passieren. So natürlich dieses Verhalten sein mag – geschieht es wiederholt, müssen Sie etwas dagegen unternehmen. Wichtig ist jedoch, dass Sie es mit viel Verständnis tun, damit sich das Problem nicht noch verstärkt.

1. Unterscheiden Sie ganz klar zwischen Urinieren als Unterwerfungsgeste und mangelhafter Stubenreinheit. Ein Welpe, der nur seine Unterlegenheit demonstrieren will, darf unter keinen Umständen dafür bestraft werden, denn dadurch würde man das Bedürfnis des Hundes, sich zu unterwerfen nur vergrößern.

2. Es ist unbedingt notwendig, mit einem unterwürfigen Welpen auf positive, aufmunternde Art zu kommunizieren, um sein Selbstvertrauen zu stärken. Setzen Sie, wo immer möglich, Methoden ein, die keinerlei Zwang ausüben, um nicht noch zusätzliche Unterwerfungsreflexe auszulösen (siehe Kapitel 11). Ihr Welpe braucht mehr Lob und Bestätigung als andere.

3. Vermeiden Sie aufregende und emotional aufgeladene Begrüßungsszenen. Versuchen Sie, den Welpen die ersten fünf Minuten, die Sie zu Hause sind, zu ignorieren. Dann gehen Sie in die Hocke, lassen den Hund sitzen und begrüßen ihn. Tun Sie das, falls mög-

lich, draußen oder auf einer Fläche, die leicht zu reinigen ist, falls dem Hund doch wieder ein Missgeschick passiert.

4. Inszenieren Sie kontrollierte Begrüßungsszenen, in denen Sie Ihren Welpen an der Leine zu den Besuchern führen und ihn vor sie hinsetzen. Ein Hund uriniert im Sitzen selten, sodass die Position ideal ist, um die Erregung zu kontrollieren.

Reiseübelkeit

Wenn ein Hund problemlos im Auto mitgenommen werden kann, hat man in der Regel sehr viel mehr Möglichkeiten, Zeit mit ihm zu verbringen, und ist darüber hinaus flexibler. Nehmen Sie den Welpen früh im Auto mit, sodass er später keine Schwierigkeiten mit Reiseübelkeit haben. Sonst wird jede notwendige Fahrt zum Tierarzt zu einem schweißtreibenden Projekt, von ganz normalen Ausflügen hinaus aus der Stadt oder Besuchsfahrten zu Familie und Freunden ganz zu schweigen. Beginnen Sie mit regelmäßigen Fahrten schon bald, nachdem Ihr Hund bei Ihnen eingezogen ist. Folgen Sie unten stehenden Richtlinien:

1. Ihr Hund sollte auf der Rückbank oder – bei Kombis – im Kofferraum fahren. Verwenden Sie aus Sicherheitsgründen eine Transportbox oder ein Trenngitter.

2. Fangen Sie mit sehr kurzen Fahrten an, aber tun Sie es täglich; es reicht, wenn Sie zunächst nur die Straße auf und ab fahren. Achten Sie darauf, dass die letzte Mahlzeit des Hundes mindestens zwei Stunden her ist, und meiden Sie Kurven. Sorgen Sie für eine fröhliche Stimmung und beenden Sie den Ausflug mit einer Spielstunde, sodass Ihr Hund die Fahrt mit etwas Angenehmen verbinden kann.

3. Schimpfen Sie nicht, wenn Ihr Hund winselt, und ignorieren Sie, wenn er sich übergibt. Reinigen Sie den Wagen und versuchen Sie es am nächsten Tag mit einer kürzeren Strecke erneut.

4. Zeigt Ihr Hund keine Anzeichen von Übelkeit, verlängern Sie die Strecke. Vergessen Sie nicht, am Ende der Fahrt den Hund zu loben.

5. Lassen Sie ruhig das Fenster ein Stück auf, damit frische Luft hereinkommt, aber erlauben Sie Ihrem Hund nicht, den Kopf aus dem Fenster zu stecken; er könnte sich durch auffliegende Kieselsteine oder anderes verletzen. Lassen Sie Ihr Tier niemals bei Hitze im Wagen, da Hunde sehr viel empfindlicher als Menschen auf Wärme reagieren und eine solche Wartezeit leicht tödlich enden kann.

Kotfressen

Koprophagie, das Kotfressen, gehört zu den unappetitlichen hündischen Unarten. Meist gibt es ganz spezifische Gründe dafür, und wenn man sich rasch darum kümmert, kann man das Problem meist lösen, bevor es chronisch wird. Sie müssen also nicht in Panik geraten, wenn Sie Ihren Welpen dabei ertappen.

Um zu verstehen, wieso es überhaupt vorkommt, muss man an die ersten Erfahrungen des Hundes im Wurf zurückdenken. Welpen sind von Natur aus neugierig. Vor der Entwöhnung von der Muttermilch ist es die Mutter, die die Fäkalien vollständig verzehrt. Das ist ein ganz normales Verhalten und sorgt dafür, dass die Welpen gesund bleiben. Nach der Entwöhnung ist es genauso normal, dass die Welpen ihren Stuhl untersuchen, daran schnuppern, lecken, sogar fressen. Deshalb müssen Züchter und Halter sehr penibel sein, wenn es darum geht, den »Toilettenbereich« der Hunde sauber zu halten.

Wenn ein Welpe bei seinem neuen Besitzer beginnt, Kot zu fressen, kann das unterschiedliche Ursachen haben. Häufig liegt ein Nährstoffmangel vor. Der Welpe verdaut sein Essen nicht richtig und riecht im Stuhl nicht zersetztes Protein. Das wiederum liegt entweder an minderwertigem Futter oder an einem organischen Defekt, der vom Tierarzt untersucht werden muss. Kotfressen kann aber auch mit Langeweile zu tun haben. Wenn ein Hund zum Beispiel lange Zeit in einem eingezäunten Garten allein verbringt, beschäftigt er sich vielleicht mit alten Fäkalien. Das ist besonders bei Kälte der Fall, da gefrorener Kot eine besondere Faszination zu haben scheint.

Um das Problem anzugehen, tun Sie Folgendes:

1. Sorgen Sie dafür, dass Sie dem Hund ein hochwertiges Futter geben, das auf seine Bedürfnisse abgestimmt ist. Achten Sie genau auf Anzeichen von Verdauungsproblemen – ein großer oder zu weicher Stuhl zum Beispiel. Gehen Sie im Zweifelsfall lieber zum Tierarzt.

2. Sammeln Sie die Hinterlassenschaften Ihres Hundes im Garten penibel auf. Während manche Züchter und Trainer darauf schwören, dem Futter bestimmte Verdauungsenzyme und Zartmacher beizumischen, die dem Stuhl einen unangenehmen Geruch verleihen sollen, oder Mundwasser oder Tabasco auf den alten Stuhl zu sprühen (mit demselben Effekt), sind wir der Meinung, dass es Sie genauso wenig Zeit und Mühe kostet, die Quelle des Problems gleich zu entfernen. Falls Ihr Hund einen Garten hat, in dem er umherlaufen kann, dann halten Sie ihn sauber.

3. Lassen Sie Ihren Hund, wenn Sie mit ihm in Ihrer Gegend spazieren gehen, nicht an den Hinterlassenschaften fremder Hunde schnuppern. Zupfen Sie an der Leine, um seine Aufmerksamkeit auf anderes zu richten. Wenn Sie konsequent bleiben, wird er bald lernen, den Kot zu ignorieren.

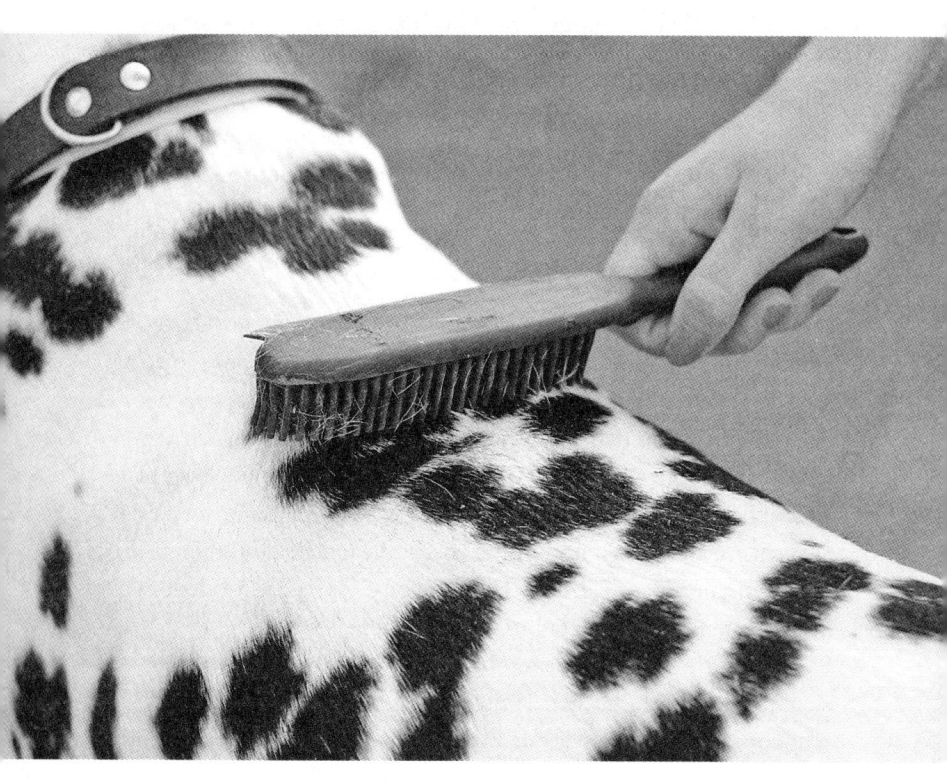

17. KAPITEL

Allgemeine Welpenpflege

Von Anfang an haben wir in diesem Buch betont, dass die Aufzucht eines Welpen sehr viel mehr beinhaltet als nur gute Absichten. Der Welpe hängt gänzlich von Ihnen ab, und Sie sorgen dafür, dass er in allen Bereichen des Lebens bekommt, was er braucht. Das heißt natürlich, dass Sie ihn nicht nur erziehen und ausbilden, sondern auch für seinen körperlichen Zustand verantwortlich sind: Futter, Fellpflege, Bewegung. Und da alle drei Elemente für den Erhalt der Gesundheit des Welpen gleichermaßen wichtig sind, wollen wir eingehender darüber sprechen.

Die richtige Ernährung

Der Hundefuttermarkt wird stark beworben, daher ist es wenig erstaunlich, dass ein frischgebackener Hundebesitzer oft nicht weiß, was und wie viel er seinem Welpen geben soll. Obwohl wir uns natürlich nicht über bestimmte Marken auslassen wollen, gibt es Grundlegendes zu Ernährung eines Hundes zu beachten. In diesem Kapitel möchten wir Fragen beantworten, die uns besonders häufig gestellt werden.

Was ist Welpenfutter?

Der Welpe wächst und entwickelt sich sehr schnell und braucht pro Kilo Körpergewicht ungefähr doppelt so viel Nährstoffe wie ein ausgewachsener Hund. Aus normalem Futter kann er sich das nicht holen, wie viel er auch zu sich nehmen mag, und daher schadet es Ihrem Welpen, wenn Sie ihn mit gewöhnlichem Hundefutter ernähren. Um den Bedürfnissen eines Welpen gerecht zu werden, haben viele Futterhersteller Produkte entwickelt, die das ganze erste Jahr über gefüttert werden können. Darin enthalten sind die idealen Mengen Proteine (zwischen achtundzwanzig und dreißig Prozent), Vitamine und Mineralstoffe, die ein Welpe zum Knochenaufbau benötigt. Normalerweise sind diese Futtersorten so ausgewogen, dass nichts mehr zusätzlich gefüttert werden muss.

Wie lange soll mein Welpe Welpenfutter zu sich nehmen?

Die Hersteller empfehlen gewöhnlich, dem Hund das Welpenfutter das komplette erste Lebensjahr zu füttern, aber manch ein Hund muss früher umsteigen. Ein Welpe, der zu schnell wächst, kann an Panostitis (einer Entzündung des Knochengewebes) erkranken. Lassen Sie sich in Ernährungsfragen Ihres Hundes vom Tierarzt beraten.

Was für ein Welpenfutter soll ich nehmen?

Es gibt zwei Grundformen *industriell* hergestellten Hundefutters: Nassfutter in Dosen und Trockenfutter, und beide haben ihr Vorzüge und Nachteile. Wir füttern am liebsten ein Trockenfutter, das als eine der ersten beiden Bestandteile Protein aus Fleisch auflistet. Trockenfutter ist vergleichsweise günstig, gut zu lagern, schnell zuzubereiten, zahnreinigend und meist recht gut verdaulich.

Dosenfutter ist leicht verdaulich und (offenbar) schmackhaft, allerdings auch teurer. Es enthält fünfundsiebzig Prozent Wasser, was bedeutet, dass Ihr Hund mehr davon fressen muss, wenn er die nötigen Nährstoffe zu sich nehmen soll. Außerdem fehlt diesem Futter durch die weiche Konsistenz der Zahnreinigungseffekt.

Am besten ist es, sich nicht ausschließlich auf Dosenfutter allein zu verlassen, sondern auch Trockenfutter zu geben.

Sie können auch tiefgefrorenes hochwertiges Rohfutter kaufen, das sich ebenfalls mit Getreide und Gemüse mischen lässt. Das ist natürlich aufwändiger und muss gut ausgewogen sein, damit Ihr Hund alles bekommt, was er braucht.

Nach welchen Kriterien wähle ich Hundefutter aus?

Nehmen Sie einen Hersteller, der in Forschung investiert und dessen Produkte bestimmten Anforderungen entsprechen (Prüfsiegel). Besorgen Sie sich unabhäängige Testberichte. Biliges Supermarkt- oder Discounterfutter kann sich langfristig als teuer erweisen, da Mangelernährung das Tier krank machen können. Bitten Sie Ihren Tierarzt oder Züchter um Empfehlungen und bleiben Sie bei dem Futter, das Ihrem Welpen schmeckt.

Wie oft muss der Welpe gefüttert werden und wo?

Die ersten vier bis sechs Monate sollte ein Welpe dreimal täglich fressen. Sobald er bei einer Mahlzeit genug zu sich nehmen kann, werden die Mahlzeiten auf zwei reduziert. Für die meisten Hunde ist es sinnvoll, diese zwei Fütterungen auch im späteren Leben beizubehalten, weil die Mahlzeiten dann leichter verdaut werden.

Füttern Sie Ihren Welpen entweder in der Transportbox oder an einem ruhigen Ort immer zur selben Zeit. Mischen Sie Trockenfutter mit einer kleinen Mengen Dosenfutter oder aufgetautem Frischfutter und geben Sie etwas warmes Wasser dazu. Statt Fleisch können Sie auch Hüttenkäse oder ein gekochtes Ei geben, zweimal die Woche dazu einen Esslöffel Joghurt, der der Verdauung gut tut. Lassen Sie dem Hund fünfzehn Minuten Zeit zum Fressen; wenn er nicht will, nehmen Sie den Napf weg und stellen das Futter in den Kühlschrank für die nächste Mahlzeit. Wärmen Sie es aber vorher auf; zu kaltes Futter kann Durchfall verursachen.

Die Fütterung sollte ein problemloser direkter Vorgang sein, den Sie bestimmen – nicht umgekehrt. Wenn Ihr Welpe für ein, zwei Mahlzeiten in Hungerstreik tritt, dann sollten Sie das aushalten. Viele Halter machen nun den Fehler, extra viel Fleisch oder Reste vom eigenen Mittagessen ins Futter zu mischen, um den Hund zu verlocken. Abgesehen davon, dass auf diese Art die Nährstoffbalance gestört wird, ziehen Sie sich damit einen verwöhnten, wählerischen Hund heran, der Ihnen auch in Zukunft Schwierigkeiten machen wird. Außerdem lernt Ihr Welpe, dass es immer etwas Besseres gibt, wenn man nur darauf wartet. Bleiben Sie beim Füttern konsequent. Falls Ihr Hund jedoch einen kranken Eindruck macht oder das Futter über mehrere Tage hinweg verweigert, müssen Sie natürlich sofort zum Tierarzt gehen.

Und füttern Sie Ihren Hund niemals vom Tisch. Er lernt dadurch nicht nur zu betteln, sondern kann auch das Interesse an seinem eigenen Futter verlieren. Füttern Sie den Hund, bevor Sie sich zum Essen setzen, und erlauben Sie ihm, während Ihrer Mahlzeit in der Nähe des Esstisches zu liegen.

Wie viel soll ich meinem Welpen geben?

Das variiert natürlich je nach Rasse und körperlicher Konstitution Ihres Hundes. Die Empfehlungen auf der Verpackung des Futters sind stark verallgemeinert und sollten Ihnen höchstens als Richtwert dienen. Meiden Sie unbedingt Überfütterung: Übergewicht bei Welpen kann zu ernsthaften Gesundheitsschäden führen. Sollten Sie dagegen die Rippen Ihres Hundes sehen können, bekommt er entweder zu wenig Futter oder hat Parasiten. Bei Verdacht sollten Sie eine Stuhlprobe nehmen und sie beim Tierarzt untersuchen lassen.

Sollte mein Welpe immer frisches Wasser zur Verfügung haben?

Welpen brauchen viel Wasser, aber wir halten es für sinnvoller, es ihnen häufig anzubieten, anstatt sie selbst entscheiden zu lassen. Welpen neigen dazu, sehr viel auf einmal zu trinken, was Probleme bei der Stubenreinheit verursachen kann. Sobald der Hund aber zuverlässig stubenrein ist, spricht nichts dagegen, dass der Wassernapf stets gefüllt ist.

Die Fellpflege

Hundepflege bedeutet nicht nur, das Tier hübsch und sauber zu halten. Wer sein Tier regelmäßig pflegt, weiß stets, wie es um seinen Gesundheitszustand steht, und gewöhnt sein Tier daran, angefasst und untersucht zu werden, was im Hinblick auf Tierarztbesuche ungemein wichtig ist. Obwohl die Pflege langhaariger Rassen natürlich mehr Zeit in Anspruch nimmt, muss selbst ein kurzhaariger Hund gebürstet werden, um abgestorbene Haare, Schuppen und Schmutz aus dem Fell zu entfernen. Darüber hinaus stimuliert das Bürsten die Abgabe von natürlichen Ölen, die dem Hundefell den gesunden Glanz verleihen.

Bei der Fellpflege können Sie außerdem auf mögliche Flöhe, Zecken und verletzte oder gereizte Haut achten. Schmutz in Ohren und Augenwinkeln führt häufig zu Infektionen, zu lange Krallen machen dem Hund zu schaffen, und auch Milchzähne können Schwierigkeiten bereiten. Indem Sie Ihren Hund regelmäßig untersuchen und abtasten, erkennen Sie Probleme, bevor sie zu ernsthaften Gesundheitsschäden führen können, wodurch Sie nicht nur dem Hund Gutes tun, sondern sich selbst auch Tierarztkosten ersparen.

Beginnen Sie früh

Gewöhnen Sie Ihren Hund bald nach Ankunft in Ihrem Zuhause an die Fellpflege. Hundebesitzer, die sich damit Zeit lassen, müssen oft feststellen, dass ältere Welpen sich sträuben, vor allem, wenn man ihnen die Krallen kürzen oder die Ohren reinigen will. Im Kloster fangen wir damit an, wenn der Welpe drei Wochen alt ist, sodass unsere Hunde daran gewöhnt sind, wenn sie ihr neues Zuhause beziehen. Der frischgebackene Besitzer kann sich also darauf konzentrieren, die Pflege zu einer Zeit zu machen, die sowohl der Hund als auch er genießt.

Bürsten und Kämmen

Da es rassetypisch große Unterschiede zwischen den Pflegetechniken und Empfehlungen gibt, fragen Sie am besten Ihren Züchter oder einen professionellen Hundefriseur nach Tipps. Bei manchen lang- oder drahthaarigen Rassen ist die Pflegeprozedur so kompliziert, dass die Besitzer besser so wenig wie möglich tun, bis man sie ausgiebig instruiert hat. Im Allgemeinen jedoch braucht man einen Kamm und eine Bürste, die auf das jeweilige Fell des Hundes abgestimmt ist. Kurzhaarige Hunde zum Beispiel (Dobermann, Beagle, Boxer, Dänische Dogge) sind am besten mit einer Bürste mit Naturborsten bedient, stockhaarige Hunde wie Deutscher Schäferhund, Husky oder Chow-Chow brauchen Striegel und Zupfbürste, während langhaarige Hunde (Afghane, Shih Tzu, Malteser etc.) mit einer Kombination aus Zupf- und Noppenbürste gepflegt werden sollten. Außerdem ist hier ein Kamm erforderlich.

Bürsten Sie Ihren Welpen täglich, am Anfang jedoch nicht allzu lang. Die Pflege sollte dem Hund Spaß machen, ihm gut tun. Bürsten Sie ihn entweder auf dem Boden oder auf einem nicht wackeligen Tisch, und verwenden Sie eine Matte oder einen Läufer als Unterlage, auf der der Hund nicht wegrutschen kann. Lassen Sie den Hund lie-

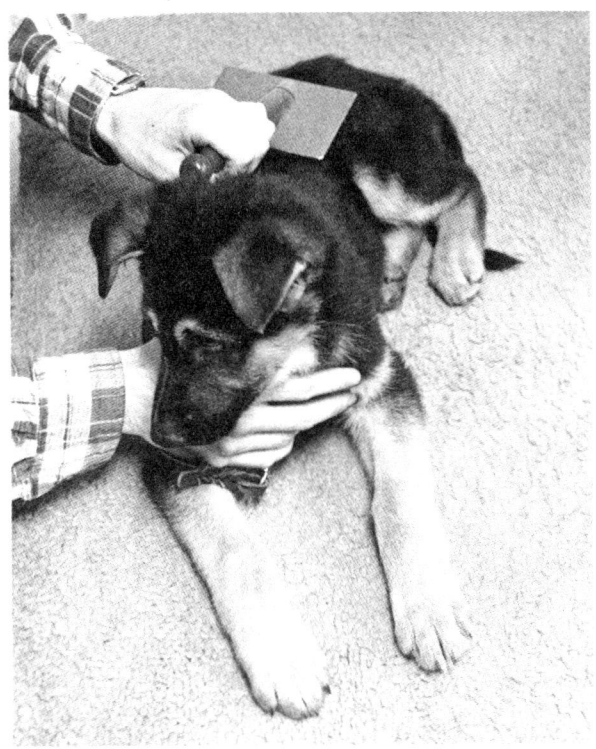

Mit welcher Technik Sie bürsten müssen, hängt wesentlich von der Fellbeschaffenheit ab. Achten Sie darauf, den Welpen stets mit einer Hand festzuhalten.

gen oder sitzen und fangen Sie vorsichtig an. Wenn der Hund sich zu wehren beginnt, sollte ein kurzes »Nein, bleib!« genügen, loben Sie ihn sofort, wenn er sich die Pflege gefallen lässt.

Wie man bürstet, hängt ebenfalls von der Beschaffenheit des Fells ab. Im Allgemeinen beginnt man gegen den Strich und bürstet erst danach in Wuchsrichtung, doch bei einem Welpen mit langem Haarkleid fragen Sie vorsichtshalber lieber beim Züchter nach, welche Technik für Ihren Hund die beste ist.

277

Sprechen Sie während der Arbeit freundlich und beruhigend mit Ihrem Hund und sparen Sie nicht mit Lob, wenn Sie fertig sind. Und Vorsicht: Falls Sie Ihren Hund auf einem Tisch bürsten, bleiben Sie unbedingt bei ihm, damit er nicht aufspringt und herunterfällt. Am besten, Sie haben stets eine Hand am Hund.

Krallen schneiden

Hundekrallen müssen durch regelmäßiges Kappen kurz gehalten werden. Wenn die Nägel zu lang sind, werden beim Auftreten die Zehen gespreizt, wodurch die Fesseln unnötig belastet werden und der Hund Probleme beim Laufen bekommt. Natürlich können lange Nägel auch Möbel, Haut und Böden verkratzen.

Viele Halter fürchten sich davor, die Nägel selbst zu kappen, aber dazu besteht kein Grund. Gewöhnen Sie Ihren Welpen schon früh daran, indem Sie die Spitzen stutzen, denn je öfter Sie es tun, umso geschickter werden Sie. Aber wenn Sie unsicher sind, können Sie es sich vom Tierarzt oder Züchter zeigen lassen.

Wir empfehlen, dem Hund die Krallen einmal wöchentlich mit einer Spezialschere zu schneiden. Holen Sie sich anfangs Hilfe, sodass einer den Hund festhalten kann, während der andere die Nägel kappt. Sobald der Hund sich an die Prozedur gewöhnt hat, können Sie es alleine tun.

Halten Sie die Pfote mit einer Hand und nehmen Sie jeden Zeh zwischen Daumen und Zeigefinger, um die Kralle zu schneiden. Auf diese Art können sie besser kontrollieren, um wie viel Sie jeweils kürzen. Achten Sie auf die Blutgefäße: Bei durchscheinenden Krallen lassen sie sich leicht erkennen, nicht aber, wenn sie schwarz sind. Falls der Hund ein wenig blutet, müssen Sie dennoch nicht in Panik geraten. Stoppen Sie den Fluss mit einem Alaunstift.

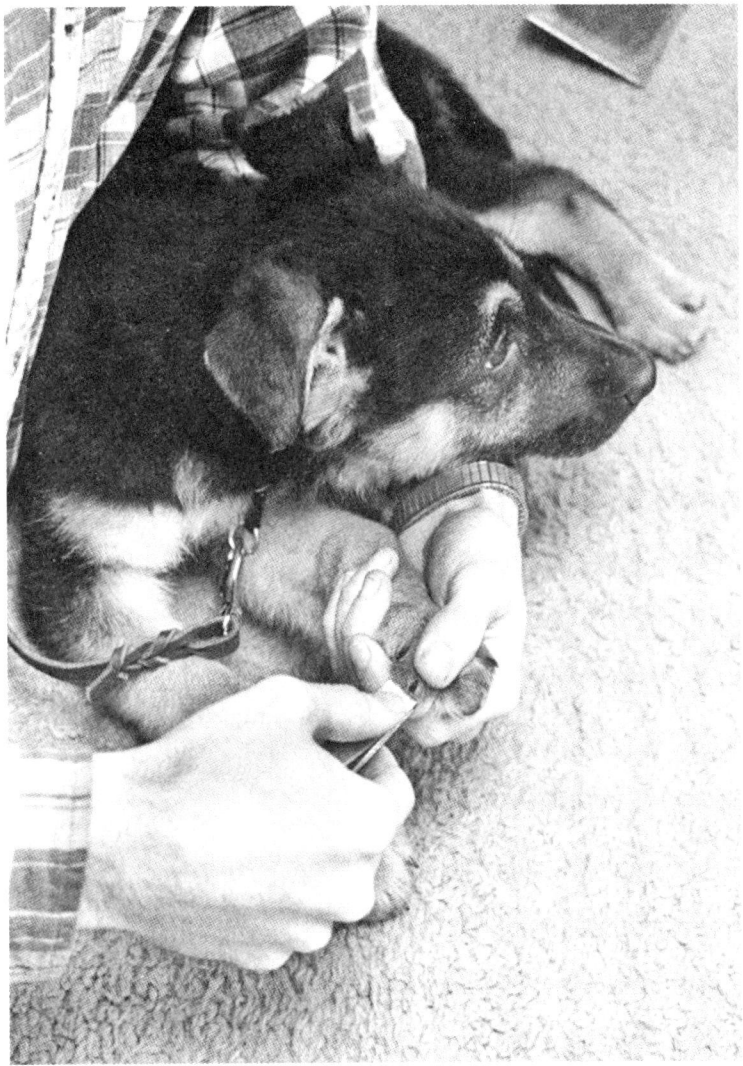

Kürzen Sie die Hundekrallen regelmäßig – am besten einmal die Woche.

Ohren- und Augenreinigung

Wir reinigen die Ohren unserer Hunde einmal wöchentlich mit einem Spezialmittel aus dem Fachhandel. Geben Sie das Mittel ins Ohr und massieren sie den Ansatz der Ohren ungefähr dreißig Sekunden lang. Erlauben Sie dem Hund, sich zu schütteln, und nehmen Sie die Reste, die um die Ohrmuschel sichtbar sind, mit einem Wattebausch ab. Dringen Sie nicht tiefer in den Gehörgang ein und nehmen Sie unter keinen Umständen Wattestäbchen. Wenn Sie merken, dass Ihr Hund immer wieder den Kopf schüttelt oder sich am Ohr kratzt oder Sie einen merkwürdigen Geruch wahrnehmen, gehen Sie mit dem Hund zum Tierarzt.

Schauen Sie sich täglich die Augen des Hundes an und untersuchen Sie sie auf Fremdkörper oder Schleimreste, die sich in den Winkeln ablagern. Verkrustungen entfernen Sie mit einem Wattepad, den Sie mit warmem Wasser befeuchtet haben. Tupfen Sie die Augenwinkel nur ab; reiben Sie niemals Watte über die Augen, da die Fasern den Augapfel verletzen können. Häufige Verkrustungen oder gelblicher Schleim deuten auf eine Infektion hin, die der Tierarzt behandeln sollte.

Baden

Wie oft soll man einen Hund baden? Im Allgemeinen ist es nicht notwendig, einen Hund regelmäßig zu baden, denn Hunde schwitzen nicht wie Menschen, und häufiges Baden löst die natürlichen Fette aus dem Fell des Tieres. Falls der Hund nicht wirklich verdreckt ist oder sich in etwas gewälzt hat, muss er nicht öfter als zweimal im Jahr gewaschen werden.

Bürsten und entwirren Sie vorher das Fell. Nehmen Sie kein Produkt für Menschenhaar sondern ein ph-neutrales Hundeshampoo, da die Haut des Hundes basischer ist und unsere Shampoos Schup-

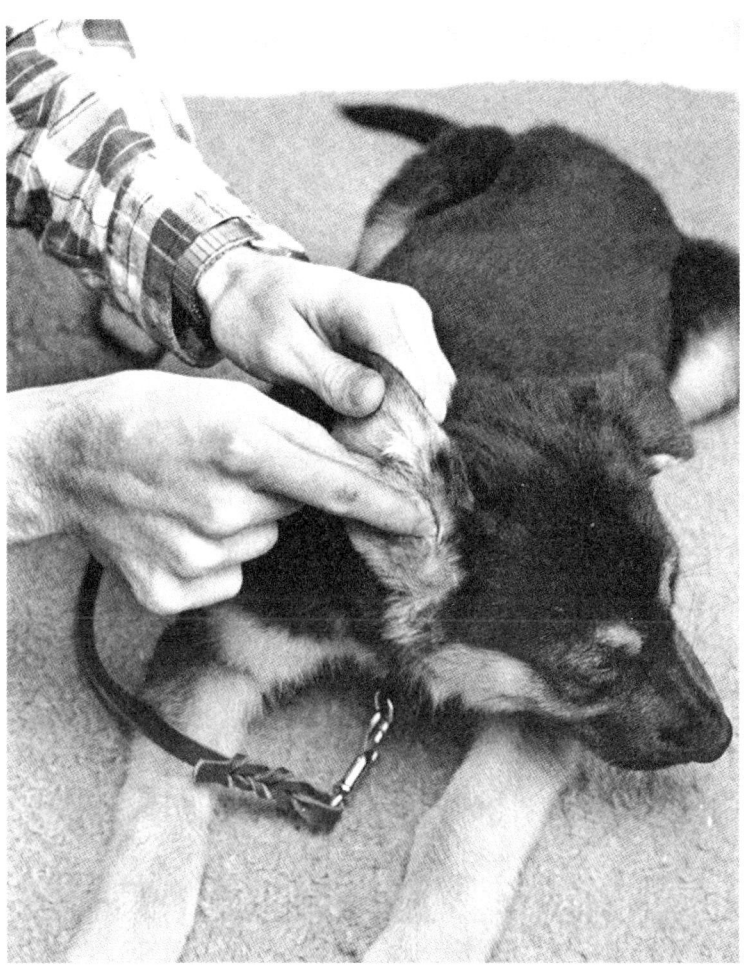

Geben Sie eine ausreichende Menge Reinigungslotion in beiden Ohren und erlauben Sie dem Hund, sich kräftig zu schütteln. Reste nehmen Sie mit Watte auf.

pen und Juckreiz verursachen können. Spülen Sie das Fell unbedingt gründlich aus, erlauben Sie dem Hund, sich zu schütteln, frottieren Sie ihn und sorgen Sie dafür, dass er keine Zugluft abbekommt, bis er vollkommen trocken ist.

Auslauf

Wie viel Bewegung braucht ein Hund? Jeder Hund muss täglich spazieren gehen, damit er gesund und gut gelaunt bleibt. Wie viel und wie lange hängt selbstverständlich von der Rasse ab. Ein Irish Setter braucht mehr Bewegung als ein Mops, und Sie sollten sich bereits bei der Wahl der Rasse, die für Sie in Frage kommt, genau informieren, wie groß das Bewegungsbedürfnis des Hundes ist und ob Sie ihm das nötige Pensum verschaffen können. Hunde, die über lange Zeit hinweg weniger Bewegung bekommen, als sie brauchen, entwickeln leicht ernste Verhaltensstörungen.

Im Allgemeinen sollte ein vier Monate alter Welpe zweimal am Tag ausgiebig laufen dürfen. Halten Sie sich gewissenhaft daran: Es ist nicht damit getan, dass der Welpe sich draußen löst – er soll sich müde spielen können. Lassen Sie nicht zu, dass er sich austobt, indem er in Ihrer Gegend umherstreunt, denn damit beschwören Sie nur jede Menge Ärger herauf. Machen Sie ausgedehnte Spaziergänge und nehmen Sie einen Ball oder ein Frisbee mit. Wenn Sie joggen wollen, sollten Sie den Hund erst dann mitnehmen, wenn er mindestens sechs Monate alt ist, da die Gelenke sonst Schaden nehmen können. Schwimmen ist eine großartige Alternative; sie ist gelenkschonend und macht Hunden viel Spaß, wenn sie frühzeitig daran gewöhnt werden.

Und schließlich ist auch das tägliche Gehorsamstraining eine gute Möglichkeit, überschüssige Energie abzuarbeiten, denn sich zu konzentrieren strengt den Hund an und macht müde.

18. KAPITEL

Außergewöhnliche Partnerschaften: Der Hund und sein Mensch.

Hunde haben ihr domestiziertes Dasein eher als Sklaven, denn als Verbündete begonnen, und die innige Beziehung, die sich seither entwickelt hat – und sie tatsächlich bereits seit den ersten Dynastien Ägyptens existiert –, entstand schrittweise und Hand in Hand mit gegenseitigem Verstehen und Respekt. Es ist ein Gemeinplatz, dass der Hund hauptsächlich das ist, was sein Herr aus ihm macht: Er kann gefährlich sein und wild, unzuverlässig, duckmäuserisch und ängstlich, oder er kann treu sein und loyal, mutig und der beste Freund und Gefährte.

– R. u. A. Fiennes, *The Natural History of the Dog*

Wenn wir uns in diesem Buch so viel Zeit und Raum genommen haben, um über die verschiedenen Elemente einer guten Beziehung zwischen Mensch und Hund zu sprechen, dann vor allem, weil Ihr Anteil daran so wichtig ist. Wenn Sie die Energie und die Zeit aufbringen, die es braucht, um einen Welpen liebevoll und artgerecht aufzuziehen, geschieht Wunderbares. Der Hund wird ein Freund.

Im Folgenden möchten wir Ihnen drei Geschichten erzählen, die das, was wir meinen, illustrieren. Darin spielen nur deshalb jedes Mal Deutsche Schäferhunde eine Rolle, weil wir diese Rasse züchten und daher besonders häufig mit ihren Vertretern zu tun haben, aber ähnliche Beispiele finden sich innerhalb jeder Rasse. Mit diesen drei Geschichten wollen wir Ihnen zeigen, was jeder gewissenhafte Züchter und viele, viele Hundeliebhaber aus Erfahrung bereits wissen: Eine

Beziehung zwischen einem Menschen und einem Hund kann das eigene Leben um viele wundervolle Aspekte bereichern und weit mehr sein, als die meisten Leute es erwarten würden.

Buck

In seinem berühmten Roman *Der Ruf der Wildnis* schickt Jack London einen Mischling namens Buck auf eine unvergessliche Reise: Buck wird aus einem kalifornischen Haushalt gestohlen, kommt nach Alaska, lernt das Rudelleben kennen, und wird Schlittenhund während des Goldrausches in Klondike. Nachdem Buck unter vielen gemeinen Besitzern gelitten hat, wird er von dem gutherzigen John Thornton aus den Händen brutaler Goldsucher gerettet. Die beiden werden unzertrennlich und erleben gemeinsam viele spannende Abenteuer.

Die erfundene Geschichte zieht ihre erzählerische Kraft aus Londons großartiger Beobachtungsgabe und seinem offenbar intuitiven Verständnis hündischen Verhaltens. Noch packender wird seine Erzählung, wenn man weiß, dass er seinen Buck nach einem lebendigen, gleichnamigen Hund gestaltet hat, den er in Yukon kennenlernte. Obwohl die Geschichte hier und da in Sentimentalität und Romantik abgleitet, gelingt es dem Autor, das damals noch wenig erforschte Wesen der Hunde sehr lebensecht darzustellen. In einem Abschnitt beschreibt London Bucks »Haltung« Thornton gegenüber folgendermaßen:

Meistens jedoch drückte sich Bucks Liebe in Bewunderung aus. Zwar war er überglücklich, wenn Thornton ihn anfasste und mit ihm sprach, forderte diese Gunst aber nie ein (…) Buck war zufrieden, aus der Distanz zu bewundern. Stunde um Stunde lag er wachsam zu Thorntons Füßen, schaute zu seinem Gesicht auf, beobachtete es, verfolgte mit wachem Interesse jede noch so flüchtige Miene, jede Bewegung, jede Veränderung der Züge. Manchmal lag er auch ein Stück abseits, an der Seite oder im

Hintergrund, und beobachtete die Umrisse des Mannes, die gelegentlichen Bewegungen seiner Gestalt. Und ihre Verbindung war derart, dass die Kraft von Bucks Blick oft John Thornton dazu brachte, den Kopf zu wenden und wortlos den Blick zu erwidern, während das Herz aus seinen Augen sprach und Bucks Herz es ihm nachtat.

London gelingt es hier, den Gefühlsaustausch zu beschreiben, der nur dann möglich ist, wenn ein Hund im wahrsten Sinn des Wortes Gefährte des Menschen ist und ihm unvergleichliche Loyalität entgegenbringt. Wenn Menschen diese außerordentliche Hingabe erfahren, zu der Hunde fähig sind, entwickeln sich häufig ganz besondere Bindungen. Besonders oft geschieht es mit Hunden, die für spezielle Zwecke – als Blindenhunde oder Therapiehunde zum Beispiel – ausgebildet werden. Durch die besonderen Bedürfnisse der Menschen, denen diese Hunde ein besseres Leben ermöglichen, zeigt sich häufig eine Seite der kaniden Natur, die in der Öffentlichkeit nicht ausreichend anerkannt wird. Ein solcher Hund, der zufällig ebenfalls Buck heißt, gehört zu Len und Betty Cohen von Therapy Dogs International, und da die Cohens den Hund als Welpen aus unserer Zucht erhalten haben, hatten wir Gelegenheit, die Entwicklung der Beziehung über Jahre hinweg zu beobachten.

Buck, der Klosterhund

Len und Betty Cohen kamen 1981 zum ersten Mal nach New Skete. Sie wollten einen Ersatz für ihren ersten Therapiehund, Thunder, der kurz zuvor im Alter von vierzehn Jahren gestorben war. Len und Betty sind seit ihrer Geburt schwerbehindert; Len hat nur einen Arm, Betty fehlen beide. Da Len fünf Tage die Woche als Kaufmann arbeitet, brauchte Betty den Hund nicht nur als Gesellschaft, sondern auch als Hilfe im Haushalt und bei anderen alltäglichen Verrichtungen.

Während die beiden uns ihre Situation erklärten, betonten sie immer wieder, dass Ihr erster Hund, Thunder, so viel mehr für sie gewesen war als nur ein Arbeitshund. Er war ein wichtiger Bestandteil ihres Lebens, ein Familienmitglied, gewesen, das mit zwei Jahren zu ihnen gekommen war. Da es zu dem Zeitpunkt noch keine Organisationen gab, die solche Hunde professionell auf die zukünftigen Aufgaben vorbereiteten, hatten sie ihn selbst ausgebildet, und er hatte ihnen eine Unabhängigkeit und eine Freiheit verschafft, die vorher für sie nicht einmal denkbar gewesen war. Auf diese – für andere ganz normale – Bequemlichkeit wollten sie nicht mehr verzichten.

Wir konnten ihnen einen Welpen aus einem vielversprechenden Wurf anbieten, sechs Wochen alt, er sollte gerade getestet werden. Die Welpen, sechs Rüden und eine Hündin, stammten von zwei besonders intelligenten Klosterhunden, Pascha und Reggie, ab und zeigten schon jetzt besondere Qualitäten. Sie waren beispielsweise ungewöhnlich neugierig und experimentierfreudig, und wenn wir mit ihnen im nahen Wald spazieren gingen, erkundeten sie ihre Umgebung nahezu furchtlos. Einer der Welpen tat sich jedoch ganz besonders hervor, ein hübscher Rüde, der nicht nur intelligent und ausgeglichen schien, sondern auch eine starke Affinität zur menschlichen Bezugsperson zeigte. Und als der lebhafte kleine Welpe in den Konferenzraum tappte, wo Len und Betty warteten, war uns allen sofort klar, dass es sich um eine hervorragende Partie handelte: Der Hund war freundlich und selbstbewusst, und die Cohens mochten seine Courage und seinen Übermut im Spiel. Sie mussten nicht lange nachdenken, bevor sie mit »Buck«, wie sie ihn nannten, nach Hause fuhren. Und in den vielen Jahren, die seitdem vergangen sind, hat sich die Klugheit dieser Entscheidung immer wieder bestätigt. Len und Betty haben zwar ihren Teil getan und den Hund mit allem versorgt, was er brauchte, aber Buck hat sich dennoch weit über ihre Erwartungen hinaus entwickelt. Davon konnten wir uns vergewissern, als sie uns neulich besuchen kamen.

Der braune Van fuhr langsam an unserer Kirche und am Glocken-turm vorbei und kam an der langen Reihe Fichten zum Stehen, die unsere Auffahrt säumen. Es war ein strahlender Juninachmittag, und einige Touristen schlenderten auf dem Platz vor dem Kloster umher und fotografierten unsere Kirche. Die Tür des Wagens öffnete sich und ein großer Schäferhund sprang heraus. Als wolle er sich vor unserer Kapelle verbeugen, senkte er Vorderpfoten und Brust ab, um sich zu strecken, richtete sich dann wieder auf und schnupperte interessiert am Boden, während er freundlich wedelte. Der Hund war sehr kräftig, eindeutig ein Rüde, hatte einen großen Kopf und die übliche schwarz-braune Färbung des Schäferhundes, und die Lederleine schleifte locker hinter ihm her. Schnüffelnd bewegte er sich auf die Mauer zu, die die Kirche umgibt, und steckte die Nase in die Mauerritzen, um genau zu überprüfen, ob es etwas Interessantes gab. Nichts. Dann stellte er die Vorderpfote auf einen Stein und reckte den Hals, um den Stamm einer mächtigen Tanne zu untersuchen. Als das auch nichts erbrachte, schnupperte er wieder an der Wand entlang. Endlich hatte er die pas-sende Stelle gefunden. Er hob das Bein, markierte und lief zufrieden zu Len und Betty Cohen zurück, die inzwischen neben unserem Glo-ckenturm standen und mit Touristen plauderten.

»Er ist ein Therapiehund«, erklärte Len gerade und fragte die Frem-den, ob sie Buck gerne näher kennenlernen wollten. Und ob sie woll-ten. »Komm mal her, Buck«, rief Len. »Komm und sag hallo.«

Gelassen kam Buck heran und blieb vor den Leuten stehen, die ihm über den Rücken streichelten, während sie Len und Betty Kompli-mente zu ihrem Hund machten. Buck nahm die Aufmerksamkeit sehr entspannt hin, wusste aber instinktiv, wann es genug war: Nach ein paar Augenblicken zog er sich zurück und ließ sich hechelnd im Schat-ten nieder, um aus dieser Distanz die Leute zu beobachten.

Später am Nachmittag unterhielten wir uns mit dem Paar in dem-selben Konferenzraum, in dem sie Buck zum ersten Mal begegnet waren. Buck lag in einem Winkel des Raumes und beobachtete die beiden wachsam, wie er es die ganze Zeit über tat, bis auf kurze Momente der Entspannung, wann immer Len ihn zu sich rief, um ihn zu streicheln und zu loben. Kein einziges Mal versuchte er die Aufmerksamkeit seiner Besitzer zu wecken, sondern sah einfach nur ruhig zu, wie wir sprachen, seufzte hier und da und legte manchmal fragend den Kopf schief, wenn er hörte, dass sein Name fiel.

Als wir dies ansprachen, lächelte Len und erzählte, wie Buck in seine Rolle hineingewachsen war. »Schon als Welpe war er sehr lernwillig, und so konnten wir mit seiner Ausbildung schon bald nach seiner Ankunft bei uns beginnen. Er begriff schnell, was wir von ihm wollten, und lernte sicher und ohne größere Schwierigkeiten …« Als Len eine Pause machte, fügte Betty hinzu: »Inzwischen ist er an einem Punkt, an dem er fast schon vorauszuahnen scheint, was ich brauche. Das ist eine enorme Erleichterung, da er tatsächlich der Ersatz meiner Hände ist.«

Als wir sie baten, das genauer zu erklären, schlug Len vor, uns Buck bei einigen Alltagsverrichtungen im Speisesaal und in der Küche vorzuführen.

»Aber er kennt sich doch hier gar nicht aus«, gab ein Bruder zu bedenken.

»Das macht nichts«, erwiderte Len. Er wandte sich zu Buck um und sagte mit lebhafter Stimme: »Buck, willst du ein bisschen arbeiten?«

Augenblicklich stellte Buck die Ohren auf. Er erhob sich erwartungsvoll, winselte aufgeregt und begann, in gespannter Erwartung hin und her zu gehen. Begeistert folgte er uns in die Küche und beschnupperte den Boden, während Len Teller, Tasse, Salatschälchen und Besteck auf den Tisch legte. Anschließend ließ Len Wasser in die Spüle einlaufen und rief den Hund. »Okay Buck, hol das Geschirr.« Buck lief ein paar Mal am Tisch hin und her, richtete sich plötzlich auf und legte die Pfoten auf die Tischkante. Er fixierte die Salatschüssel, nahm sie behutsam ins Maul und kehrte damit auf alle Viere zurück.

Buck nimmt die Salatschale vom Esstisch.

»Gut gemacht, Buck«, sagte Len und ging auf das Spülbecken zu. »Bring's zur Spüle, Buck. Komm, du kannst das.«

Buck trabte zur Spüle, wo Betty stand, stellte wieder die Vorderpfoten auf die Kante und ließ das Schälchen vorsichtig ins Wasser gleiten.

»Großartig, Buck, guter Hund! Und jetzt die anderen Teller.«

Und Buck trabte zurück in den Speisesaal, als ob er auf Beutefang aus war. Er umkreiste den Tisch einmal, dann kam er erneut hoch, nahm den Teller, brachte ihn zu Betty und holte nacheinander Tasse, Messer und Gabel. Die ganze Zeit über lobte Len den Hund, ermunterte ihn, spornte ihn an. Als alles in der Spüle war, stellte Len einen Wäschekorb mit Handtüchern auf den Boden. Er wandte sich an seinen Hund. »Buck, hol den Korb.«

Buck sah zum Korb, dann wieder zu Len, der seinen Befehl wiederholte. Nach einigen Sekunden trat Buck an den Korb, packte mit den Zähnen den Rand, hob den Korb hoch und trug ihn hinter Len her in die Waschküche, wo er ihn neben der Wachmaschine abstellte. Sofort lobte und streichelte Len ihn, und Buck bellte begeistert.

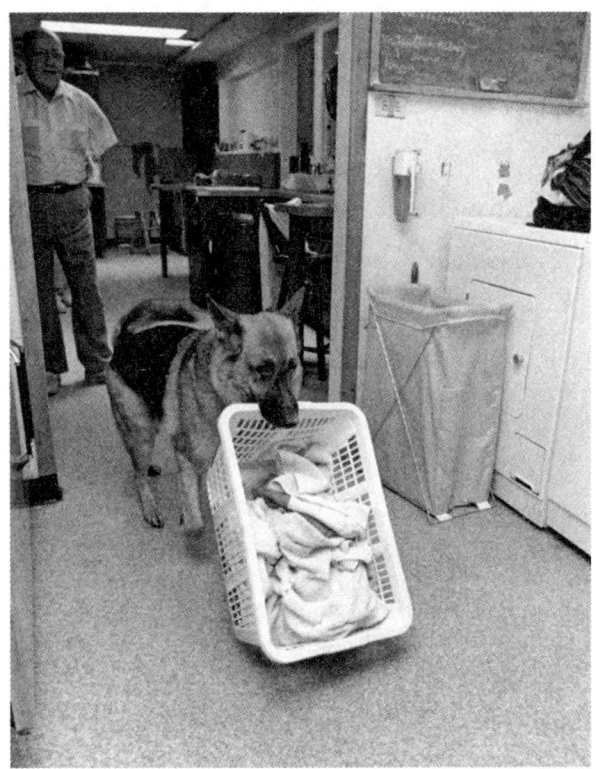

Buck schleppt den Wäschekorb.

Wir sahen staunend zu. Buck hatte nichts Diensteifriges oder Duckmäuserisches; er schien Spaß an seinen Aufgaben zu haben und aus einer innigen Verbindung zu dem Paar zu agieren. Während wir in den Konferenzraum zurückkehrten, erklärte Len uns, wie sehr der Hund mit diesen scheinbar einfachen »Handgriffen« Betty half, wenn sie allein zu Hause war.

Und Lens Beschreibungen waren sogar noch zu bescheiden. Auf einem Video, das das Fernsehen in New Jersey von Buck gemacht hatte, konnten wir sehen, was der Hund noch alles tat: Er öffnete und schloss Türen, schaltete Licht ein und aus, hob Münzen vom Boden auf und den Hörer vom Telefon ab. Und wir konnten ebenfalls sehen, dass Buck auch in der Stadt viele Aufgaben erledigte. Er trug zum Beispiel ein Paket zur Post, ging zu einem freien Schalter, stellte sich auf die Hinterbeine und gab dem Angestellten das Paket, der ihm wiederum die Post für Betty reichte. Nach getaner Arbeit verließ er neben Betty das Postamt; wirkungsvoller hätte er kaum demonstrieren können, dass er Bettys Hände ersetzte. Mit Bucks Unterstützung ist sie »handi-capable«, wie Len und Betty es so schön ausdrücken – nicht gehandicapt, sondern sehr, sehr fähig.

Die beiden betonten, dass Bucks Gewissenhaftigkeit sich nicht auf den Haushalt beschränkt; was wirklich in ihm steckt, zeigt sich immer wieder bei unerwarteten Ereignissen. Hörbar gerührt berichtete Betty uns von einem Autounfall, den die beiden im vergangenen Jahr in Vermont gehabt hatten. Len und Buck konnten sich aus dem Truck befreien, aber Betty steckte fest und konnte sich nicht rühren. Buck blieb bei ihr, leckte ihr Gesicht und schien sie intuitiv trösten und beruhigen zu wollen, während sie auf Hilfe warteten. Als die endlich kam, knurrte Buck und ließ erst jemanden an den Wagen heran, als Len ihn rief; offenbar hatte der Hund sich vergewissern wollen, dass diese Männer nichts Böses im Schilde führten. Betty wurde ins Krankenhaus gebracht, aber als Buck bemerkte, dass sie nicht nach Hause kam, war er untröstlich und verweigerte sogar sein Futter. Am nächsten Tag nahm Len ihn mit ins Krankenhaus. »Buck sprang sofort auf mein Bett und legte sich zu mir«, erzählte Betty. »Er küsste mich, seufzte tief und schlief sofort ein, als habe er die ganze Nacht kein Auge zugemacht.« Betty sah lächelnd auf den Schäferhund hinab, der jetzt ruhte.

Doch Buck leistet nicht nur enorm viel für dieses Paar, er ist auch eine Persönlichkeit, die andere Menschen bereichert. In dem Film wurde außerdem gezeigt, dass Len und Betty Buck manchmal mit anderen teilten, indem sie ihn mit in ein Pflegeheim nahmen. Der Kontakt mit dem freundlichen Hund, die Möglichkeit ihn zu streicheln und zu spüren, ist für die älteren und leidenden Menschen, die oft einsam sind, eine große Freude. Auf dem Video sah man, wie eine Frau im Rollstuhl Buck verunsichert tätschelte, weil sie ganz offensichtlich nicht wusste, wie er reagieren würde. Buck rückte einfach nur näher, und die Frau blickte mit einem glücklichen Lächeln in die Kamera. Bucks Verhalten wirkte so entwaffnend, dass man leicht verstehen konnte, warum viele Leute eher Tieren als ihren Mitmenschen Vertrauen schenken. Und in solchen Momenten leistet ein Therapiehund Wunderbares.

Buck hat außerdem Schulen besucht und in über zehntausend Kindern das Bewusstsein für die Probleme Behinderter geweckt und gleichzeitig als lebendes Beispiel demonstriert, wie bereichernd ein Hund sich auf das eigene Dasein auswirken kann, wenn er liebe- und respektvoll aufgezogen und gründlich ausgebildet wurde.

Betty fasste es sehr treffend für uns zusammen. »Es wäre leicht, Buck allein als Helfer zu betrachten, da er uns die Freiheit gibt, ein unabhängiges Leben zu führen, aber viel wichtiger ist es, dass er für uns ein echter Gefährte, ein unverzichtbarer Freund ist.« Sie streckte ihren Fuß aus und strich liebevoll über Bucks Kopf. Der Hund schaute auf und sah sie an, als ob nichts anderes auf der Welt zählte.

Sam

Warum sind Tiere, vor allem Hunde, für Kinder so wichtig? Die Klischeevorstellung von der heilen amerikanischen Familie sieht stets einen Hund vor, und von Norman-Rockwell-Gemälden bis hin zu Hundefutterwerbung wird der Hund fast immer in Verbindung mit Kindern dargestellt. Wir scheinen anzunehmen, dass Hunde ganz natürlich zum Leben eines Kindes gehören. Viele Eltern kaufen den Kindern einen Hund als Spielgefährten, und obwohl die meisten wohl nicht sagen könnten, warum, wissen sie intuitiv, dass solche Beziehungen Kindern gut tun. Hunde bringen Stabilität und Beständigkeit ins Leben, das gerade bei Kindern durch viele und drastische Veränderungen gekennzeichnet sein kann.

Kindertherapeuten und Psychologen betonen immer wieder, was für eine positive Wirkung Tiere auf die Entwicklung von Kindern haben, zumal sie ihnen Werte wie Loyalität, Freundschaft, Respekt vor der Natur und Verantwortlichkeit näherbringen. Auf ganz eigene, unnachahmliche Art können Hunde zu Kindern eine Nähe entwickeln, die ihnen manchmal in ihrer Peergruppe oder sogar in ihrer Familie fehlt.

Ein Grund dafür ist wahrscheinlich das Unkomplizierte dieser Beziehung. Kinder gehen vollkommen wertfrei auf Tiere zu, interpretieren nicht, lassen bei jeder Begegnung ihre Fantasie spielen. Für Kinder können Tiere sprechen und zuhören und haben eine große Bandbreite an Emotionen und Gefühlen, die die Reaktionen der realen Welt spiegeln. Weil Tiere nicht als Erwachsene betrachtet werden, können sie Verbündete sein, Vertraute, Gleichgesinnte – Freunde im besten Sinn des Wortes. Durch die Augen eines Tieres ist das Leben so verständlich, dass sie davon lernen können. Und daher spielen Tiere auch in Kinderreimen, Märchen, Zeitungscartoons, Zeichentrickfilmen und Comics eine so große Rolle.

So selbstverständlich das alles erscheinen mag, wirklich zu schätzen wissen wir es meist erst dann, wenn wir miterleben, was genau eine solche Beziehung zwischen Hund und Kind bewirken kann. Mit Robert Mauser, einem elfjährigen Jungen, der einen Hirntumor hatte, haben wir eine sehr anrührende Geschichte erlebt. In seinem Kampf gegen den Krebs und bei seiner langsamen Genesung spielte die Deutsche Schäferhündin Sam (Samantha), die Roberts Eltern als Welpen aus unserer Zucht erstanden hatten, keine geringe Rolle. Kurz nachdem Robert seine Chemotherapie beendet hatte, kamen die Mausers zu Besuch und verbrachten mehrere Tage in New Skete.

»Bleib ruhig, Sam, ruuuhig …«

Der Junge fährt mit dem Striegel mehrmals über die dichte, glänzende Decke der Schäferhunddame, während er sie mit einer Hand festhält. Es ist ein milder Sommermorgen im Kloster, und Rob Mauser wird von einem Mönch in Hundepflege unterwiesen. Sam lässt die Lektion geduldig über sich ergehen, zieht nur manchmal leicht die Ohren zurück und sieht ab und zu mit ihren großen kastanienfarbenen Augen zu ihm auf. Es sind nur wenig Haare, die sich in der Bürste sammeln.

»Okay, Rob, und nun ziehst du den Riegel mehrmals gegen die Wuchsrichtung«, sagt Bruder Christopher. Als Rob es tut, fängt Sam leicht an zu winseln und hechelt.

»Brave Sam, schön ruhig«, sagt Tom und bürstet das Fell nach ein paar Strichen wieder glatt. Sams Fell ist wunderschön, weich, vollkommen schuppenfrei und leicht glänzend.

»Vergiss die Rute nicht, Rob«, wendet Michele ein, Robs fünfzehnjährige Schwester, die bei der Fellpflege hilft.

»Okay. Aber kannst du sie dafür am Halsband festhalten?«, fragt Rob, und sobald Michele sich neben Sams Kopf stellt, beginnt Rob, Sams Schwanz zu bürsten.

»He, seht euch das mal an«, sagt Rob plötzlich und deutet auf Blutflecken an Sams Fesseln. Das Blut ist frisch, und als wir nachsehen, woher es kommt, entdecken wir noch mehr, was uns bestätigt, dass Sam heiß wird. Sam wendet den Kopf und klemmt den Schwanz ein, als sei ihr die ganze Aufmerksamkeit peinlich. Rob grinst. »Keine Sorge, Sam. Wir lassen nicht zu, dass du Babys kriegst.« Inzwischen hat Michele ein Wattebausch mit Reinigungsemulsion getränkt und beginnt nun, Sams Ohren zu säubern. Sam grunzt unzufrieden und drängt mit dem Kopf in die andere Richtung, um Michele klarzumachen, dass sie diesen Teil der Pflegezeremonie nicht besonders genießt. Aber sie wehrt sich nicht, sondern lässt es über sich ergehen, obwohl sie am Schluss heftig den Kopf schüttelt, um alle Überreste des Reinigers loszuwerden.

Rob, Michele, Mandy und Sam mit Bruder Christopher.

»Okay, Sam, setz dich mal hin. Sitz«, befiehlt Rob. Sam tut es und Rob nimmt nacheinander die Pfoten in die Hand, um sich die Krallen anzusehen.

»Sieht gut aus«, sagt Bruder Christopher. »Ich denke, wir brauchen heute nichts daran zu machen.«

Michele und Rob beenden also die Pflegestunde mit viel Lob und Streicheleinheiten, und Sam freut sich, wird immer aufgeregter und tänzelt bald um die beiden herum. Dann sieht sie jedoch plötzlich ihren Ball, trabt hin, sieht ihn an, sieht Rob an, blickt wieder zum Ball ...

295

Hund und Kind spielen Ball.

»Oh, sag bloß, du willst Ball spielen.« Rob lacht und geht auf den Ball zu. Sam beginnt vor Aufregung wild zu wedeln. Rob nimmt den Ball, hält ihn hoch und tut ein paar Mal so, als wolle er werfen. Sam macht keine Anstalten loszurennen, sondern folgt dem Ball nur mit dem Blick, bis sie schließlich ungeduldig bellt.

»Okay, Sam, hol ihn dir!«

Rob wirft den Ball weit, und Sam schießt fast gleichzeitig los, und die nächsten zehn Minuten spielen Junge und Hund ganz einfach nur

Ball. Das Kind wirft, der Hund holt ihn wieder. Und doch ist dieses Spiel etwas ganz Besonderes, und um zu verstehen, warum das so ist, müssen wir zum Anfang der Geschichte zurückkehren …

Drei Jahre zuvor hatten Robs Eltern, Bob und Corrine Mauser, von uns den siebeneinhalb Wochen alten Welpen für ihre Kinder Rob und Michele gekauft, die damals zehn und zwölf Jahre alt waren. Wir machten es uns mit der Auswahl des Welpen nicht leicht, denn er würde in einem sehr lebhaften Haushalt mit sechs Kindern und einem weiteren Hund, einem einjährigen Shih-Tzu namens Mandy leben. Die Erfahrung hatte uns gezeigt, dass sich nicht jeder Welpe problemlos in eine so kinderreiche Familie integrieren lässt. Welpen mit dominanten Persönlichkeiten, aktive, eigensinnige Tiere, widersetzen sich oft menschlicher Führung und behandeln die Kinder als Wurfgeschwister, wodurch es zu Rangkämpfen kommen kann. Schüchterne, ängstliche Charaktere sind ebenfalls problematisch, denn ein Hund, der in eine Familie kommt, soll hauptsächlich Spielgefährte sein. Kinder beziehen ihre Haustiere in das Spiel mit Gleichaltrigen mit ein, und die Mausers wussten, dass ihre da keine Ausnahme machen würden. Daher musste der neue Hund zwar extrovertiert und selbstbewusst sein, gleichzeitig aber freundlich und sanftmütig, sodass er mit Kindern keine Probleme haben würde. Außerdem musste er auch noch mit dem anderen Hund – mit Mandy – zurechtkommen.

Schließlich suchten wir einen vielsprechenden Welpen aus einem Wurf aus, der aus der Paarung einer klugen Klosterhündin namens Megan mit Sunny (Ch. Brentaryl's Grayson), einem preisgekrönten Zuchtrüden von den Caralon Kennels in St. Louis, hervorgegangen war. Die Hündin, die die Mausers Samantha nannten, war einer von zehn Welpen, sehr offen und freundlich Menschen gegenüber, aber in ihrem Welpenrudel nicht besonders dominant. Ihre Punktzahl in den meisten Kategorien des Welpentests lag bei drei oder vier, was darauf hinwies, dass sie sich in eine Familie mit Kindern recht gut einfügen würde.

Und Sam hatte tatsächlich keine Probleme, sich in den Haushalt der Mausers zu integrieren. Sie schloss rasch Freundschaft mit Mandy und passte sich der Familie an. Rob und Michele teilten sich die täglichen Pflichten, sodass Sam stets genug Bewegung, genug Beschäftigung und Zuwendung und selbstverständlich genug zu essen hatte. Da bei den Mausers sehr viel Besuch ein und aus ging, war auch für Sozialisation gesorgt. All diese Umstände trugen dazu bei, dass Sam sich zu einem angenehmen, gesellschaftsfähigen Hund entwickelte, der zu seiner Familie eine innige Beziehung aufbaute und bei allen Gästen beliebt war.

Und dann geschah etwas, das eine tiefgreifende Auswirkung auf Sams und Robs Beziehung haben würde. Als Sam eineinhalb Jahre alt war, wurde Rob krank. Zunächst deuteten die Symptome auf Grippe hin: Er hatte starke Kopfschmerzen, Druck hinter den Augen, sah doppelt. Die Grippe wollte jedoch nicht mehr weggehen. Robs Zustand verschlechtert sich, und die Eltern brachten ihn ins Krankenhaus. Doch erst beim dritten längeren Krankenhausaufenthalt fanden die Ärzte heraus, was mit dem Jungen nicht stimmte: Rob hat eine seltene Form von Gehirnkrebs.

Man operierte ihm einen großen Tumor heraus, doch damit begann Robs Leiden erst. Nach der OP musste er sich einer lang andauernden Chemotherapie unterziehen, die er schlecht vertrug. Kein Wunder, dass er immer wieder gegen Mutlosigkeit und Depressionen zu kämpfen hatte. Da er eineinhalb Jahre lang nicht zur Schule gehen konnte und die meiste Zeit auch von seinem Freundeskreis abgeschnitten war, kamen noch Langeweile und Einsamkeit dazu. In diesem Umfeld aber wurde Sam für Rob ein wesentlicher Trost, denn der Hund war immer da, spendete Wärme und Gesellschaft und wich nicht von seiner Seite, wenn Rob aus dem Krankenhaus nach Hause zurückkehrte und sowohl emotional als auch körperlich vollkommen ausgelaugt war. Sam schien Robs Bedürfnis nach Nähe zu spüren und lag stundenlang zu seinen Füßen, wenn Sam erschöpft vor dem Fernseher saß.

Aber es war nicht nur die Nähe, die Rob Trost spendete. Ein schlimmer Aspekt einer solchen Krankheit bei Kindern ist der Verlust der Selbstachtung. Ausfallende Haare und abgemagerte Glieder geben Kindern oft das Gefühl, ein Fremder im eigenen Körper zu sein. An Sam jedoch gingen die äußerlichen Veränderungen vorbei. Ob sie nun an sein Bett kam und ihm über das Gesicht leckte, oder die Pfoten auf die Couch stellte, damit er sie streichelte – für Sam war Rob immer noch Rob, mochte er auch aussehen wie ein fremdes Wesen. Der Hund benahm sich ihm gegenüber niemals, als sei er krank, und trug damit wesentlich dazu bei, dem Jungen ein Stück Normalität zurückzugeben.

Darüber hinaus fiel den Eltern noch etwas anderes auf: Da nun ausschließlich Rob für Sam verantwortlich war und sich um ihre tägliche Pflege kümmerte – zumindest sofern es ihm gut genug ging –, spürte er auch jeden Tag, wie sehr sie ihn brauchte; Sam war von ihm abhängig, was sie ihm unmissverständlich klar machte, zum Beispiel indem sie zur Futterzeit zu ihm kam, ihn anstupste und winselte. Solche Erlebnisse halfen Rob, sich sein Selbstwertgefühl zu erhalten.

Sobald es Rob körperlich wieder besser ging, machten die beiden regelmäßige Spaziergänge im Wald, und den ganzen Tag über war Sam bei Rob, kam immer wieder zu ihm, suchte Körperkontakt, bettelte um Streicheleinheiten und hinderte Rob auf diese Art daran, auf sich selbst fixiert zu bleiben. Zum Glück stehen die Zeichen inzwischen recht positiv. Die letzte Chemotherapie ist nun schon länger her, und Rob fühlt sich inzwischen wieder so gut, dass er in die Schule zurückkehren konnte. Dass das möglich ist, verdankt er auch Sam, die ihm durch die täglichen Pflichtspaziergänge dabei geholfen hat, seine Kräfte zurückzuerlangen. Rob hat uns mit einem vergnügten Blitzen in den Augen erzählt, dass Sam auf diesen Spaziergängen sehr brav an der Leine geht. »Es sei denn, sie sieht ein Eichhörnchen. Dann muss ich mein ganzes Gewicht in die Leine stemmen, um sie zu halten.«

Zehn Minuten haben die beiden Ball gespielt, dann ruft Rob: »Jetzt ist Schluss, Sam. Komm zurück und bring den Ball mit.«

Sam, die am anderen Ende des Garten steht, sieht ihn einen Moment lang an und setzt sich schließlich in Bewegung. Als Rob sich in einen Gartenstuhl bei uns anderen fallen lässt, legt sich Sam neben ihn und platziert den Ball zwischen ihren Vorderpfoten. Sie hechelt stark, und Rob streichelt sie beruhigend, vielleicht um Sam deutlich zu machen, dass auch er im Augenblick erledigt ist und erst wieder frische Energie tanken muss.

Während wir beiläufig über Sam sprechen, sieht Rob sie voller Zuneigung an. »Was ich besonders an ihr mag«, sagt er, »ist ihre Neugier. Wenn ich verschiedene Geräusche mache, legt sie den Kopf schief und sieht mich fragend an, als ob sie rausfinden will, was ich damit sagen will.«

»Ja, das ist mir auch aufgefallen«, meldete sich Corrine, Robs Mutter zu Wort. »Bei Sam und auch bei Mandy. Hunde sind unglaublich empfindsam. Obwohl die beiden Rob nicht anders behandelt haben, scheinen sie sich der Krankheit intuitiv bewusst, und ich würde es echte Empathie nennen. Ich weiß noch, wie Rob an einem Tag besonders niedergeschlagen war und ich mich zu ihm setzte, um mit ihm zu reden. Sam und Mandy waren bei uns, und als das Gespräch sehr emotional wurde, begann Mandy zu winseln, während Sam zu Rob kroch und ihren Kopf in seinen Schoß legte. Als würden sie genau wissen, was er durchmachte.«

Sam winselt plötzlich, steht auf und trottet zu Mandy hinüber, die im Schatten eines Baumes liegt. Sam beschnuppert sie, und als Mandy sich erhebt, fangen die beiden an, spielerisch aneinander zu knabbern. Rob lacht, ruft sie beide zu sich und streichelt sie, und in seinen Augen leuchtet Freude auf – die Freude, mit einem Hund spielen zu können, da ein jeder Tag inzwischen zu einem Geschenk geworden ist.

Runge

Langsam öffnet sich die Tür des Landhauses und ein großer, stämmiger Schäferhund drängt sich hindurch und schießt über die Schneedecke durch den Vorgarten zur Auffahrt. Sein wildes Bellen hallt von den hohen Bäumen wider, die das Anwesen umgeben. In etwa drei Metern Entfernung hält der massige Hund an. Seine Rute zeigt nach oben und wedelt ganz leicht, die Nackenhaare stehen hoch, die Ohren sind nach vorne gerichtet. Wachsam und selbstbewusst sieht er aus, wie er dort steht und uns unbeirrt anbellt.

Wir geben uns ruhig und unbeeindruckt. Gehen in die Hocke, locken ihn. »Runge, erinnerst du dich nicht mehr?« Aber er ignoriert unsere Begrüßung, weil er eine andere, sehr viel wichtigere Aufgabe hat: Er muss seinem Herrn melden, dass wir hier sind.

Eine Stimme erklingt aus dem Haus. »Schon gut, Runge, es sind Freunde.«

Runges Gebell lässt nach, als sein Besitzer, der Künstler Maurice Sendak, aus dem Haus tritt. Während Maurice über den Weg zum Tor kommt, wartet Runge geduldig, ohne den Blick von uns zu lassen. Seine Nase bewegt sich unaufhörlich, aber schließlich legen sich die Nackenhaare wieder. Die Rute wedelt entspannter und verrät, dass uns durchaus wiedererkennt. Doch da es zwei Jahre her ist, dass Runge uns auf dem Klostergelände gesehen hat, ist sein Misstrauen verständlich. Im Hundeuniversum sind zwei Jahre eine unfassbar lange Zeit.

Als Maurice uns erreicht hat, verschwindet das Wachhundgehabe gänzlich, und plötzlich benimmt sich Runge, als sei ihm sein Verhalten von eben peinlich. Begeistert umkreist er uns vier, wedelt aufgeregt, tänzelt um uns herum. Zum Glück springt er nicht an uns hoch. Aber er lehnt sich schwer gegen uns, um uns dazu zu bringen, ihn zu streicheln.

»Er ist wunderschön, nicht wahr?«, fragt Maurice und reibt dem Hund den Kopf. Als ob Runge seinen Herrn versteht, bleibt er ganz ruhig stehen und lässt sich betrachten. Er ist sehr kräftig gebaut, aber hervorragend proportioniert und das üppige Haarkleid lässt ihn noch größer wirken. Die grauen Haare, die seine Schnauze umgeben, passen zu seiner Reife. Maurice massiert ihm einige Augenblicke lang den Rücken, was dem Hund ein wohliges Grunzen entlockt. Er blickt zu Maurice auf und sieht ihm einen Moment lang in die Augen, bevor er spielerisch seitlich tänzelt, als ob er uns auffordern wollte, ihm zu folgen. »Kommen Sie, kommen Sie herein«, sagt Maurice einladend, und wir gehen hinter ihm den Weg zur Eingangstür hinauf.

Mit seinen fünfeinhalb Jahren und den neunzig Pfund, erinnert Runge so gar nicht mehr an den zwölf Wochen alten Welpen, als der er uns damals verließ. Haltung, Bewegungen und Lebhaftigkeit bestätigen, was damals als Anlage vorhanden gewesen war, und ihn voll ausgewachsen zu sehen, weckt in uns einmal mehr das ehrfürchtige Staunen über die Schönheit, die aus dem gelungenen Zusammenspiel von natürlichen Anlagen mit menschlicher Fürsorge hervorgehen kann. Die Frucht dieser Verbindung steht majestätisch vor uns und fordert Respekt ein.

Maurice Sendak kennt sich mit Hunden aus. Wer seine Kinderbücher kennt, weiß, dass er von Tieren fasziniert ist, besonders von Hunden. Tatsächlich sind eine ganze Reihe von Hunden, die ihn in seinem Leben begleitet haben, auch in seinen Büchern zu finden: Jennie, der Sealyham Terrier, ist nicht nur bei *Wo die wilden Kerle wohnen* dabei, sondern auch zentrale Figur in *Higgelti, Piggelti, Pop.* Io, ein Golden Retriever, tritt in *Some Swell Pup* und *Liebe Mili* auf, und die Schäferhunde Erda, Aggie und Runge, sind sowohl in *Als Papa fort war* als auch in *Liebe Mili* zu finden. Maurices Faszination von Deutschen Schäferhunden entwickelte sich, nachdem er J. R. Ackerleys Erzählung *My Dog Tulip* gelesen hatte. Die Geschichte von Ackerleys außergewöhnlicher Beziehung zu seinem Schäferhund (der im Original Evie hieß) rührte Maurice so stark, dass er sich daraufhin selbst

Maurice Sendak und Runge.

einen zulegte. Nach Erda kam Aggie und als beide gestorben waren, nahm er mit unserem Zwinger Kontakt auf und fragte an, ob wir einen Welpen für ihn hätten. Und so lernte er Runge kennen. Runge kam am 6. August zur Welt, in unserem Kirchenkalender die Verklärung des Herrn. Er war der dritte von acht Welpen von New Sketes Natasha und Ch. Brimhall's Supercharger. Er war von Anfang an der Größte im Wurf, ruhig, sehr maskulin, selbstbewusst, aber auch recht verspielt. Die ersten Notizen, die wir uns zu ihm machten, betrafen seine Ausgeglichenheit und seine freundliche Art:»Zwar der größte Welpe im Wurf, drängt sich aber nicht auf, kommt gut mit den anderen zurecht. Geht auch problemlos auf Menschen zu.« Beim Welpentest zeigte sich seine Intelligenz, seine Klugheit, seine Verträglichkeit, und während der Angstphase (achte bis zehnte Woche) veränderte sich seine Persönlichkeit kaum. Er schien unerschütterlich, besaß einen starken Forscherdrang, war jedoch keinesfalls hyperaktiv. Durch diese Stabilität sahen wir in ihm den idealen Hund für Maurice, bei dem er ein phasenweise sehr ruhiges und zurückgezogenes Leben führen, aber auch gelegentlich an gesellschaftlichen Anlässen teilhaben würde.

Ihr erstes Treffen hatte etwas Prophetisches. Runge war schon zwölf Wochen alt, als Maurice endlich kommen und ihn abholen konnte. Maurice war arbeitsbedingt in Übersee gewesen, sodass Runge einen Monat länger als üblich bei uns blieb. Erwartungsgemäß bereitete diese Zeit dem Hund keine Schwierigkeiten, und als wir ihn schließlich in den Speisesaal brachten, wo er mit seinem neuen Halter zusammentreffen sollte, tapste er augenblicklich auf Maurice zu und begann, mit dessen Hosenbein zu spielen. Es hatte ein wenig von der legendären Situation, die man gerne mit »Der Hund hat mich gewählt« umschreibt. Nachdem die beiden eine Weile miteinander gespielt hatten, musste Maurice kurz hinaus, um etwas aus seinem Auto zu holen. Als er über das Absperrgitter stieg, mit dem wir die Tür welpensicher gemacht hatten, rannte Runge hinter ihm her, stemmte die Vorderpfoten gegen die Gitterstäbe und winselte, als wolle er fragen:»Und was ist mit mir?« Damit hatte er Maurice für sich gewonnen. Er hatte nach einem selbstbewussten Hund mit ausgeglichenem Temperament gefragt, der sich in sein Leben als Künstler einfügen konnte. Da Maurice nicht verheiratet war und zu Hause arbeitete, würden Hund und Mensch sehr viel Zeit miteinander verbringen. Runge würde in ein strukturiertes, sehr diszipliniertes Gefüge integriert werden. Die beiden schienen einen guten Anfang zu machen.

Seitdem ist Maurice mit uns in engem Kontakt geblieben. Er verbringt immer wieder einige Tage bei uns im Kloster, und wann immer es möglich ist, bringt er Runge mit. Er hat Runge außerdem mit acht Monaten zu unserem dreiwöchigem Trainingsprogramm angemeldet, um anschließend gewissenhaft mit dem Hund zu arbeiten. Wir konnten also Runges Entwicklung über viele Jahre hinweg beobachten und haben nicht nur gesehen, wie der Hund zu einer erwachsenen Persönlichkeit heranreifte, sondern auch, wie sich die Beziehung von Hund und Halter immer weiter vertiefte und dabei immer bereichernder, immer inniger wurde. Im Umgang mit dem Hund legt Maurice die ihm typische künstlerische Empfindsamkeit an den Tag, und seine Sicht der Dynamik im Hund-Mensch-Verhältnis ist einzigartig. Aus seinem Blickwinkel ist der Hund eine Muse, die nicht nur das künstlerische Leben, sondern auch das Selbstverständnis des Künstlers inspiriert.

Und um darüber zu sprechen, sind wir zu ihm nach Connecticut gekommen. Maurice führt uns in ein großes, helles Wohnzimmer, in dem die Dekoration seine Vorlieben widerspiegelt: Micky-Maus-Devotionalien, Kinderspielzeug und »Wilde Kerle« als Stofftiere stehen, sitzen und liegen auf Tischen, Stühlen und Regalen und ergänzen wunderbar die Drucke von Toulouse-Lautrec und Winsor McCay an den Wänden. Kunst- und Musikbücher füllen die Bücherregale und auf dem Schreibtisch steht ein Bild, auf dem Maurice mit drei Hunden seiner Vergangenheit – Erda, Io und Aggie – spazieren geht. Eine Lederleine hängt an einer Tür, die zu einem großen Garten hinausführt. Während wir miteinander plaudern, beobachtet Runge durch ein Fenster ein paar Tauben, die im Garten picken. Er blinzelt, und seine Nase zuckt, doch er bellt nicht und zeigt auch sonst keine Anzeichen von Aufregung; wahrscheinlich kennt er die Vögel. Trotzdem scheinen sie ihn zu faszinieren, denn er wendet den Blick nicht ab. Seine Konzentration passt sehr schön zu seinem Namensgeber, der deutsche Künstler Philipp Otto Runge, ein visionärer Maler des frühen neunzehnten Jahrhunderts, der, wie Maurice uns erklärt, seine eingehende Beobachtung der Natur mit einem intuitiven Wissen um die göttliche Präsenz darin verband.

Wir rufen Runge von seiner Betrachtung fort, und er springt auf eine Couch neben einen der Brüder, der Maurice einen fragenden Blick zuwirft.

»Schon gut. In diesem Haus dürfen Hunde auf die Couch.« Maurice lacht leise, und fast gleichzeitig wendet Runge sich dem Bruder mit einem zufriedenen Grinsen zu. Er hat es ja gewusst. Dann legt er sich, rollt sich auf den Rücken und tritt spielerisch nach dem Bruder, der ihn zurückknufft, und Runge greift das Spiel entzückt auf. Er ist vollkommen entspannt in unserer Gegenwart. Nach einer Weile geht Maurice in die Küche, um nach dem Kaffee zu sehen, und Runge richtete sich sofort auf und folgt ihm, kehrt aber auch mit seinem Herrn zurück, als dieser mit dem Kaffee kommt. Während wir uns an den Tisch setzen, springt Runge zurück auf die Couch und legt den Kopf auf ein paar Kissen, um uns zu beobachten. Er hört uns aufmerksam zu, fast als wolle er sich vergewissern, dass alles, was wir besprechen, auch stimmt. Aber er muss sich keine Sorgen machen.

Maurice, Sie reden von Runge, als sei er nicht nur ein Freund für Sie, sondern auch eine Art Lehrmeister. Das ist ja eher ungewöhnlich. Was bringt Sie zu dieser Sichtweise?

»Da kommen mehrere Dinge zusammen. Ich hatte vor Runge schon eine ganze Reihe von Hunden und jeder hat mir etwas beigebracht, sodass ich im Umgang mit ihnen immer besser werde. Ich habe durch Jennie gelernt – sie hat viel gelitten –, dann durch Erda und Io und auch von Aggie. Die Beziehungen zu diesen Hunden waren immer sehr, sehr intensiv, ganz anders als mit vielen Freunden. Man zeigt sich seinem Hund gegenüber, wie man sich niemals Freunden zeigen würde. Bei Hunden kann man keine Maske tragen. Ein Hund ist gnadenlos ehrlich in dem, was er von einem verlangt; er ist vollkommen abhängig, und diese Abhängigkeit kann in manchem von uns eine starke Reaktion hervorrufen. Ich sehe mich durch ihn und stelle fest, wie viele meiner unangenehmen Seiten unterdrückt wurden, einfach weil ich ihn liebe. Allein durch die Art, wie er sich entwickelt hat, habe ich einige schlechte Angewohnheiten aufgegeben – und zwar aus Respekt vor ihm. Es wäre einfach vollkommen unangemessen, sich so zu verhalten. Und natürlich profitiere ich selbst von dieser Unterdrückung in Form von Selbstdisziplin.«

Was meinen Sie mit ›Es wäre vollkommen unangemessen, sich so zu verhalten‹?
»Na ja, die Beherrschung zu verlieren, zum Beispiel, was mir leider recht schnell passiert. Ich bin ziemlich jähzornig, und das hat er bereits zu spüren bekommen. Doch trotz dieser Tatsache, ist er der gesündeste Hund, den ich je gehabt habe. Meine Wut kratzt ihn nicht weiter, und seine unbeirrbare Loyalität und seine Kraft zeigen mir, wie unangebracht mein Verhalten ist.«

Seine stabile Persönlichkeit hat Sie dazu bewogen, sich zu ändern?
»Daran zu arbeiten, mich zu ändern, ja, absolut. Ich denke, die Art, wie man sich mit seinem Hund in Beziehung setzt, ist symptomatisch dafür, wie man sich mit allem und jeden in Beziehung setzt. Da Hunde so transparent sind, spiegeln sie dein eigenes Verhalten, und die Herausforderung liegt darin, das ernst zu nehmen. Nur wer nicht alle Tassen im Schrank hat, kann das, was der Hund reflektiert, dem Tier

anlasten. Man muss an sich selbst arbeiten. Und daher kann ein ausgeglichener Hund, der gut ausgebildet ist, dabei helfen, sich als Mensch weiterzuentwickeln.«

Die Beziehung zu Ihrem Hund ist also der fruchtbare Grund für eine neue Bewusstseinsstufe?

»Genau. Um es vielleicht ein wenig zu vereinfacht auszudrücken: Es ist, als würde man mit jedem Hund seine Kindheit neu durchleben – jedes Mal etwas verbessert, weil man die Fehler sieht, die man beim vorherigen Welpen gemacht hat. Wenn man sieht, wie der Hund sich ängstlich vor einem duckt, wie man es vermutlich damals vor den eigenen Eltern gemacht hat, ist man gezwungen, sich selbst zu betrachten. Runge zieht einfach nur deshalb nicht den Kopf ein, weil ich es nicht hätte ertragen können. Ich habe also gelernt, es nicht zu solchen Situationen kommen zu lassen. Das heißt, man muss eine ganze Reihe von Gefühlen unterdrücken. Es ist doch so, als habe man in seinem Inneren ein festes Schema – und leider kein gutes –, dem man unbewusst immer wieder folgt. Aber mit jedem Hund wird man besser und der Hund entwickelt sich besser, da man sich selbst sehr viel besser im Griff hat. Man ist weniger gefühlsbetont, agiert bewusster. In dieser Hinsicht hat Runge von allen anderen Hunden profitiert.«

Sie behaupten im Grunde, dass ein Hund uns schonungslos die Wahrheit sagt. Aber die meisten Menschen wollen sie gar nicht wissen. Warum haben Sie sie nicht überhören können?

»Zum einen, weil ich gar nicht weiß, wie man das schafft … und zum anderen, weil das für einen Künstler wie eine Goldmine ist. Trotz der Tatsache, dass solche Erfahrungen emotional extrem schmerzhaft sein können, sind sie beruflich das Gold, das ich in meiner Arbeit verwende. Und so ist Runge in anderer Hinsicht wieder der Bergarbeiter, der – ohne es zu wissen – für mich gräbt. Er holt das Erz hinauf, das ich verarbeite. Durch ihn durchlebe ich ursprüngliche, primitive

Gefühle, und wenn ich schlecht gelaunt bin, setze ich sie gegen ihn ein. Geht es mir jedoch gut, unterdrücke ich sie, und im besten Fall bringe ich sie zu Papier. Runge ist der Goldgräber, er holt es ans Licht. Niemand kann es so wie er, und andere Menschen schon gar nicht, da ich mich auf gesellschaftlichem Parkett im Griff habe. Wie die meisten Menschen übrigens. Wir zeigen dem anderen diese Seite von uns nicht, wir reden höchstens darüber. Aber wenn man mit einem Haustier allein ist, geschehen manchmal Dinge, die sich der eigenen Kontrolle entziehen und daher sehr erschreckend sind, so wie es, wie ich vermute, auch bei Müttern mit Ihren Babys passiert. Gesellschaftlich natürlich vollkommen inakzeptabel. Aber es geschieht, weil man plötzlich mit einem Wesen umgehen muss, dass nicht spricht und – vielleicht – einen nonverbalen Augenblick aus der eigenen Vergangenheit neu durchlebt.«

Ein Hund kann es niemandem erzählen!
»Ein Hund kann es nicht, und ein Baby kann es auch nicht. Geplapper bringt nichts, und Gebell bringt niemanden weiter. Sprache ist dort schrecklich, wo sie erdacht wurde, um zu täuschen. Runge spricht nicht, daher kann er nicht täuschen. Ein Baby kann es auch nicht. Wenn man ein Baby falsch hält, schreit es, weil es weiß, dass es in Gefahr ist. Wenn die Mutter es in die Arme nimmt, ist es augenblicklich ruhig. Warum? Weil es sich sicher fühlt und dieses Gefühl direkt und empathisch weitergeben kann. Und der Hund tut das auch. Ich meine, ein Hund, der sich vor dir duckt …. das tut weh. Wirklich.«

Runge springt von der Couch und tappt zu Maurice, der ihn eine Weile streichelt. »Okay, du bist ein Braver«, sagte Maurice schließlich, »geh zurück auf die Couch.« Und Runge tut genau das, gähnt herzhaft und legt wieder seinen Kopf auf das Kissen, als Maurice fortfährt.

»Aber wenn man sich ernsthaft mit seiner unangenehmen Seite auseinandersetzt, dann kann man sich davon befreien. Er weiß es nicht, aber er hat mir bei meiner eigenen Entwicklung ein großes Stück weitergeholfen. Durch diese Beziehung bin ich einige Hemmnisse in meinem Leben losgeworden, und ich nehme an, dass sie auch in anderen Beziehungen verschwunden sind. Doch hier ist es am stärksten spürbar.«

Die Wirkung überträgt sich?
»Unbedingt. Ich bin jetzt glücklicher, als ich es je gewesen bin. Es ist wahr. Ein großer Teil liegt an ihm, vielleicht der größte, aber ich bin erwachsener geworden und habe mich von vielen Schatten befreit. Bedeutend in Bezug auf Runge ist, dass ich erkenne, wie ich mich durch ihn davon befreie. Ich kann keinerlei andere Ursachen feststellen, denn unsere Beziehung ist unglaublich innig und ursprünglich. Er teilt mein Zimmer mit mir, mein Bett, meine Gedanken. Unsere Verbindung ist so stark, dass ich spüre, wenn sich für ihn etwas ändert, was auch immer es ist, und so war es bisher bei jedem Haustier, das ich hatte. Natürlich ist es gut für mich, dass er ein so ausgeglichener Bursche ist, denn wäre er ein hektischer, nervöser Hund, dann hätte wir zwei ordentlich Probleme bekommen. Aber Sie wussten ja schon damals, dass er ein zäher kleiner Kerl war. Und diese Zähigkeit der Seele, die war es, die mir wirklich etwas beigebracht hat. Ich werde es wohl nie begreifen: Ich habe ihm noch nie Angst gemacht. Nur ein oder zwei Male, als ich wirklich wütend auf ihn war, hat er sich offenbar ein wenig Sorgen gemacht, aber generell – nein. Und dennoch gab es in fünf Jahren nur eine einzige Situation, in der er nicht kam, als ich ihn gerufen habe.«

Würden Sie sagen, dass die Beziehung mit ihm die für Sie wichtigste ist?
»In ganz bestimmter Hinsicht, ja. Das würde ich sagen.«

Möglicherweise weil die Verbindung zu ihm einzigartig ist?
»Ja, sie ist ganz anders als die zu einem menschlichen Wesen. Es hat etwas mit kindlicher Nähe zu tun. Da ich Künstler bin, der aus frühs-

ten Erinnerungen schöpft und dessen größtes Talent es ist, das, worüber wir gesprochen haben, hervorzuholen und damit umzugehen, ohne es in rosiges Licht zu tauchen oder die Kanten zu glätten … Das sind einfach keine Themen, die man mit anderen Menschen bespricht. Es betrifft niemand anderen, es betrifft nur mich! Ich bin Künstler, und ich gebe mein Bestes, und ich mache mir keine großen Illusionen über mein Talent. Ich habe ein Hauptthema und das ist die Kindheit, und bevor ich ins Gras beiße, will ich vor allem eins: es ausgraben, die Mine ausbeuten, richtig tief graben, bis ich auf die Urerde stoße, und Runge ist mein wichtigster Gefährte in diesem Projekt, da ich mich nonverbal mit ihm verständige. Wir reisen zusammen.«

Die Klingel unterbricht unser Gespräch. Runge springt sofort von der Couch und bellt, während er auf die Tür zugeht, und Maurice folgt ihm. Paketdienst. Als Maurice dem Hund sagt, dass alles in Ordnung ist, hört Runge zu bellen auf und bleibt verhalten wedelnd neben ihm stehen, während Maurice die Quittung unterschreibt und den Mann verabschiedet. Sie kehren zurück, und Runge nimmt wieder seinen Platz auf der Couch ein.

Sie haben eben von Ihrer Arbeit als Künstler gesprochen und dem Verhältnis Ihrer Hunde dazu. Wenn man sich Ihre Kunst ansieht, spürt man die intuitive Dimension, die Sie hineinbringen. Überall finden sich signifikante Details … es kommt einem so vor, als wüchsen die Zeichnungen aus Ihrem Leben. Besonders aufgefallen ist es uns, dass Sie Hunde und Tiere niemals als dekoratives Element einsetzen, sondern immer mit Bedeutung versehen. Sie sind immer da, nie vergessen Sie sie. Und es ist schon seltsam, dass keiner der Kritiker, die Ihre Kunst deuten, sich ihrer je angenommen hat.

»Sie haben Recht. In meiner gesamten Karriere hat sich noch niemand mit der Rolle beschäftigt, die Tiere in meiner Arbeit spielen. Meistens heißt es, >Och, wie süß, schaut mal, er packt in jedes Bild seinen Hund, genau wie Hitchcock in jedem seiner Filme einen Cameo-Auf-

311

tritt hatte.< Aber dabei entgeht den Leuten, was diese Hunde in meinen Bildern wirklich bedeuten. Sie tauchen nicht aus Eitelkeit in all meinen Büchern auf. Ich zeichne sie eigentlich, ohne mir dessen wirklich bewusst zu sein und ohne etwas Bestimmtes damit ausdrücken zu wollen: Sie spiegeln meine Entwicklung, meinen Weg in diesem Leben. Als sich zum Beispiel Jennie grafisch veränderte und mit meinen wachsenden Fähigkeiten als Zeichner besser auszusehen begann, wuchs ich auch in meiner Persönlichkeit. Jennie war eine Ikone, sie musste in den Büchern auftauchen. Durch sie habe ich mich selbst, meine Beziehung zu ihr, meine Beziehung zu der gesamten Welt ausgedrückt. Dieser Ausdruck findet seinen Höhepunkt in *Some Swell Pup*, diesem kleinen Büchlein, in dem die Kinder plötzlich verstehen und zu ihrer Mutter sagen, »So hast du mich auch behandelt«, denn es gibt keinen Unterschied zwischen dem Wesen eines kleinen Kindes und dem eines Welpen. Wenn man ein gleichgültiger Mensch ist, ein gefühlloser, ein sadistischer Mensch, dann macht man keinen Unterschied. Dann behandelt man das Kind genauso mies.«

Und dann ist da noch die Wiederentdeckung des Grimmschen Märchens, »Liebe Mili«, das Sie illustriert haben. In dieser Geschichte über den Tod, in der ein kleines Mädchen und seine Mutter in eine andere Welt gehen, tummeln sich Ihre Hunde überall ...
»Ja, das stimmt. Wenn man mich fragt, was das Buch für mich ausdrückt, verwende ich ein Wort, das die meisten verblüfft, und mich manchmal auch, aber dennoch ist es *Gnade*, reine Gnade. In *Als Papa fort war* sehen wir dieselbe Mutter, dieselbe Atmosphäre, dieselbe Stimmung. Aber dieses Buch ist voller Streit und es endet auch damit. *Liebe Mili* endet mit einer Lösung, und ich halte nicht den Tod für eine Lösung. Es reicht über die Tatsache, dass Mädchen und Mutter sterben, hinaus. Hier geht es um die Verschmelzung verschiedener Dinge. Und alle meine Hunde tauchen darin auf: Runge als Welpe, Aggie, Io und Erda, als sie schon sehr alt war. Ich zeichne also Bilder meiner

Beziehungen und komme in *Liebe Mili* zu einer Lösung für *Als Papa fort war*. Während diese Geschichte fast grausam endet, weil das arme Kind einen Brief von seinem Vater bekommt, in dem er ihm sein Problem auflädt, befindet sich in *Liebe Mili* etwas in einem friedlichen Zustand. Ich – ich bin derjenige, der sich in friedlichem Zustand befindet. Dieses Buch rundet so vieles in meinem Leben ab, dass ich nicht einmal versuchen will, alles aufzuzählen. Und das Paradoxe ist, dass es sich um eine derart traurige Geschichte handelt.«

Wenn Sie auf die letzten fünf Jahre mit Runge zurückblicken – was hat sich in Ihrer Einstellung im Umgang mit Welpen geändert?
»Ich muss oft daran denken, dass es fast schon einen komischen Aspekt hatte, als ich damals zu euch Jungs kam, um mir einen Hund zu holen. Ich weiß noch, dass ich gesagt habe, ich müsste einen haben, der dies und jenes hat, der ausgeglichen und entspannt ist und so weiter. Mir war nicht klar, dass ich ein Tier wollte, das mir all das verschaffte, was ich nicht hatte. Der Hund sollte das fehlerlose, erwachsene menschliche Wesen sein, das ich *nicht* war. Aber zum Glück habe ich erkannt, dass es allein an mir liegt. Der Hund kann mit all diesen Prädikaten nichts anfangen. Aber wenn man ihm gibt, was er braucht, wenn man es richtig macht, dann kommt all das zurück, auf das man immer gehofft hat.«

Was genau die Botschaft ist, die wir in unserem Buch vermitteln wollen!
»Der Hund kann zu einem wahr gewordenen Traum werden, zu genau dem, was man sich immer gewünscht hat. Aber *du* bist es, der diesen Traum wahr macht – durch harte Arbeit und die Einhaltung bestimmter Grundregeln. Die meisten Menschen wollen diese Verantwortung nicht, wollen nicht hinnehmen, wie zermürbend es sein kann, einen Welpen aufzuziehen, wie viel Mühe und Energie man hineinstecken muss, um zu bekommen, was man will. Harte Arbeit, Selbstanalyse, viele Enttäuschungen, Angst – all das spielt zusammen, bevor etwas passiert. Aber Runge ist wie ein Wunder, denn er ist genau der Hund,

den ich mir von Ihnen gewünscht habe. Und paradoxerweise habe *ich* das bewirkt. Eigentlich bin ich zu Ihnen gekommen, damit Sie mir einen Welpen mit Garantie verkaufen, wie diese kleinen japanischen Blümchen, die man ins Wasser steckt und die in zwei Minuten blühen. Sie sollten mir einen Deutschen Schäferhund verschaffen, der schön und perfekt ist und in zwei Jahren zu einem zweiten Rin Tin Tin heranwächst. Ihr habt's versprochen, das war die Garantie. Nicht schlecht, was aus ihm geworden ist, oder?

Allerdings!

»Aber noch etwas, und das ist vielleicht das Wichtigste. Fast jeder Hund, den ich bisher hatte, ist zu Anfang Philip und Sadie Sendaks [Maurices' Eltern] Baby gewesen. Runge ist der erste, der die Verwandlung von diesem Baby zum Hund geschafft hat. Er ist nicht mehr ich; es war eine schwere Geburt, aber er ist endlich ein wunderschöner Deutscher Schäferhund und kein kränkliches Kind mehr. Ein Hund. Nicht mehr ich. Er ist ein prächtiges Tier geworden, und das kleine Kind – um bei dem Bild zu bleiben – ist verschwunden, weg. Es kann in meinen Büchern auftauchen, in meiner Arbeit, aber meine Sicht ist endlich so klar und unverschleiert, dass ich einen Hund sehe.«

Runge springt von der Couch und kommt winselnd zu Maurice. Er stößt seinen Arm mit der Nase an und wandert ein paar Mal auf und ab. Es ist fast vier Uhr nachmittags und Zeit für seinen Spaziergang. »Ja, ich weiß, Runge, wir gehen ja auch gleich.« Maurice sieht uns lächelnd an. »So ist er eben. Er liebt unsere alltägliche Routine, unsere festen Zeiten. Zum Beispiel machen wir jeden Tag um halb sechs ein Nickerchen. Wenn es etwas später wird, sieht er mich an, als wolle er sagen: >Hör mal, wann sollen wir denn noch schlafen? Es ist schon fünf nach halb sechs, was ist denn los mit dir?< Runge ist ein echtes Gewohnheitstier.«

Wir folgen Runge zur Haustür hinaus, und augenblicklich stiebt er über die Wiese, die Nase am Boden, läuft in aufgeregtem Zickzack den ganzen Vorgarten ab, als ob er alle Gerüche katalogisieren wollte. Schließlich kreist er einen bestimmten Geruch am Fuß eines großen Baums ein. Er schnuppert ein paar Sekunden gründlich daran und leckt zögernd über die Baumrinde. Dann richtet er sich wieder zu voller Größe auf, hebt das Hinterbein und tränkt die Rinde stolz mit seiner Duftmarke. Schließlich nimmt er einen Stock vom Rasen und trabt zur Auffahrt, um sich von uns zu verabschieden.

Während wir den Wagen starten und davonfahren, sehen wir im Rückspiegel Maurice und Runge, die die Straße zu einem offenen Feld überqueren. Runge springt in die Luft und schnappt nach dem Stöckchen, das Maurice in der Hand hält.

Ein neuer Blickwinkel

Ein Ende zu setzen heißt einen Anfang zu machen
Das Ende ist dort, wo wir beginnen (…)
Und unsere Suche hat dann ein Ende,
wenn wir ankommen, wo wir begonnen haben,
Und den Ort zum ersten Mal betrachten.

- T. S. Eliot, Vier Quartette

Es gibt eine schöne Geschichte, die von einem Mönch aus dem siebzehnten Jahrhundert namens John Moschus erzählt wird. Darin geht es um einen alten Abba (Mönch), der mit seinem Hund in einem abgeschiedenen Kloster in Palästina lebt. Eines Tages bringt ihm ein Mönch einer Nachbargemeinde die Nachricht, dass im Kloster von Besorum eine wichtige Versammlung stattfinden wird, auf der alle Mönche aus der Umgebung erwartet werden. Der Abba lauscht dem Boten, versichert ihm, dass er kommen wird, dankt ihm und will ihn verabschieden.

Und nun nimmt die Geschichte eine merkwürdige Wende. Der Mönch erklärt nervös, dass er noch weiter durch die Wildnis reisen muss, um seine Nachricht auch ins ferne Kloster von Charembe zu tragen. Die Reise ist weit, und da er noch nie dort gewesen ist, fürchtet er, sich zu verirren. Er fragt den alten Abba sogar, ob nicht er reisen und die Botschaft übermitteln könne, da er doch den Weg kenne. Unser Abba lächelt und beruhigt ihn. Er ruft seinen kleinen Hund und befiehlt ihm, mit dem Mönch nach Charembe zu gehen. Moschus endet die Geschichte mit dem Satz: »Und der Hund ging mit dem Bruder und führte ihn vor die Tore des Klosters.«

Die Schlichtheit der Erzählung fordert geradezu heraus, uns eingehender damit zu beschäftigen. Zunächst ist es bemerkenswert, dass der Mönch überhaupt einen Hund hat, denn das war damals in der Klostertradition eher eine Seltenheit. Noch bemerkenswerter aber ist, dass zwischen Mönch und Hund eine besondere, harmonische Beziehung besteht, denn nur wenn der Hund dem Abba ein echter Gefährte ist, kann er den anderen Mönch leiten.

Und was ist mit dem Boten? Was mag er gedacht haben, als der Abba den Hund ganz ernst instruierte, ihn nach Charembe zu bringen? Moschus schweigt leider darüber und überlässt es uns, die Einzelheiten auszumalen. Wahrscheinlich hat er zunächst mit einer Mischung aus Verwirrung, Unglaube und Angst reagiert. Einem Hund durch die Wildnis folgen? Einerseits muss ihm das als Irrsinn erschienen sein. Andererseits war es ihm befohlen worden, und Gehorsam war auch damals schon einer der Eckpfeiler mönchischen Daseins. Und da der Abba ihm außerdem versichert hatte, dass er nichts zu fürchten brauchte, können wir uns vorstellen, wie der Mönch den zuversichtlichen Schritten des Hundes zögernd durch die Wüste gefolgt war.

Und was mag in der Wüste geschehen sein? Sicherlich ist es nicht bei einem simplen schweigenden Marsch von einem Kloster zum anderen geblieben. Die Wüste ist ein Sinnbild für eine innere Einkehr, wird Schauplatz einer Reise, die im Herzen des Mönchs stattfindet. Während er dem Hund in die Wildnis folgt, ist er gezwungen, auf neue Art zu lauschen, und diese neue Art des »Gehorsams« wurzelt tief in der Erkenntnis seiner Armut. Er ist vollkommen abhängig von diesem Tier, einem Tier, dem er unter normalen Umständen keinen zweiten Blick gegönnt hätte, und diese Erfahrung verändert ihn nachhaltig. Durch den Hund, der ihn führt, wird er sich immer stärker seiner eigenen Anmaßung bewusst, seines mangelnden Respekts, seiner bisherigen Unempfänglichkeit für das Mysterium Hund. Das Tier ist kein Ding mehr, kein Gegenstand, sondern ein anderes lebendes Wesen, das für die Sicherheit des Menschen verantwortlich ist. In

Die Beziehung zu Ihrem Hund beginnt in dem Moment, in dem Sie ihn zu sich holen. Durch gewissenhafte Fürsorge, die richtige Ausbildung und viel Liebe wird diese Beziehung zu etwas heranreifen, das Ihre Erwartungen um ein Vielfaches übersteigt. Ihr Hund wird ein wahrer Gefährte.

319

einem Moment der Erleuchtung wird ihm klar, dass seine Betrachtung eines Hundes nur eine Spiegelung seiner Betrachtung des ganzen Lebens gewesen ist. Und endlich sieht er den Hund – und das Leben – auf eine ganz neue Weise. Natürlich unterscheidet sich der Hund von dem Menschen, aber sogar in dieser Unterscheidung besitzt er eine ganz eigene Würde, die der Mensch zu respektieren lernt. Und wenn wir uns diese Geschichte so zu Ende denken, dann stellen wir uns vor, dass der Mönch, der aus der Wüste hinaustritt und vor die Tore des Klosters von Charembe gelangt, ein anderer Mensch ist, demütiger und weiser, einer, der in Zukunft das Leben aus einem anderen Blickwinkel betrachtet.

Und wir? In mancher Hinsicht ist die Reise des Mönches die Reise eines jeden, nur dass wir in unserem hektischen Alltag voller Aktivitäten und Reize oft übersehen, dass auch wir durch eine Wüste wandern. Wer oder was führt uns hindurch? In unserem Zeitalter ist die Verbindung mit der nichtmenschlichen Welt um uns herum gefährlich brüchig geworden, und das Resultat daraus ist ein abgestumpftes Herz und eine verschwommene Sicht. Nichts beeindruckt uns mehr, und wir begeben uns immer weiter in die disharmonischen Gefilde des Individualismus, in der wir uns nur von uns selbst leiten lassen. Wir »verarbeiten« die Realität durch vorgefertigte, sterile Schablonen und haben unsere Welt längst vom Mysterium, das fasziniert und berührt, befreit.

Was für eine traurige Ignoranz. Die Menschheit muss unbedingt wieder eine Verbindung zur Natur herstellen, denn nur dadurch können wir uns selbst wiederfinden. Wir werden uns nur dann finden, wenn wir uns der Welt um uns herum bewusst werden, eine Welt, in der sich Gott überall manifestiert. Wir müssen lernen, die Natur ohne falsche Rührseligkeit als Ausdruck der Güte Gottes zu betrachten und uns an Anblicken und Klängen zu erfreuen, die unser Staunen und unsere Bewunderung wecken. Das war es wohl, was der Autor Henry Beston meinte, als er in *The Outermost House* schrieb:

Wir brauchen eine andere und eine klügere, vielleicht eine mystischere Auffassung von Tieren. Von der universellen Natur entfernt und abhängig von komplizierten Vorrichtungen, überwacht der Mensch in der Zivilisation die Kreatur durch die Brille seines Wissens und sieht dadurch eine vergrößerte Feder, das Gesamtbild aber verzerrt. Mit Herablassung betrachten wir ihre vermeintliche Unvollkommenheit, ihr tragisches Schicksal, eine so viel niederere Gestalt als die unsere zu besitzen. Und darin irren wir, und wir irren uns grandios. Denn das Tier soll nicht durch den Menschen gemessen werden. In einer Welt, die weit älter und vollkommener ist als unsere, bewegen sie sich ausgereift und perfekt, bewehrt mit Erweiterungen jener Sinne, die wir verloren oder niemals gehabt haben, und verbunden durch Stimmen, die wir niemals hören werden. Sie sind keine Brüder, keine untergeordneten Kreaturen. Sie sind andere Nationen, wie wir gefangen in diesem Netz aus Leben und Zeit, Mithäftlinge der Pracht und der Mühsal der Erde.

Wer die Welt so sehen kann, beweist einen tiefen Respekt vor der erstaunlichen Vielfalt der Natur und ist sich bewusst, dass sie sich durch den Zusammenhang alles Lebens in einer ausbalancierten Einheit befindet. Auch wir sind alle miteinander verbunden. Das heißt nicht, dass wir von einer vagen, homogenen kosmischen Ordnung geschluckt werden, sondern dass wir gemeinsam bewusst an einer lebendigen Gemeinschaft mit Gott teilhaben und der umfangreichen Symphonie des Lebens lauschen sollten.

Das Wort »Symphonie« (aus dem Griechischen für »zusammen klingen«) ist hier mehrdeutig. In der Tradition der Orthodoxen Kirchen streift es die Vorstellung, dass alle individuellen Elemente der Schöpfung letztlich in ihrer Existenz von Gott abhängen und gleichzeitig miteinander in Beziehung stehen. Um es metaphorisch auszudrücken: Wir sind alle zahllose Teile eines riesigen Orchesters, das im Zusammenspiel eine harmonische Melodie von Schönheit und Anmut erschafft. Wenn wir diese »Musik« mit unserem Herzen hören, erfahren wir das Leben auf neue Weise, als würden wir es zum ersten Mal erfahren. Und die einzige wahre und angemessene Reaktion darauf ist Ehrerbietung und Respekt. Genau das betont der russische Autor Fjodor Dostojewski in *Die Brüder Karamasow*, als er den frommen Starez Sossima seine Schüler ermahnen lässt:

Brüder, liebt Gottes Schöpfung, liebt jedes winzige Teilchen für sich und liebt es als Ganzes, liebt jedes grüne Blatt, jeden Strahl von Gottes Licht, liebt die Tiere und Pflanzen und jedes unbelebte Ding. Wenn ihr all das liebt, werdet ihr Gottes Geheimnis, das in allem enthalten ist, erkennen, und sobald ihr es erkannt habt, werdet ihr es jeden Tag ein wenig besser verstehen. Und schließlich werdet ihr ihm eine allumfassende universelle Liebe entgegenbringen.

Für viele Menschen zeigt sich diese Liebe durch die Beziehung, die sie zu Haustieren, besonders zu ihren Hunden entwickeln. Hunde bringen uns durch ihr Wesen und durch ihre Abhängigkeit dazu, aus uns herauszutreten: Sie verwurzeln uns wieder in der Natur und verstärken unser Bewusstsein für Gottes Geheimnis, das in allem enthalten ist. Wenn wir uns die Mühe machen, einen Welpen richtig aufzuziehen, wenn wir lernen, ihm zuzuhören und ihn so sehen, wie er wirklich ist, können wir uns öffnen, unsere Arroganz aufgeben und unser Leben wieder mit anderem Leben teilen. Und wann immer das geschieht, erfahren wir, was es bedeutet, glücklich zu sein.

Der Welpentest:
Entwicklung und Interpretation

Ursprünglich wurde dieser Test zur objektiven und systematischen Beurteilung von Welpen in den zwanziger und dreißiger Jahren des vergangenen Jahrhunderts in der Schweiz entwickelt. Die Organisation Fortunate Fields brauchte einen verlässlichen Test für Deutsche Schäferhunde, die zu verschiedenen Aufgaben, hauptsächlich aber zu Blindenhunden ausgebildet werden sollten. Die besten Hunde wurden in einem Zuchtprogramm eingesetzt.

Durch die John Fuller und John Paul Scott konnte dieses Beurteilungssystem wesentlich verbessert werden. Wie wir bereits erwähnten, hatten ihre Forschungen einen nachhaltigen Einfluss auf die Welpenaufzucht. Die praktischen Konsequenzen dieser Arbeit sind in Clarence Pfaffenbergers Buch, *The New Knowledge of Dog Behaviour*, besonders klar und deutlich dargelegt. In diesem Buch entwarf der Autor, gestützt auf Scott und Fullers Erkenntnisse, ein System, das die Erfolgsrate der Führhunde-Programme deutlich verbesserte. Als Pfaffenberger Mitte der vierziger Jahre mit seiner Arbeit begann, wurden aus nur neun Prozent der Hunde, die zu der Ausbildung zugelassen worden waren, tatsächlich brauchbare Führhunde. Als er seine Erkenntnisse in den 60er Jahren veröffentlichte, stieg die Zahl auf neunzig Prozent.

Pfaffenberger betonte die Bedeutung der genetischen Veranlagung und der frühen Sozialisation, für die er Richtlinien entwickelte. Seine Tests schlossen Verhalten bei neuen Erfahrungen, Begegnungen mit

Fremden, körperliche Empfindsamkeit und die allgemeine Fähigkeit zur Problemlösung mit ein. Seine Arbeit war ein Meilenstein für Zuchtprogramme aller Art, da Welpen plötzlich bereits früh verlässlich beurteilt werden konnten: Aus dem Verhalten, das Welpen in der achten bis zwölften Woche an den Tag legten, konnte man auf den erwachsenen Hund schließen. Und obwohl das ursprüngliche Ziel dieser Tests die Zucht und Ausbildung zuverlässiger Führhunde gewesen war, haben Züchter es längst an ihre Bedürfnisse angepasst.

Der erste allgemeine und vereinheitlichte Test war der des Tierpsychologen William Campbell, wie er ihn in seinem wichtigen und innovativen Werk *Behaviour Problems in Dogs* darlegte. Auch wenn dieses Buch eigentlich für Tierärzte und andere Berufsstände, die mit Hunden umgingen, konzipiert worden war, um Antworten auf häufige Fragen zu Verhaltensstörungen zu liefern, enthielt es ein hervorragendes Kapitel über Welpen, Auswahl und Beurteilung, erste Ausbildungselemente und häufig auftretende Probleme. Der Welpentest gab Züchtern und Haltern zum ersten Mal eine Möglichkeit an die Hand, ihre Welpen im Vergleich mit anderen zu beurteilen, und dient auch heute noch als Standard, auf dessen Grundlage neue Testvarianten entwickelt werden.

In unseren Augen hat sich vor allem die Weiterentwicklung von Joachim und Wendy Volhard bewährt. Ihr Test greift Elemente aus den erfolgreichen Vorgängern auf und integriert sie in ein eigenes Bewertungssystem. Aus den Ergebnissen lassen sich zuverlässige Schlüsse über Temperament sowie Arbeits- und Gehorsamspotenzial des Tieres ziehen.

Die ersten fünf Punkte des Tests basieren gänzlich auf William Campbells Erkenntnissen und fragen neben Charaktereigenschaften wie Dominanz, Unterwürfigkeit, Unabhängigkeit, etc. die allgemeine Tendenz des Welpen ab, sich auf Menschen einzulassen. Die Ergebnisse lassen darauf schließen, wie umgänglich Ihr Welpe werden kann und wie willig er Sie als Alphatier akzeptiert.

Welpe (Farbe, Geschlecht)

Wurf

Datum

ANNÄHERUNGSVERHALTEN

Welpe wird in den Testbereich gesetzt. Tester hockt sich in ein paar Schritten Entfernung hin, klatscht in die Hände, versucht, ihn zu sich zu locken. Wichtig: Die Richtung, in der der Welpe gelockt wird, sollte nicht der entsprechen, aus der er hereingekommen ist.

Zweck
Testet soziale Orientierung, Selbstvertrauen oder Abhängigkeit.

Wertung

Kommt willig, Rute aufgestellt, springt, beißt in Hände.	1
Kommt willig, Rute aufgestellt, tritt mit den Vorderpfoten, leckt an Händen.	2
Kommt willig, Rute aufgestellt.	3
Kommt willig, Rute unten.	4
Kommt zögernd, Rute unten.	5
Kommt nicht.	6

FOLGEN

Tester steht auf und entfernt sich vom Welpen. Wichtig: Tester muss sich vergewissern, dass der Welpe es merkt.

Zweck

Testet das Sozialverhalten. Hunde die nicht folgen zeigen Unabhängigkeit.

Wertung

Folgt willig, aufgestellte Rute, läuft zwischen die Beine, beißt in den Fuß. 1

Folgt willig, aufgestellte Rute, läuft zwischen die Beine. 2

Folgt willig, aufgestellte Rute. 3

Folgt willig, Rute gesenkt. 4

Folgt zögernd, Rute gesenkt. 5

Folgt nicht oder geht weg. 6

BEWEGUNGSEINSCHRÄNKUNG

Tester geht in die Hocke, rollt den Welpen behutsam auf den Rücken und hält ihn mit einer Hand dreißig Sekunden lang fest.

Zweck

Testet Grad der Dominanz oder Unterwürfigkeit, sowie Stressempfindlichkeit bei dominantem Verhalten eines anderen.

Wertung

Wehrt sich heftig, strampelt, beißt. 1

Wehrt sich heftig, strampelt. 2

Bleibt ruhig, wehrt sich, kommt zur Ruhe, kurzer Augenkontakt. 3

Beruhigt sich bald. 4

Wehrt sich nicht. 5

Wehrt sich nicht, meidet Augenkontakt. 6

SOZIALE DOMINANZ

Tester hockt neben dem stehenden Hund und streichelt ihn von Kopf bis zum Schwanz so lange, bis ein Verhalten erkennbar ist.

Zweck

Testet Akzeptanz von sozialer Dominanz, Welpe versucht vielleicht, durch Hochspringen oder Beißen zu dominieren oder zeigt Unabhängigkeit und geht.

Wertung

Springt, tritt, beißt, knurrt.	1
Springt, tritt.	2
Schmiegt sich an den Tester, versucht, das Gesicht zu lecken.	3
Windet sich, leckt an den Händen.	4
Rollt sich auf den Rücken, leckt an den Händen.	5
Geht weg und kommt nicht zurück.	6

DOMINANZ DURCH HOCHHEBEN

Tester schiebt beide Hände unter den Bauch des Hundes, hebt ihn ein kleines Stück an und hält ihn dreißig Sekunden lang fest.

Zweck

Testet Verhalten in Situationen, die sich der Kontrolle des Hundes entziehen.

Wertung

Wehrt sich heftig, beißt, knurrt.	1
Wehrt sich heftig.	2
Entspannt, wehrt sich nicht.	3
Wehrt sich, beruhigt sich, leckt.	4
Wehrt sich nicht, leckt an Händen.	5
Wehrt sich nicht, erstarrt.	6

327

APPORTIEREN

Tester weckt die Aufmerksamkeit des Tieres mit einem Ball aus zerknülltem Papier. Sobald der Welpe Interesse daran zeigt, wirft er ihn knapp einen Meter vor dem Hund zu Boden.

Zweck

Testet die Bereitschaft mit einem Menschen zu arbeiten. Sehr wichtiges Kriterium bei der Auswahl von Führ- und Gebrauchshunden.

Wertung

Jagt Ball hinterher, nimmt ihn auf, läuft damit davon.	1
Jagt hinterher, stellt sich über den Ball, kehrt nicht zurück.	2
Jagt hinterher und kehrt mit dem Ball zum Tester zurück.	3
Jagt hinterher und kehrt ohne Ball zum Tester zurück.	4
Jagt hinterher, verliert aber das Interesse.	5
Jagt nicht hinterher.	6

BERÜHRUNGSEMPFINDLICHKEIT

Tester nimmt eine Vorderpfote und drückt die Haut zwischen den Zehen mit Zeigefinger und Daumen, zunächst leicht, dann stärker. Der Tester zählt dabei bis zehn und hört auf, sobald der Hund Anzeichen von Unwohlsein zeigt oder die Pfote wegzieht.

Zweck

Testet das Maß an Berührungsempfindlichkeit.

Wertung

Während der Tester zählt, reagiert der Hund

zwischen acht und zehn	1
zwischen sechs bis sieben	2
zwischen fünf bis sechs	3
zwischen zwei bis vier	4
zwischen eins und zwei	5

328

GERÄUSCHEMPFINDLICHKEIT

Welpe wird in die Mitte des Raumes gesetzt, Tester oder Helfer macht in ein paar Schritten Entfernung ein lautes Geräusch, schlägt zum Beispiel mit einem Metalllöffel gegen einen Pfannenboden.

Zweck

Testet die Geräuschempfindlichkeit des Hundes (kann auch auf Schwerhörigkeit verweisen).

Wertung

Lauscht, sucht Geräuschquelle, läuft bellend darauf zu.	1
Lauscht, sucht Geräuschquelle, bellt.	2
Lauscht, sucht Geräuschquelle, geht neugierig darauf zu.	3
Lauscht, sucht Geräuschquelle.	4
Fährt zusammen, weicht zurück, versteckt sich.	5
Ignoriert den Laut, zeigt keinerlei Neugier.	6

ERKUNDUNGSVERHALTEN BEI VISUELLEN REIZEN

Welpe wird in den Raum gesetzt. Tester bindet ein Band um ein Handtuch und zieht es ein paar Schritte vor dem Hund ruckartig über den Boden.

Zweck

Testet die Reaktion auf unbekannte Gegenstände.

Wertung

Sieht es, attackiert und beißt hinein.	1
Sieht es und bellt, Rute aufgestellt.	2
Betrachtet es neugierig, macht Anstalten, es genauer zu untersuchen.	3
Sieht es, bellt, klemmt den Schwanz ein.	4
Läuft weg, versteckt sich.	5

KÖRPERBAU

Der Hund sollte eine natürliche Standposition einnehmen und wird nun in verschiedenen Kategorien beurteilt:

Frontal Winkelung	Vorhand
Hinten Winkelung	Kruppe
Schulterstellung Winkelung	Hinterhand

Zweck
Beurteilt den strukturellen Zustand des Welpen.

Wertung

Der Körperbau ist einwandfrei	gut
Der Welpe hat leichte Fehlstellungen oder Abweichungen im Körperbau.	Ausreichend
Der Welpe hat starke Fehlbildungen oder Abweichungen.	Mangelhaft

Vorne	Hinten	Schulterneigung

Vorhandwinkelung	Winkelung Kruppe	Winkelung Hinterhand

(Zusammengestellt und zum ersten Mal veröffentlicht durch die *AKC Gazette*, März 1979)

INTERPRETATION DER ERGEBNISSE

Überwiegend 1: Ein Welpe, der in den Testabschnitten zur Temperamentsbeurteilung hauptsächlich Einsen erzielt hat, ist ein extrem dominanter, aggressiver Hund, der sich schnell provozieren lässt. Er wird sich gegen menschliche Führung sträuben und braucht daher einen erfahrenen Halter. Ein solcher Welpe ist in den meisten Fällen für eine Privatperson ungeeignet, kann aber in einer Arbeitssituation zum Beispiel als Wach- oder Polizeihund hervorragende Leistungen zeigen.

Überwiegend 2: Dieser Welpe ist dominant, selbstsicher und wird sich vermutlich zum Beißen provozieren lassen, akzeptiert jedoch menschliche Führung, sofern sie bestimmt und konsequent ist und durch Erfahrung und Wissen gestützt wird. Er ist kein Hund für unentschlossene zögernden Menschen, kann aber in den richtigen Händen zu einem hervorragenden Show- oder Arbeitshund werden und wird sich einem Haushalt anpassen, solange der/die Halter wissen, was sie tun.

Überwiegend 3: Dieser Welpe ist extrovertiert und freundlich und wird sich sehr gut entwickeln, wenn er eine konsequente Erziehung und genügend Bewegung erhält. Er kann sich an verschiedene Situationen und Umgebungen anpassen, sofern man ihn richtig behandelt. Ein solcher Welpe ist für eine Familie mit kleinen Kindern oder für ein älteres Paar, das ein ruhiges Leben vorzieht, nur eingeschränkt zu empfehlen.

Überwiegend 4: Ein Hund, der hauptsächlich Vieren erzielt, ist leicht zu kontrollieren und sehr anpassungsfähig. Durch sein unterwürfiges Wesen akzeptiert er menschliche Führung nicht nur willig, sondern braucht sie auch. Dieser Hund lässt sich leicht ausbilden und ist trotz mangelndem Selbstbewusstsein ein idealer Familienhund, der sich durch Freundlichkeit und Sanftmut auszeichnet.

Überwiegend 5: Ein solcher Welpe ist extrem unterwürfig und hat fast kein Selbstbewusstsein. Er geht mit seinem Halter eine innige Beziehung ein und braucht regelmäßig Ermutigung und viel Gesellschaft, damit er ein wenig aus sich herausgeht. In den falschen Händen wird dieser Hund sehr scheu und ängstlich werden. Daher wird er sich am wohlsten fühlen, wenn sein Alltag vorhersehbar und durchstrukturiert ist. Der Besitzer sollte Geduld haben und nicht zu viel verlangen.

Überwiegend 6: Ein Tier, der in allen Abschnitten Sechsen erzielt, ist ein unabhängiger Welpe, der sich nicht für Menschen interessiert. Er wird zu einem Hund heranwachsen, der kaum Zuneigung zeigt und keine menschliche Gesellschaft braucht. Im Allgemeinen kommt es nur selten vor, dass richtig sozialisierte Welpen ein solches Testergebnis aufweisen, etwas häufiger allerdings bei Rassen (Basenjis und einige Jagd- und Schlittenhundearten zum Beispiel), die für bestimmte Aufgaben gezüchtet worden sind. Solche Hunde sollte man für Aufgaben ausbilden, die keine enge Bindung an den Halter erforderlich machen.

Die restlichen Werte beziehen sich auf das Gehorsams- und Arbeitspotenzial des Hundes und verschaffen den Testern einen generellen Überblick über die Intelligenz und die Lernbereitschaft des Welpen. Ein guter Begleithund ist meist einer, der in der Beurteilung in die Dreier- oder Vierer-Kategorie gefallen ist. Welpen, die hauptsächlich Einsen und Zweier erzielt haben, brauchen eine sehr erfahrene Hand.

DANKSAGUNGEN

In einem Vakuum kann man nicht lernen. Die Gedanken, Erkenntnisse und Einsichten, aus denen sich das Buch entwickelt hat, sind nicht nur die Frucht unserer Erfahrungen mit unseren Hunden, die wir hier im Kloster züchten. Sie spiegeln auch den permanenten Kontakt mit verschiedenen Züchtern, Tierärzten und Hundeausbildern wider, mit denen wir seit vielen Jahren in einem regen Austausch stehen und die so freundlich waren, ihr Wissen und ihre Zeit mit uns zu teilen. Vor allem möchten wie Helen (Scootie) Sherlock danken, die uns in unzähligen Situationen weitergeholfen hat, außerdem Ruth Anderson, Roby Kaman, Wanda Rohloff und Pat Rosson, deren Freundschaft es uns in den vergangenen Jahren möglich gemacht hat, unsere Gedanken und Ansichten zur Welpenaufzucht zu analysieren und zu verbessern.

Wir danken auch Wendy Volhard, die uns großzügigerweise erlaubt hat, den Welpentest in diesem Buch abzudrucken, Peter Borchelt, Ph.D., der uns zur Sozialisation von Welpen in städtischem Umfeld beriet, Thomas Wolski, D.V.M., der uns in diesem Projekt bestärkte und uns wertvolle Anregungen gab, Donald Lein, D.V.M., Ph.D., Direktor des diagnostischen Labors der Cornell University Veterinary School, der uns bei Themen beriet, die unser Zuchtprogramm betreffen, Jeanne Carlson, deren Gedanken zum Umgang mit Welpen für uns sehr nützlich waren, und Evelyn Mancuso, die uns seit vielen Jahren regelmäßig Informationen aus einer großen Bandbreite an Zeitschriften zukommen lässt.

Einige Leute haben Auszüge aus ersten Fassungen gelesen, uns wertvolle Rückmeldung gegeben und uns immer wieder Mut gemacht: Frank und Marcella Savage, William Congdon, William MacBain und Robert Savage.

Schließlich auch noch einen besonderen Dank an Kit Ward, Kelly Aherne und Betty Power, unsere Lektoren bei Little, Brown, die uns während der Entstehung des Buches unterstützt haben und deren sorgfältige Redaktion den Text klarer und verständlicher gemacht haben.

Index

Bücher
in der edition tieger

J. Christen: Musen auf vier Pfoten: Schriftsteller und ihre Hunde
Majorie Garber: Dog Love. Warum Hunde uns Lieben – und wir sie
Conrad Gesner: Von den Hunden und dem Wolff.
Aus Allgemeines Thier-Buch von 1669 mit Holzschnitt-Illustrationen.
Die Mönche von New Skete: Wie Sie der beste Freund
Ihres Hundes werden
Die Mönche von New Skete: Welpen liebevoll erziehen.
Die sanfte Methode des Hundetrainings von Anfang an.
J. Masson: Hunde lügen nicht. Psychologie, Emotionen, Verhalten
M. Plinke: Literarische Hundegeschichten
Elli H. Radinger: Der Verlust eines Hundes - und wie wir ihn überwinden
Margaret Marshall Saunders: Beautiful Joe.
Der Hund, der die Menschen verändert hat.
S. Stockton: Der tägliche Kojote
E. Marshall Thomas: Das geheime Leben der Hunde
P.G. Wodehouse: Gute Hunde
Weingarten, Williamson: Alte Hunde sind die besten Hunde. Mit einem
Anhang zur Pflege und Gesundheit alternder Hunde.

Wolf Magazin 01|2010 – Mit Wölfen leben
Wolf Magazin 02|2010 – Der Weg der Wölfe

Autorenhaus-Literaturkalender HUNDE – jedes Jahr ein Wandkalender
mit 54 Blatt. Mit Fotografien von Schriftstellern und ihren Hunden,
Illustrationen, Texten und Zitaten aus der Literatur.

www.edition-tieger.de